张家口森林与湿地资源丛书

张家口树木

王海东 ■ 主编

中国林业出版社

图书在版编目（CIP）数据

张家口树木 / 王海东主编.
-- 北京 : 中国林业出版社, 2016.12
（张家口森林与湿地资源丛书）
ISBN 978-7-5038-8838-0

Ⅰ. ①张… Ⅱ. ①王… Ⅲ. ①林木－种质资源－张家口
Ⅳ. ①S722

中国版本图书馆CIP数据核字(2016)第314280号

中国林业出版社·生态保护出版中心
策划编辑：刘家玲
责任编辑：刘家玲　贺　娜

出　版　中国林业出版社
（100009 北京西城区德内大街刘海胡同 7 号）
网　址　www.lycb.forestry.gov.cn
发　行　中国林业出版社
电　话　（010）83143519
印　刷　北京卡乐富印刷有限公司
版　次　2017 年 1 月第 1 版
印　次　2017 年 1 月第 1 次
开　本　889mm × 1194mm　1/16
印　张　27.25
字　数　700 千字
定　价　400.00 元

张家口森林与湿地资源丛书

张家口市林业局　主持

张家口森林与湿地资源丛书编委会

主　任　王海东

副主任　王迎春　高　斌　徐海占

委　员（按姓氏笔画排序）

王树凯　石艳琴　卢粉兰　成仿云　安春林　刘洪涛　李正国

李泽军　姚圣忠　高战镖　倪海河　梁志勇　梁傢林　董素静

《张家口树木》编写组

主　　编　王海东

执行主编　高战镖

执行副主编　梁海永　董素静　卢粉兰

其他编著者（按姓氏笔画排序）

王月星　王汝峰　王志武　王树凯　王彦青　王爱军　王　鹏

牛志刚　邓连琴　史美英　冯　德　吕永新　孙庆兵　阴　明

许国富　闫树英　安　淼　李正国　李宝霞　李继玲　张利梅

张英明　张建斌　陈志强　杜　娟　杜　涛　孟庆辉　郑旭峰

郑　健　岳燕杰　胡文倩　赵存龙　赵秀英　赵顺旺　赵　爽

禹爱霞　郝少华　柴恩芳　聂冰川　郭建军　郭殿海　康福庆

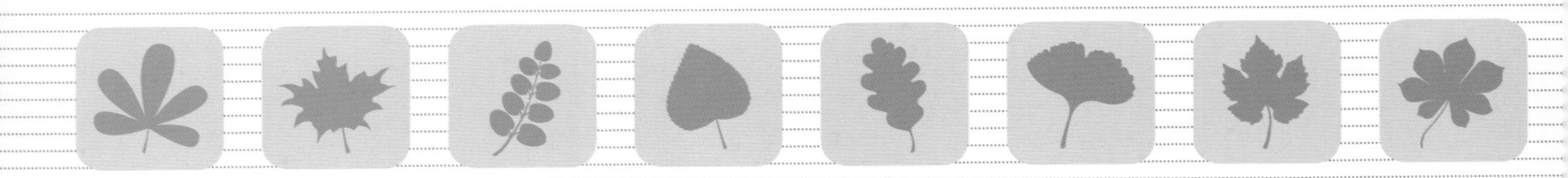

序 FOREWORD

张家口位于河北省西北部，地处首都北京上风上水，是西北风沙南侵的主要通道，同时还是北京的重要水源地，官厅水库入库水量的80%、密云水库入库水量的50%来自张家口。特殊的生态区位使得张家口成为京津冀地区重要的生态屏障和水源涵养功能区。

据史料记载，张家口历史上曾经森林茂密、水草丰美，但由于长期过度开垦和经受多次战争，林草植被遭到严重破坏，1949年仅存有林地162万亩，森林覆盖率下降到2.9%。新中国成立后，全市广大干部群众坚持造林绿化，整治山河，为改变风大沙多、植被稀少的面貌进行了艰苦卓绝的努力，森林资源逐步恢复。尤其是21世纪以来，全市把生态建设作为实现跨越发展和绿色崛起的重大举措，认真实施“三北”防护林体系建设、退耕还林、京津风沙源治理、京冀水源保护林建设等生态工程，积极创建国家森林城市和全国绿化模范城市，生态建设取得了显著成效。2015年，全市有林地面积达2046万亩，森林蓄积量达2490万立方米，森林覆盖率达37%，森林资源资产总价值达7219亿元，每年提供的生态服务价值达312亿元。目前，全市生态防护体系已经基本建成，林草植被快速恢复，水土流失得到有效控制，风沙危害明显减轻，湿地资源得到有效保护，空气质量持续改善。监测结果显示，在全国74个监测城市中，空气质量始终排在前十位左右，在长江以北城市中保持最佳。

为详细记录和准确反映全市丰富的生物资源，更好地推进生态建设和保护工作，张家口市林业局组织编纂了《张家口树木》、《张家口花卉》、《张家口野生动物》、《张家口林果花卉昆虫》。编写组的同志通过深入调查、采集标本和影像、查阅资料、内业整理、研讨修改等工作，历经3年的不懈努力，这套丛书即将付梓，实现张家口几代务林人的夙愿。丛书共计记载树种约390种，花卉约470种，陆生野生动物约420种，林果花卉昆虫约1000种，种类齐全，内容全面，简明扼要，全面展示了张家口市丰富的生物多样性资源，集中体现了多年来全市生态建设和保护工作取得的巨大成就。相信这套丛书的编辑出版，既可以为冀西北及周边地区林业发展、建设京津冀水源涵养功能区提供科学依据，又可以为张家口筹办冬季奥运会、实现绿色崛起和跨越发展做出积极贡献。

2016年7月

前　言 PREFACE

大自然是一个非常奇妙的世界！作为天然氧吧的森林中长着各种各样的树木。有的树长得郁郁葱葱、高大挺拔，比如澳洲的杏仁桉树，最高达156米。有些树小得则超出人们的想象，如最矮的矮柳，生长在高山冻土带，高不过5厘米。与矮柳差不多高的矮个子树，还有生长在北极圈附近的矮北极桦，那里的蘑菇，长得比它还要高。这里有不同寻常的面包树，人们摘下成熟的面包果，烘烤到焦黄色时就可以像普通面包一样食用。这里有神奇的米树，树干里的淀粉可以刮下来加工成一粒粒洁白晶莹的“大米”，喷香可口，营养丰富。不要以为树木都这么美好。在南美洲和北美洲有一种植物叫食人树，它可是一个不折不扣的杀人凶手。食人树长得可真是天地一绝啊！它的树干傲然向上，树枝上坠满了垂蔓，有如一位亭亭玉立的仙女。大家可千万不要被它的外表所迷惑，就在其它动物慢慢靠近它的时候，危险也正悄悄来临！它舞着“章鱼脚”那样的垂蔓，把猎物死死抓住，一分钟左右，猎物便会无影无踪！还有在我国海南省的见血封喉树，听名字你就知道它会有多厉害了。

其实我们看到的树远远比我们想象的复杂，不仅仅是用来绿化用的，也不仅仅是用来生产做家具的木材，而是涉及到我们生活的方方面面。我们吃的很多都是树上结的果实，比如苹果、梨、桃、杏、樱桃、核桃等。有人会说我们穿的衣服肯定和树没有关系吧！其实不然，现在市场上流行的莫代尔其实就是木材做的，最好的兰精莫代尔就是榉木纤维。还有我们洗衣洗发，天然的皂粉其实就来自树上的皂角。还有你也许没有想到会有一种比钢铁还硬的树吧？这种铁桦树，子弹打在这种木头上，就像打在钢板上一样。人们把它用作金属的代用品。海湾战争时期，美国卡尔文森号航母，它的甲板就取材于美国山核桃。相信大多数人都是闻所未闻，见所未见啊。

张家口有着丰富的树种资源，目前绝大多数家底均已经摸清。由于地理环境特殊，仍有部分种类还没发掘和利用。对于种类的识别，照片给出的信息往往比文字描述的更为形象。本书主要以收集张家口地区现在发现的栽培和野生树种为主。《张家口树木》分针叶树种和阔叶树种两个部分，共计 54 科 121 属 388 种，其中原生树种 282 种，引进树种 106 种。本书每个树种所配照片包括植株全景照，以及干、枝、叶、花、果等的特征照；文字按照科、属、种进行分类，介绍了每个树种品种的形态特征、生长习性、繁殖方法、主要用途以及分布情况。本书集照片与文字为一体，图文并茂，便于读者识别、鉴定和进一步利用，是面向大众介绍张家口树木资源的通俗读本。

本书编著历时两年，照片拍摄由张家口市林木种苗管理站、张家口市各县（区）林业部门、河北农业大学梁海永老师、北京农学院郑健老师等共同完成。资料收集与整理由张家口市林木种苗管理站与张家口市林业局专业技术人员完成，由河北农业大学的梁海永老师进行校正与修改。为全面、准确地收集张家口市的林木种质资源，编者查阅了大量资料，并爬山涉水，历尽艰辛。特别是拍摄照片，包括干、枝、叶、花、果的特写照，大部分树种需要多次拍摄才能完成。在此表示衷心的感谢！

由于作者水平有限，书中难免有不妥之处，欢迎读者批评指正。

编者

2016 年 6 月

目 录 CONTENTS

张家口树木

FOREWORD 引言

树木是木本植物的总称，有乔木、灌木和木质藤本之分，树木主要是种子植物，蕨类植物中只有树蕨为树木。在地球上的树木王国中，有数以万计的各种各样的树木。开花的季节充满一年的春、夏、秋、冬四季。树木王国改善着人类赖依生存的环境。树木中绿色植物不断地进行光合作用，消耗二氧化碳，制造新鲜氧气；因而人们把树木和绿色植物比喻为“氧气的制造厂”。绿色的森林又称为“天然氧吧”。树木中还有很多能够分泌杀菌素以杀灭空气中的各种病菌；并且还能够吸收工业化生产排放的有毒气体、滞留污染大气的烟尘粉尘和消除对人类有害的噪声污染等。

全世界大约有近4万种树木，中国约有8000种树木。中国树木种类繁多，区系成分复杂，根据恩格勒系统统计，中国木本植物包括引进栽培种共计207科，木本蕨1科2属，裸子植物11科41属，被子木本植物195科1221属，属的区系成分以热带亚洲成分所占比例最大，为26.54%。华北地区木本植物大约有89科245属800余种；河北省木本植物大约有77科204属625种；张家口木本植物有54科121属388种，其中原生树种282种，引进树种106种。据统计中国特有树种的科有5科86属。如银杏科、杜仲科、珙桐科、伯乐树科、大血藤科。金钱松属、银杉属、白豆杉属、水杉属、水松属、台湾杉属、华盖木属、牛鼻栓属、茶条木属等都是我们的特有属。

中国幅员辽阔，树木分布广泛，西南地区云南、西藏的树种有不少属于印度及喜马拉雅的成分。广东、台湾及云南、广西南部地区的热带雨林、季雨林包含有典型的热带科属树种，如龙脑香料、肉豆蔻科、番荔枝科及山榄科等，其种类以东南亚热带、亚热带成分居多。辽宁的南部、山东半岛以至华东各省又有一些朝鲜、日本的共有种。从地史方面来看，在新生代第四纪冰期，我国华东、华中、西南的亚热带地区，仅发生局部的山地冰川，广大地区没有遭受到冰川的直接影响，许多古老树种得以保存，如银杉、银杏、水杉、金钱松、鹅掌揪、水青树、台湾杉、苏铁、杜仲、麻栋、栓皮栎、枫香等即为其例。总的来说，我国树木种类繁多，区系成分多样，现根据我国的气候类型，参考《中国自然区划草案》及《中国植被》将我国树种分布区分为以下7个区来介绍：东北区，华北区，蒙宁区，新、青、甘区，华中、华东、西南区，华南区，青藏高原区。

一、华北区

本区范围北自沈阳，东一线，南至甘肃天水、武都，沿秦岭山分水岭，伏牛山，淮河主流，安徽凤台，蚌埠，江苏江坝，盐城至海滨。西界由辽宁彰武、阜新，河北围场，沿坝上南缘，山西恒山北坡、兴县，过黄河进入陕西志丹、吴堡、安塞沿子午岭至天水，约北纬 32.30°~42.30°，东经 103.5°~124.5°。本区从地形上明显分为丘陵、平原和山地三部分。气候特点是冬季严寒晴燥，夏季酷热多雨。年平均气温 8~14.8℃，由北向南递增。本区树木种类丰富。据《华北树木志》记载，有 89 科 245 属 799 种。如果加上陕西、甘肃的树种，估计在 1000 种以上。本区以松属和栎属的树种为代表树种。

二、东北区

本区范围：北自黑龙江漠河，南至辽宁沈阳至丹东一线，西至东北平原，东至国境线，约为北纬 40.30°~53.30°，植物种类主要由我国东北北部、新疆北部从寒带延伸而来的针叶林，其树种如云杉、冷杉之类，有的属于西伯利亚的成分。

三、蒙宁区

本区范围包括东北平原以西，大兴安岭南段，华北区以北，西界大致从内蒙古的阴山，贺兰山至青海湖东缘。另外还包括新疆北部天山地区。地势较高，辽阔坦荡。区内有大兴安岭、阴山山脉、贺兰山、六盘山。气候寒冷干燥，为温带草原区。

四．新、青、甘区

本区范围包括甘肃，青海北部，新疆大部，由准噶尔盆地、塔里木盆地、柴达木盆地、阿拉善高平原、诺敏戈壁、哈顺戈壁六块盆地或台原与大体上东西走向的阿尔泰山、天山、昆仑山、阿尔金山和祁连山组成。四周高山环绕，地形闭塞。气候特点是冷热变化剧烈，降水很少，属温带荒漠地区。

五、华中、华东、西南区

本区北界以秦岭、淮河主流一线为界，南界大致在北回归线附近，东至台湾阿里山一线以北，西至青藏高原东坡，大约在四川的松潘、天全、木里一线，属于亚热带地区。从气候和植被上分为北亚热带、中亚热带和南亚热带。本区树木种类繁多，资源丰富。针叶树以杉木、马尾松为主，阔叶树以木兰科、樟科、壳斗科、山茶科的种类为主。著名的水杉、银杉、水松、珙桐等多种珍稀树木均分布在本区。

六、华南区

本区大致包括北回归线以南地区，东至台湾阿里山一线以南，西至西藏察隅、墨脱以南低海拔地区。全年基本无霜，降水充沛。植被上属于热带雨林和季雨林区。树木种类繁多，且具有热带树木的特征，如具板根、老茎生花等现象。本区 85% 以上树种属于热带成分。主要树种有罗汉松科的鸡毛松、陆均松，龙脑香科的青皮、望天树，野生的荔枝等等。平地多棕榈树木，如椰子、槟榔等。此外还有木本蕨类的桫椤树等等。

七、青藏高原区

本区包括昆仑山、阿尔金山以南至察隅、墨脱一线，东至横断山脉东支山脊。海拔多在3000~5000m，年平均温度0~8℃，年降水量200~500mm。树木主要分布在南部，森林上限海拔4300~4400m。主要树种有西藏红杉、长苞冷杉、丽江云杉、高山松、乔松、华山松等。阔叶树种有川滇高山栎，桦属、柳属、杨属等多种。灌木有锦鸡儿属、杜鹃花属等。

树木在不同的地理环境下，拥有着大量的树种分布。树木的果实有大如篮球的椰子，也有小如米粒的；其大小有别、形态各异，真是千姿百态、形形色色。它们的生活方式和生活场所也是多种多样的，不同的树木拥有不同的研究和应用价值。有的树木的果实是人类的食品、佳肴；也有的树木的果实含有可以使人毙命的毒药。

按照现代科学的观点来看，树木能够改善人类赖依生存的环境质量。树木不断地进行光合作用，固定着大气中的二氧化碳，维持着大气碳氧平衡。夏季人们在树荫下乘凉，是由于树木茂密的树冠能遮拦阳光、吸收太阳的辐射热，同样通过叶片的蒸腾作用把根所吸收水分的绝大多数以水汽的形式扩散到大气间，调节了空气中的相对湿度。树木还对人类赖依生存的环境起到重要的保护作用。防风固沙的有效办法就是造林植树、设置防护林带，以减弱风速、阻滞风沙的侵蚀迁移。树木的树冠和枝叶能拦截阻滞雨水、缓减雨水的冲刷，可以有效地防止水土流失，以涵养水源。但是，如果人类违背了大自然的规律，那就要受到大自然的惩罚。六千年前，我国陕甘一带也曾经是处处山清水秀、林木参天，遍地碧草如茵。但是，到了唐朝，这里的青山不见了，碧水干涸了，呈现在人们眼前的只有那一望无际的荒漠。究其原因就是人类对森林过量的砍伐、对自然资源不合理开发造成的。

由此看出，树木确实是对人类的生命具有相当重要的价值，确实是关系到我们人类生死存亡的大事，我们必须提高认识来看待树木给我们带来的各种好处。树木给我们带来的不仅仅是食物、木材、住房，更重要的是树木给予我们赖以生存的环境。这是任何其他事物都不能代替的。所以很多人都在呼吁"如果人类毁坏树木，那就是毁坏人类自己的家园"。

为了我们人类的生存，让我们爱护树木，保护树木，合理的利用和开发树木资源。

张家口树木

第一篇
针叶树种

松 科

松 属

常绿乔木，稀灌木状，一般有树脂。树皮平滑或纵裂或成片状剥落；枝轮生，每年生一节或多节，冬芽显著，芽鳞多数，覆瓦状排列。叶有鳞叶和针叶两型，鳞叶为原生叶，针叶为次生叶，常2针、3针或5针1束。芽鳞、鳞叶（原生叶）、雄蕊、苞鳞、珠鳞及种鳞均螺旋状排列。雌雄同株，球花单性；雌球花1~4个（稀更多）生于新枝近顶端，当年受粉，第二年受精后迅速增大成球果。球果的形状种种，秋季成熟。种子上部具翅，稀无翅；子叶3~18枚，发芽时出土。

我国约22种10变种，分布几遍全国，其中，如红松、华山松、云南松、马尾松、油松、樟子松等为我国森林中的主要树种。另引入16种2变种，其中，湿地松、火炬松、加勒比松、长叶松、刚松、黑松等生长较快，均为有发展前途的造林树种。张家口原产油松1种，引进栽培樟子油、长白松、白皮松和华山松4种。

油松

松属
学名 *Pinus tabulaeformis*

别名 短叶松、短叶马尾松、红皮松、东北黑松

形态特征 针叶常绿乔木，高达30m，胸径1m以上。老树树冠平顶，幼树树冠呈圆锥形。大枝平展或稍下倾，小枝较粗。树皮灰褐色，不规则状鳞片，片状剥落；裂缝及上部树皮红褐色。针叶2针1束，暗绿色，长7~15cm，粗硬，叶鞘宿存。雄球花圆柱形，长1~2cm，集生于新枝下部；雌球花紫红色，生于当年生枝顶部。球果卵形至卵圆形，长4~9cm，成熟后黄褐色，常宿存几年。种子卵形，长6~8mm，翅约1cm，黄白色具有褐

宣化

色条纹。花期4~5月，球果翌年10月成熟。

生长习性 喜光、深根性树种，喜干冷气候，在土层深厚、排水良好的酸性、中性或钙质黄土上均能生长良好；耐瘠薄，不耐水湿及盐碱，在土壤黏重、积水及通气条件差的土壤上生长不良。

繁殖方式 播种繁殖。

用途 松树材质坚韧细致，四季常绿，具观赏价值。富含松脂，耐腐、耐久用，抗压力强，供建筑、家具、枕木、矿柱、电杆、人造纤维等用材。树干可割取松脂，树皮和针叶可提取栲胶；松节、针叶及花粉可入药。

分布 从辽宁西部到内蒙古和甘肃，南到山东、河南和山西，以及朝鲜半岛北部都有分布。张家口市原生树种，坝下地区广泛分布。

涿鹿

蔚县

蔚县

怀来

樟子松

松属
学名 *Pinus sylvestris* var. *mongolica*

别名 海拉尔松、蒙古赤松、西伯利亚松、黑河赤松

形态特征 乔木，高达25m，胸径达80cm。树干挺直，树干下部灰褐色或黑褐色，鳞状深裂，树冠椭圆形或圆锥形；幼树树皮及枝皮黄色或褐黄色。叶2针1束，长6~8cm，常扭曲。冬季，针叶黄绿色。雌雄同株，雄球花圆柱状卵圆形，长5~10cm，集生在新枝基部；雌球花长卵形或卵状圆锥形，淡紫褐色。球果长卵形，长3~6cm。种子黑褐色，长卵圆形或倒卵圆形，长4.5~5.5mm。花期6月，球果翌年9~10月成熟。

生长习性 喜光性强、抗寒性强、深根性树种，耐干旱、耐瘠薄，适应性强，适于土壤水分少的山脊、向阳坡，以及沙地和砂砾地区栽植。

繁殖方式 播种繁殖。

用途 材质轻软，纹理细，可供建筑、家具等用材。树形及树干均较美观，可作庭园观赏和绿化树种。树干可割树脂，提取松香及松节油，树皮可提取栲胶。由于具有耐寒、抗旱、耐瘠薄及抗风等特性，可作三北地区防护林及固沙造林的主要树种。

分布 产于我国黑龙江大兴安岭海拔400~900m山地及海拉尔以西、以南一带沙丘地区。内蒙古也有分布。张家口市引进树种，坝上地区栽植广泛。

长白松

松属
学名 *Pinus sylvestris* var. *sylvestriformis*

别名 美人松

形态特征 常绿乔木，高25~30m；下部树皮淡黄褐色至暗灰褐色，裂成不规则鳞片，中上部树皮淡褐黄色到金黄色，裂成薄鳞片状脱落；1年生枝浅褐色或淡黄褐色，无毛，2~3年生枝灰褐色。针叶2针1束，长5~8cm，较粗硬。雌球花暗紫红色，幼果淡褐色，有梗，下垂。球果锥状卵圆形，成熟时淡褐灰色。种子长卵圆形或倒卵圆形，长约4mm，灰褐色至灰黑色。花期5~6月，球果翌年9~10月成熟。

生长习性 为喜光性强、深根性树种，能适应土壤水分较少的山脊及向阳山坡，以及较干旱的沙地及石砾沙土地区。

繁殖方式 种子繁殖。

用途 长白松可供建筑、枕木、电杆、船舶、器具、家具及木纤维工业原料等用材。可作庭园观赏及绿化树种。花粉可入药，茎干木质部提取物也可入药。

分布 长白松天然分布区很狭窄，只见于我国吉林省安图县长白山北坡，海拔700~1600m的二道白河与三道白河沿岸的狭长地段，尚存小片纯林及散生林木。张家口市引进树种，蔚县小五台山有栽植。

白皮松

松属
学名 *Pinus bungeana*

别名 白骨松、三针松、白果松、虎皮松、蟠龙松

形态特征 常绿乔木，高达30m，胸径可达3m。老树树皮灰绿色或灰褐色，内皮灰白色。幼树树皮灰绿色，长大后树皮成不规则的薄片脱落。枝较细长，斜展，形成宽塔形至伞形树冠，小枝淡绿色。针叶3针1束，长5~10cm，粗硬，边缘具细锯齿，两面均有气孔线。雄球花卵圆形或椭圆形，多数集生于新枝基部，成穗状。球果卵圆形或圆锥状卵圆形，长5~7cm。种子卵形，种翅短。花期4~5月，球果翌年10~11月成熟。

生长习性 喜光，耐瘠薄土壤，在气候温凉、土层深厚、肥润的钙质土和黄土上生长良好。

繁殖方式 一般多用播种繁殖，也可采用嫩枝嫁接繁殖。

用途 材质轻软，纹理直，加工后有光泽和花纹，一般供建筑用及制家具、文具等。其树姿优美可供观赏。在园林配置上用途十分广阔，可孤植、对植，也可丛植成林或作行道树。种子可食。球果入药，能祛痰、止咳、平喘。

分布 我国特产，分布于山西、河南西部、陕西秦岭、甘肃南部及天水麦积山、四川北部江油观雾山及湖北西部等地。张家口市引进树种，公园栽培。

华山松

松属
学名 *Pinus armandii*

别名 白松、五须松、果松、青松、五叶松

形态特征 常绿大乔木，高达35m，胸径1m。幼树树皮灰绿色或淡灰色，平滑，老时裂成方形或长方形厚块片。枝条平展，形成圆锥形或柱状塔形树冠。针叶5针1束，长8~15cm，边缘具细锯齿，仅腹面两侧各具有4~8条白色气孔线。雄球花黄色，卵状圆柱形基部围有数枚卵状匙鳞片，集生于新枝下部成穗状。球果圆锥状长卵圆形，长10~20cm，幼时绿色，成熟时淡褐黄色。种子黄褐色、暗褐色或黑色，无翅，倒卵圆形，两侧及顶端具棱脊。花期4~5月，球果翌年10月成熟。

生长习性 喜温凉湿润气候，不耐严寒及湿热，不耐盐碱土，稍耐干燥瘠薄。喜排水良好，能适应多种土壤，最宜深厚、湿润、疏松的中性或微酸性壤土。

繁殖方式 种子繁殖。

用途 材质轻软，纹理直，结构粗略，易于加工，可供建筑、枕木、家具及木纤维工业原料等用材。华山松高大挺拔，冠形优美，姿态奇特，可作为良好的绿化风景树。树干可割取树脂；树皮可提取栲胶；针叶可提炼芳香油；种子可食用，也可榨油供食用或工业用。

分布 主产于我国中部至西南部高山。山西、陕西、甘肃、青海、河南、西藏、四川、湖北、云南、贵州、台湾等地均有分布。张家口市引进树种，蔚县及赤城大海陀有栽植。

落叶松属

落叶乔木。枝分长枝与短枝，小枝纤细，短枝距状；冬芽小，近球形。叶为倒披针状条形，扁平，柔软，内有树脂2条。球花单性同株，单生短枝顶端，基部具膜质苞片，春季与叶同时开放。球果当年成熟，直立，有短柄，幼果常具色彩，成熟前绿色或红褐色；熟时球果的种鳞张开。种鳞革质，宿存，发育种鳞腹面生2种子，具膜质长翅；子叶通常5~8枚，发芽时出土。

本属约18种，我国产10种1变种，分布于大兴安岭、小兴安岭、老爷岭、长白山，辽宁西北部，河北北部，山西，陕西秦岭，甘肃南部，四川北部、西部及西南部，云南西北部，西藏南部及东部，新疆阿尔泰山及天山东部。张家口原产华北落叶松、雾灵山落叶松2种，引进栽培长白落叶松、日本落叶松、兴安落叶松3种。

雾灵山落叶松

落叶松属
学名 *Larix wulingshanensis*

形态特征 华北落叶松变种。乔木，高达30m，胸径1m。树皮暗灰褐色，不规则纵裂，成小块片脱落。大枝平展，小枝呈现下垂状，具不规则细齿。苞鳞暗紫色，近带状矩圆形，长0.8~1.2cm，基部宽，中上部微窄，先端圆截形，中肋延长成尾状尖头，仅球果基部苞鳞的先端露出。种子斜倒卵状椭圆形，灰白色，具不规则的褐色斑纹，长3~4mm，径约2mm，种翅上部三角状，中部宽约4mm，种子连翅长1~1.2cm；子叶5~7枚，针形，长约1cm，下面无气孔线。花期4~5月，球果10月成熟。其他与华北落叶松相同。

华北落叶松

落叶松属
学名 *Larix principis-rupprechtii*

形态特征 乔木，高达30m，胸径达1m。树皮灰褐色至栗棕色，不规则鳞甲状开裂，块片状脱落。树冠圆锥形。枝平展，具不规则细齿。球果长卵形，成熟时淡褐色，有光泽，长2~4cm。种子斜倒卵状椭圆形，灰白色，具不规则的褐色斑纹，长3~4mm；子叶5~7枚。花期4~5月，球果9~10月成熟。

生长习性 极喜光，极耐寒，喜高寒湿润气候。对土壤的适应性强，喜深厚湿润而排水良好的酸性或中性土壤。

繁殖方式 种子繁殖。

用途 华北地区中山以上地带重要的森林组成及更新造林树种。树冠整齐呈圆锥形，成美丽的风景区。木材淡黄色，材质坚韧，结构细，纹理直，含树脂，耐腐朽，是建筑工程的优良用材。

分布 主要分布在山西、河北两地。内蒙古、山东、辽宁、陕西、甘肃、宁夏、新疆等地均有引种。张家口市原生树种，崇礼、赤城以及蔚县小五台山有分布。

长白落叶松

落叶松属
学名 *Larix olgensis*

别名 黄花松、黄花落叶松、朝鲜落叶松

形态特征 乔木，高达 30m，胸径达 1m。树皮灰褐色，长鳞片状剥落。1 年生长枝，淡红褐色或淡褐色，小枝规则互生，分长枝与短枝二型。叶、芽鳞、雄蕊、苞鳞、珠鳞与种鳞均螺旋状排列。叶在长枝上散生，在短枝上呈簇生状，倒披针状线形。雌雄同株，花单生于短枝顶端。球果直立向上，幼时通常紫红色，当年成熟。种子倒卵圆形，具膜质长翅。花期 5 月，球果 9~10 月。

生长习性 强喜光、耐寒、适应性强，喜冷凉的气候，对土壤的适应性较强，有一定的抗旱及耐水湿能力；在土壤水分不足或土壤水分过多、通气不良的立地条件下，生长不好，甚至死亡；过酸过碱的土壤均不适于生长。

繁殖方式 播种繁殖。

用途 树干端直，节少，心材与边材区别显著，材质坚韧，结构略粗，纹理直，是松科植物中耐腐性和力学性较强的木材，适宜作建筑、电杆、桥梁、舟车、枕木、矿柱、家具、器具及木纤维工业原料等材用。树干可提树脂，树皮可提栲胶。可作长白山区、老爷岭山区湿润山地的造林树种，也可栽培作庭园树。

分布 分布于我国北部的恒山、五台山、吕梁山、秦岭至横断山、喜马拉雅山，是北方和山地寒温带干燥寒冷气候条件下具有代表性的寒湿性针叶林的主要树种之一。张家口市引进树种，崇礼、沽源、尚义均有栽植。

日本落叶松

落叶松属
学名 *Larix kaempferi*

别名 富士松、金钱松、金松、落叶松

形态特征 乔木，高达30m，胸径1m。树皮暗褐色，鳞片状剥裂。1年生长枝淡红褐色或淡红色，2~3年生枝灰褐色或黑褐色；短枝上叶枕环痕特别明显，直径2~5mm。叶倒披针状条形。雄球花淡褐黄色，卵圆形；雌球花紫红色。球果卵圆形或圆柱状卵形，熟时黄褐色。种子倒卵椭圆形。花期4~5月，球果9~10月成熟。

生长习性 为喜光树种，有一定的耐寒性，但在冬季低温条件下，有梢部冻枯现象发生。对土壤的肥力和水分比较敏感，在气候湿润、土层深厚肥沃的地方生长较快，是我国北方很有发展前途的造林树种。

繁殖方式 播种繁殖。

用途 树干端直，姿态优美，叶绿，适应范围广，生长初期较快，抗病性较强，是优良的园林树种。木材力学性能较高，耐腐性强，可作建筑材料和工业用材的原料，并可从其木材中提取松节油、酒精、纤维素等化学物品，用途广。

分布 主要分布在东北地区，河北、河南、山东、湖北、江西、四川等地也有栽培。张家口市引进树种，崇礼有栽植。

兴安落叶松

▶ 落叶松属
学名 *Larix gmelinii*

形态特征　乔木，高达35m，胸径90cm。树冠卵状圆锥形。树皮灰褐色或暗褐色，不规则鳞片状剥落。1年生长枝淡黄褐色，短枝顶端有黄白色长毛；叶条形或倒披针状条形。球果卵圆形或椭圆形，长1.2~3cm，幼果红紫色，熟时变黄褐色或紫褐色。种子倒卵形，灰白色，具淡褐色条纹，种喙短而圆。花期5~6月，球果9~10月成熟。

生长习性　强喜光，强阳性树种，极耐寒，对土壤适应能力强，能耐-51℃。浅根性，侧根发达，能生长于干旱瘠薄的石砾山地及低湿的河谷沼泽地带。

繁殖方式　播种繁殖。

用途　木材纹理直，结构细密，有树脂，耐久用，可供建筑、枕木、电杆、桥梁、车辆及家具等用材。树皮可提取栲胶，树干可采割松脂。

分布　分布于东北大、小兴安岭和辽宁省。张家口市引进树种，崇礼有栽植。

冷杉属

常绿乔木。枝仅为长枝，轮生或近对生；小枝基部宿存芽鳞，叶脱落后枝上留有圆形微凹的叶痕；冬芽常具树脂，近圆球形、卵圆形或圆锥形，枝顶之芽3个排成一平面。叶螺旋状着生，条形，扁平，叶内常具2条树脂道。雌雄同株，球花单生叶腋，雄花下垂；球果直立，当年成熟，近卵状圆柱形。种鳞木质，腹面基部有2粒种子；球果成熟后种鳞与种子一同从宿存的中轴上脱落；子叶3~12枚，发芽时出土。

本属约50种，我国是冷杉属植物最多的国家，约22种3变种，分布于东北、华北、西北、西南及浙江、台湾的高山地带。另引入栽培1种。张家口产臭冷杉1种。

臭冷杉

冷杉属
学名 *Abies nephrolepis*

别名 东陵冷杉、白果松、臭松

形态特征 乔木，高30m。树冠尖塔形至圆锥形。树皮青灰白色，浅裂或不裂。1年生枝淡黄褐色或淡灰褐色，密生褐色短柔毛。冬芽有树脂；叶条形，长1~3cm，宽约1.5mm，上面光绿色，下面有2条白色气孔带；营养枝上的叶先端有凹缺或两裂；果枝及主枝上的叶先端尖或有凹缺，上面无气孔线，稀近先端有2~4条气孔线；横切面有2个中生树脂道。球果卵状圆柱形或圆柱形，长4.5~9.5cm，无梗，熟时紫褐色或紫黑色。花期4~5月，球果9~10月成熟。

生长习性 为耐阴、浅根性树种，适应性强，喜冷湿的环境。

繁殖方式 以播种为主。

用途 木材淡黄白色或黄白色，有光泽，材质较软，纹理直，耐腐力弱，可作一般建筑、森铁枕木、板材、家具及木纤维工业原料等用材。

分布 产于我国东北小兴安岭南坡、长白山区及张广才岭海拔300~1800m，河北小五台山、雾灵山、围场及山西五台山海拔1700~2100m地带。张家口市原生树种，蔚县小五台山自然保护区有分布。

云杉属

常绿乔木。枝通常轮生，有显著凸起的叶枕；叶、芽鳞、雄蕊、珠鳞、苞鳞均螺旋状排列。叶辐射伸展，四棱状线形、扁菱状线形或线形扁平，着生于叶枕之上，叶内具2个通常不连续的边生树脂道。雌雄同株，雄球花黄色或红色，单生叶腋，椭圆形或圆柱形；雌球花单生枝顶，椭圆状圆柱形，红紫色或绿色。球果当年成熟，下垂，椭圆柱形或圆柱形。种子倒卵圆形或卵圆形，具膜质长翅，子叶4~9（~15）枚；发芽时出土。

本属约50种，我国产20种5变种，另引种栽培2种，多在东北、华北、西北、西南及台湾等地区的山地，在北方城市及西南城市园林中有应用。张家口产青杄和白杄2种。

青杄

云杉属
学名 *Picea wilsonii*

别名 魏氏云杉

形态特征 乔木，高达50m，胸径达1.3m。树冠塔形。1年生枝淡黄绿色或淡黄灰色，2~3年生枝淡灰或灰色；芽灰色，无树脂。叶较短，长0.8~1.3cm，横断面四棱形或扁菱形。球果卵状圆柱形或圆柱状长卵圆形，成熟前绿色，熟时黄褐色或淡褐色，长4~8cm，径2.5~4cm。花期4月，球果10月成熟。

生长习性 耐阴，喜温凉气候及湿润、深厚而排水良好的酸性土壤，适应性较强。

繁殖方式 播种繁殖。

用途 木材淡黄白色，较轻软，纹理直，结构稍粗，比重0.45，可作建筑、电杆、土木工程、器具、家具及木纤维工业原料等用材。可作分布区内的造林树种。

分布 我国特有树种，产于内蒙古、河北、山西、陕西南部、湖北西部、甘肃中部及南部洮河与白龙江流域、青海东部、四川东北部及北部岷江流域上游。张家口市原生树种，蔚县小五台山有分布，已广泛应用于全市绿化。

白杆

云杉属
学名 *Picea meyeri*

别名 红杆、白儿松、罗汉松、钝叶杉

形态特征 乔木，高达30m。树皮灰褐色，裂成不规则的薄块片脱落。大枝近平展，树冠塔形；1年生枝黄褐色，2~3年生枝淡黄褐色、淡褐色或褐色。冬芽圆锥形，褐色，光滑无毛。叶四棱状条形，微弯曲，长1.3~3cm。球果成熟前绿色，熟时褐黄色，矩圆状圆柱形，长6~9cm，径2.5~3.5cm。种子倒卵圆形，长约3.5mm，种翅淡褐色。花期4月，球果9月下旬至10月上旬成熟。

生长习性 耐阴，耐寒，喜欢凉爽湿润的气候和肥沃深厚、排水良好的微酸性沙质土壤，生长缓慢，属浅根性树种。

繁殖方式 一般采用播种育苗或扦插育苗。

用途 木材黄白色，材质较轻软，纹理直，结构细，比重0.46，可供建筑、电杆、桥梁、家具及木纤维工业原料用材。宜作华北地区高山上部的造林树种；亦可栽培作庭园树。

分布 为我国特有树种，在山西五台山，河北小五台山、雾灵山，陕西华山等地均有分布。张家口市原生树种，蔚县小五台山有分布，已广泛应用于全市绿化。

雄花

柏 科

侧柏属

常绿乔木。生鳞叶的小枝直展或斜展，排成一平面，扁平，两面同型；叶鳞形，二型，交叉对生，排成4列，基部下延生长，背面有腺点。雌雄同株，球花单生于小枝顶端；雄球花有6对交叉对生的雄蕊，花药2~4；雌球花有4对交叉对生的珠鳞，仅中间2对珠鳞各生1~2枚直立胚珠。球果当年成熟，熟时开裂。种鳞4对，木质，厚，近扁平，背部顶端的下方有一弯曲的钩状尖头，中部的种鳞各有1~2粒种子；种子无翅，子叶2枚。

本属仅侧柏1种，分布几遍全国。

侧柏

侧柏属
学名 *Platycladus orientalis*

别名 香柏、香树、香柯树、黄柏、扁柏、扁桧

形态特征 乔木，高逾20m，胸径达1m。树皮淡灰褐色，细条状纵裂。幼树树冠卵状塔形，老则广圆形。生鳞叶小枝扁平，两面同型均为绿色；叶鳞形，交互对生，长1~3mm，先端钝，中央叶的露出部分呈菱形或斜方形，两侧的叶船形，先端微内曲。雄球花黄色，卵圆形；雌球花近球形，蓝绿色，有白粉。球果近卵圆形，长1.5~2cm，

成熟前近肉质，蓝绿色；成熟后木质，红褐色。种子卵圆形，幼时肉质，成熟时木质；种鳞先端带弯曲的钩刺，红褐色，长4~6mm。花期3~4月，球果10月成熟。

生长习性 喜光，幼树稍耐阴。耐干冷，喜暖湿气候。对土壤要求不严，喜钙质土，在酸性、中性、微碱性土壤上均能生长。浅根性，侧根发达，萌芽能力强，以海拔400m以下者生长良好。抗风能力较弱。

繁殖方式 以种子繁育为主，也可扦插或嫁接。

用途 木材淡黄褐色，材质细密坚重，不挠裂，耐腐朽，有香气，可供建筑、家具、器具、农具及文具等用。种子与生鳞叶的小枝入药，前者为强壮滋补药，后者为健胃药，又为清凉收敛药及淋疾的利尿药。常栽培作庭园树，也是保护环境的优良树种。

分布 产于我国内蒙古南部、吉林、辽宁、河北、山西、山东、江苏、浙江、福建、安徽、江西、河南、陕西、甘肃、四川、云南、贵州、湖北、湖南、广东北部及广西北部等地。西藏德庆、达孜等地有栽培。河北兴隆、山西太行山区、陕西秦岭以北渭河流域及云南澜沧江流域山谷中有天然森林。张家口市原生树种，坝下分布广泛。

刺柏属

常绿乔木或灌木。冬芽显著；小枝圆柱形或四棱形；叶有刺形，3叶轮生，基部有关节，不下延，披针形或近条形；雌雄异株或同株，球花单生叶腋；雄球花黄色，长椭圆形；雌球花卵状，淡绿色；球果浆果状，近球形，2年或3年成熟；种鳞合生，肉质，苞鳞与种鳞结合而生，仅顶端尖头分离，成熟时不张开或仅顶端微张开；种子通常3，卵圆形，有棱脊及树脂槽。

本属约10余种，我国产3种，另引入栽培1种。张家口产杜松1种。

杜松

刺柏属
学名 *Juniperus rigida*

别名 普圆柏

形态特征 乔木，高达12m，胸径1.3m；树冠塔形或圆锥形；大枝直立，小枝下垂；叶条状刺形、质而直、端尖，长12~17mm，宽约1mm，表面深凹，内有1条白色气孔带，背面有明显纵脊；球果近球形，熟时淡褐黑黄色或蓝黑色，常被白粉；种子近卵圆形，先端尖，长约6mm，褐色，有4条不显著的棱；花期5月，球果成熟期翌年10月。

生长习性 喜光，稍耐阴，喜冷凉气候，耐寒。深根性树种，对土壤的适应性强，喜石灰岩形成的栗钙土或黄土形成的灰钙土。抗潮风能力强，

是良好的海岸庭园树种之一。

繁殖方式　种子繁殖或嫁接繁殖，以侧柏为砧木。

用途　材质致密坚硬，具光泽，有香气，耐腐朽，供工艺品、雕刻、铅笔、家具、桥柱、木船等用。球果入药，有发汗、利尿、镇痛之效，主治风湿性关节炎。树姿挺拔秀丽，供庭园观赏。

分布　产于我国黑龙江、吉林、辽宁、内蒙古、河北北部、山西、陕西、甘肃及宁夏等地的干燥山地。张家口市原生树种，尚义、涿鹿、蔚县、崇礼、宣化有分布。

圆柏属

乔木或灌木，直立或匍匐。叶二型，刺形或鳞形，幼树叶均为刺形，老树叶全为刺形或鳞形，或同一树上二者兼有；刺形叶常3枚轮生，鳞叶交互对生，基部无关节，下延。球花单生枝顶；球果近球形，当年、翌年或3年成熟，肉质，浆果状，不开裂。种子1~6粒，无翅，常有树脂槽。

本属约50种，我国约产17种，主产西北和西南高山地区，另引入栽培的有2种。张家口产圆柏1种，引进栽培龙柏、铺地柏、望都塔桧、北京桧柏4种。

圆柏

圆柏属
学名 *Sabina chinensis*

别名 刺柏、桧柏

形态特征 乔木，高达30m，胸径达3.5m。树皮灰褐色，条状纵裂。树冠幼时尖塔形，老时变广圆形。小枝初绿色，后变红褐色至紫褐色。叶二型，幼树全为刺叶，老树全为鳞叶，壮龄树二者兼有，刺叶长0.6~1.2cm，披针形，先端渐尖；鳞叶小，长1.5~2mm，先端钝尖，斜方形或菱状卵形。雌雄异株。球果椭圆形，长7~10mm，径6~8mm，熟时暗褐色，有白粉。种子1~4粒，卵圆形，有棱脊。花期4月，球果翌年10~11月成熟。

生长习性 喜光，幼时稍耐阴，深根性，耐干旱。喜温凉、温暖气候，在微酸性、中性和钙质土中生长良好。侧根发达，具较强抗旱、抗寒能力，但生长缓慢，寿命较长。

繁殖方式 多用播种繁殖，也可扦插育苗。

用途 木材耐腐朽，有香气，坚韧致密，供建筑、器具、工艺及室内装饰用材等用。种子可榨油，枝叶入药；根、干、枝、叶可提

雄株花序

取挥发油。树姿优美，为优良观赏树。

分布 原产于我国东北南部及华北等地，北自内蒙古及沈阳以南，南至两广北部均有分布。张家口市原生树种，坝下有分布。

下花园

龙柏

圆柏属

学名 *Sabina chinensis* 'Kaizuca'

别称 龙爪柏、爬地龙柏、匍地龙柏

形态特征 龙柏是圆柏的人工栽培变种。高可达8m，树干挺直，树冠圆柱状塔形，分枝低，大枝常常扭转上升，小枝密集，扭曲上伸；叶全为鳞叶，鳞叶排列紧密，树冠基部有时具少数刺叶；幼叶淡黄绿色，老后为翠绿色。球果蓝绿色，果面略具白粉。

生长习性 喜阳，较耐阴。喜温暖、湿润环境，抗寒。抗干旱，忌积水，排水不良时易产生落叶或生长不良。适生于干燥、肥沃、深厚的土壤，对土壤酸碱度适应性强，较耐盐碱。对氧化硫和氯抗性强，但对烟尘的抗性较差。

繁殖方式 嫁接或扦插繁殖。

用途 树形优美，枝叶碧绿青翠，公园篱笆绿化首选苗木，多被种植于庭园作美化用途。应用于公园、庭园、绿墙和高速公路中央隔离带。

分布 产于我国内蒙古乌拉山、河北、山西、山东、江苏、浙江、福建、安徽、江西、河南、陕西南部、甘肃南部、四川、湖北西部、湖南、贵州、广东、广西北部及云南等地，西藏也有栽培。张家口市引进树种，城镇街道有栽植。

铺地柏

圆柏属
学名 *Sabina procumbens*

别称 爬地柏、矮桧、匍地柏、偃柏、铺地松、铺地龙、地柏

形态特征 匍匐灌木，高达75cm。枝条延地面伏生，褐色，枝梢向上斜展。叶全为刺形，3叶轮生，条状披针形，长6~8mm，先端角质锐尖，表面凹，两条白色气孔带常在上部汇合，绿色中脉仅下部明显，下面凸起，背面蓝绿色，沿中脉有细纵槽。球果近球形，径8~9mm，成熟时紫黑色，被白粉；种子2~3粒，长约4mm，有棱脊。花期4月，球果翌年10月成熟。

生长习性 温带喜光树种，喜石灰质肥沃土壤，耐寒，耐旱，抗盐碱，萌芽性强，忌低湿地，在平地或悬崖峭壁上都能生长。

繁殖方式 多用扦插、嫁接、压条繁殖。

用途 可用于庭园绿化，盆景观赏，常种植在市区街心、道路两旁，配植于草坪、花坛、山石、林下，丰富观赏美感。

分布 原产日本。在我国黄河流域至长江流域广泛栽培，现各地都有种植。张家口市引进树种，公园、道路两旁多有栽植。

望都塔桧

圆柏属
学名 *Sabina chinensis* ‘Wangdu’

别名 北京塔桧、塔桧、北京圆柏

形态特征 圆柏的一栽培品种。树形似宝塔，树姿挺拔、优美雄壮。侧枝稠密而匀称有致，水泼不入。针叶浓绿青翠，繁茂而有光泽。

生长习性 适应性广，抗逆性强，耐旱又特耐寒，能耐 -35℃的低温，对土壤适应性强，耐盐碱；耐修剪。

繁殖方式 常用扦插繁殖。

用途 自然成型又耐修剪，尤适于艺术造型、孤植、列植、群植及作绿篱。适合严寒风沙气候，是适应中西部开发的首选常绿树种。木材耐腐蚀，芳香，可制作工艺品；其枝叶可提取挥发油、制药等。

分布 产于我国河北保定，适合在辽河以南、长江以北的广大地区栽培。张家口市引进树种，怀安县有栽培。

北京桧柏

圆柏属
学名 *Sabina chinensis*

别称 桧柏、刺柏

形态特征 乔木，高达 20m，胸径达 3.5m。树冠尖塔形或圆锥形，老树则成广卵形。树皮灰褐色呈纵条剥离，有时呈扭转状。老枝常扭曲状；小枝直立，亦有略下垂的。叶有 2 种，鳞叶交对生，多见于老树或老枝上；刺叶常 3 枚轮生，长 0.6~1.2cm，叶上面微凹。雌雄异株，极少同株。雄球花黄色，有雄蕊 5~7 对，对生；雌球花有珠鳞 6~8 对，3 年成熟，熟时暗褐色，被白色粉。果有 1~4 粒种子，卵圆形；子叶 2。花期 4 月下旬，果多为翌年 10~11 月成熟。

生长习性 喜光，耐寒，耐旱也耐涝，主侧根均发达，在干旱沙地、向阳山坡以及岩石缝隙处均可生长。耐修剪。

繁殖方式 播种、扦插、压条、嫁接均可繁殖。

用途 木材耐腐蚀，有芳香，细致，可制作工艺品；枝叶可以提取挥发油；在园林绿化中用途很广，可作绿篱、行道树，还可以作桩景、盆景材料。

分布 产于我国华北地区，辽河以南、长江以北广大地区均可栽培。张家口市引进树种，下花园区有栽植。

张家口树木

第二篇
阔叶树种

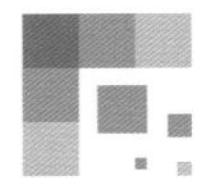

银杏科

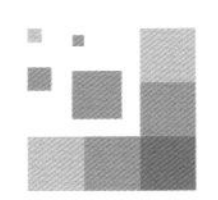

银杏属

本属形态特征与“种”的描述相同。银杏科现仅存1属1种，为我国特产之世界著名树种。

银杏

▶ 银杏属
学名 *Ginkgo biloba*

别名 白果

形态特征 落叶乔木，高达40m，胸径达4m。树冠广卵形；幼树皮淡灰褐色，浅纵裂，老树皮灰褐色，深纵裂。大枝近轮生，斜上展。叶扇形，有二叉状叶脉，顶端常2裂状，基部楔形，具长叶柄；互生于长枝而簇生于短枝上。球花雌雄异株，单性，生于短枝顶端的鳞片状叶的腋内。种子椭圆形，倒卵圆形至球形，径约2cm，熟时黄色或橙黄色，被白粉；肉质，外种皮有臭味，中种皮白色，内种皮黄褐色，胚乳肉质。花期3月下旬至4月中旬，种子成熟期8~10月。

生长习性 喜光，喜肥厚温润、排水良好的沙壤土。不耐水涝和盐碱，较耐旱；耐寒性较强，能在冬季-32.9℃的地区种植成活。对大气污染有抗性。

繁殖方式 可用播种、扦插、分蘖、嫁接等繁殖，以播种和嫁接最多。

用途 材质优良，结构细，纹理直，是制作家具、雕刻、建筑等的优良木材。种子可食用，富营养，种仁可入药，有止咳化痰、补肺、通经、利尿之功效。外种皮具毒，可用于杀虫；花有蜜，是良好的蜜源植物。银杏树姿雄伟壮丽，叶形秀美，寿命长，是非常好的庭荫树、行道树或独赏树。

分布 在我国，银杏的栽培区甚广，北自沈阳，南到广州，西南至贵州、云南西部，都有栽培。张家口市引进树种，全市栽植较多。

麻黄科

麻黄属

灌木、亚灌木或草本状灌木。高5~250cm，最高可达8m。茎直立或匍匐，多分枝，髓心棕红色；小枝细长，绿色，对生或轮生，绿色，有节，节间有细纵槽纹。叶对生或3叶片轮生，退化成膜质鞘状，先端裂成三角状裂片，裂片中央色深，有2条平行脉。雌雄异株，稀同株，球花卵圆形或椭圆形，生枝顶或叶腋；雄球花单生或数个丛生，或3~5个成一复穗花序；雌球花具2~8对交叉对生或2~8轮苞片，每轮3片，仅顶端1~3片苞片生有雌花。种子1~3粒，当年成熟，胚乳丰富；子叶2枚，发芽时出土。

本属约40种，我国有12种4变种，分布区较广，除长江下游及珠江流域各省区外，其他各地皆有分布，以西北各省区及云南、四川等地种类较多。张家口产草麻黄、单子麻黄、木贼麻黄3种。

多数种类含生物碱，为重要的药用植物；生于荒漠及土壤瘠薄处，有固沙保土的作用，也作燃料；麻黄雌球花的苞片熟时肉质多汁，可食，俗称"麻黄果"。

草麻黄

麻黄属
学名 *Ephedra sinica*

别称 麻黄草、麻黄

形态特征 草本状小灌木，高20~40cm。木质茎短或成匍匐状，小枝直伸或斜伸微弯，绿色，节间长2.5~5.5cm,径约2mm。叶2裂。花雌雄异株，雄球花多成复穗状，常具总梗；雌球花顶生或腋生，有短梗，近球形。种子通常2粒，种脐明显，卵圆形或宽卵圆形，表面有细皱纹。花期5~6月，种子成熟期8~9月。

生长习性 旱生植物。喜光，喜干冷气候，适应性强。

繁殖方式 可用播种和分根繁殖。

用途 重要药用植物，为中药麻黄之正种，含丰富的生物碱，是我国提制麻黄碱的主要植物。草质茎入药，有发汗散寒、宣肺平喘、利水消肿之功效。

分布 产于吉林、辽宁、内蒙古、河北、山西、河南、陕西等地。张家口市原生树种，康保、张北、宣化、怀来、蔚县等地均有分布。

单子麻黄

麻黄属
学名 *Ephedra monosperma*

形态特征 草本状矮小灌木，高 5~20cm。木质茎短小，埋于地下，多节结。小枝绿色较开展，节间短，长 1~2cm。叶 2 裂，对生，裂片短三角形，膜质鞘状，下部 1/3~1/2 合生。雄球花单生枝顶或对生节上，多成复穗状，长 3~4mm；雌球花成熟时苞片肉质，红色稍带白粉，单生或对生节上，卵圆形。种子 1 粒，外露，无光泽。花期 6 月，种子成熟期 8 月。

生长习性 旱生植物。耐干冷气候，耐盐碱土，常生多石山坡和干燥沙地。

繁殖方式 播种繁殖。

用途 茎入药，提制麻黄碱，有平喘、止咳、利尿之功效，用于治疗伤寒、骨节疼痛、水肿等症。

分布 分布较广，北自黑龙江，经东北、华北、西北至四川、西藏。张家口市原生树种，康保、张北、宣化、蔚县小五台山等地均有分布。

木贼麻黄

麻黄属
学名 *Ephedra equisetina*

别名 山麻黄

形态特征 直立小灌木，高达 1m。主茎直立，粗质木茎，基部粗 1~1.5cm。小枝细，绿色，径约 1mm，节间短，纵槽不明显，常被白粉，蓝绿色或灰绿色。叶 2 裂，褐色，裂片钝三角形。雄球花单生或 3~4 个集生节上，近无梗；雌球花有短梗。种子常 1 粒，窄长卵形，长约 7mm。花期 4~5 月，种子成熟期 7~8 月。

生长习性 旱生植物。耐干冷气候，耐旱，常生于干旱或半干旱地区的山顶、山脊、多石山坡和荒漠。

繁殖方式 播种繁殖。

用途 重要药用植物，麻黄素的含量比其他种类高。茎入药，功能主治同草麻黄；并可固沙造林。

分布 产于河北、山西、内蒙古、陕西、甘肃、青海、新疆。张家口市原生树种，宣化、怀来、蔚县等地有分布。

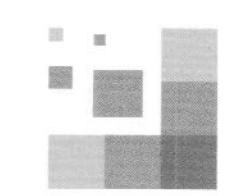

木兰科

木兰属

落叶或常绿，乔木或灌木。顶芽发达，小枝节具环状托叶痕。叶全缘，稀先端凹裂分裂；托叶大，包被幼芽，早落。花大，两性，单生顶枝，常大而美丽。聚合蓇葖果，沿背缝线开裂。外种子鲜红色，成熟时悬垂于蓇葖之外。

本属约 90 种，我国约 30 种。张家口引进栽培玉兰 1 种。

玉兰

木兰属
学名 *Magnolia denudata*

别称 玉兰花、木花树、望春花

形态特征 落叶乔木，高达 15m，胸径 60cm。树冠卵形；树皮深灰色，小枝灰褐色。粗糙开裂；小枝及芽均有毛。叶偏宽倒卵圆形或倒卵状椭圆形，长 10~18cm，先端宽圆或平截，有小突尖，基部楔形，全缘，幼时背面有毛。花大，径 12~15cm，长圆状倒卵形，白色，芳香，先叶开放，直立。蓇葖果。花期 4 月初，果期 9~10 月。

生长习性 喜光，较耐干旱，较耐寒。根肉质，喜干燥，忌低湿，栽植地渍水易烂根。喜肥沃、湿润、微酸性的沙质土壤，萌芽性强，在弱碱性的土壤上亦可生长。

繁殖方式 可播种、扦插、压条及嫁接等繁殖。

用途 花大、洁白、芳香，是中外著名早春花木。木材优良，纹理直，结构细，供家具、图板、细木工等用；花含芳香油，可提取配制香精或制浸膏；种子榨油供工业用。

分布 原产我国中部山野中，现我国各大城市园林广泛栽培。张家口市引进树种，赤城、宣化有栽植。

五味子科

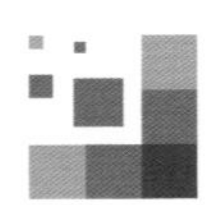

五味子属

木质藤本，小枝折断有香气，侧芽单生或并生，芽鳞较大，常宿存。叶全缘或有细锯齿。花单生或数朵聚生于叶腋。聚合浆果穗状。种子2粒或仅1粒发育。

本属约25种，我国19种，产东北至西南、东南等各地。张家口产五味子1种。

五味子

五味子属
学名 *Schisandra chinensis*

别名 北五味子

形态特征 落叶木质藤本，高达8m，全株近无毛。小枝灰褐色，稍有棱，常片状剥落。单叶，互生，倒卵形、宽卵形或椭圆形，长5~10cm，顶端急尖或渐尖，基部楔形，边缘疏生有腺的细齿，表面有光泽，无毛。花单生或簇生于叶腋，白色或粉红色，花梗细长而柔弱。果熟时成穗状聚合果；浆果，肉质，球形，深红色。花期5~6月，果期8~9月。

生长习性 喜湿润荫蔽的环境，耐寒性强；喜深厚、疏松、肥沃的土壤。

繁殖方式 播种、扦插或压条繁殖。

用途 茎、叶和果可提取芳香油；种子油可作润滑油；果实药用，有治肺虚喘咳、盗汗等功效。

分布 分布于东北、华北，湖北、湖南、江西、四川等地。张家口市原生树种，赤城、涿鹿赵家蓬区、蔚县小五台山有分布。

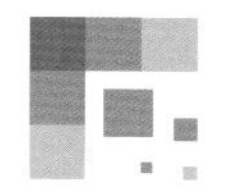

毛茛科

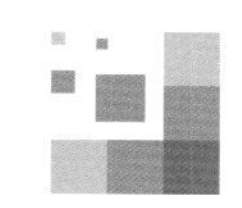

铁线莲属

木质藤本，稀多年生草本，攀缘或直立。单叶或羽状复叶，全缘、具锯齿或分裂；叶对生，具柄。聚伞、总状或圆锥花序，稀单生；无花瓣，萼片花瓣状，大而呈各种颜色，4~8 枚。聚合瘦果，常集成头状，宿存花柱羽毛状，种子 1 粒。

本属约 300 种，我国产 110 种，广布于南北各省而以西南部最多。张家口产半钟铁线莲、粗齿铁线莲、大瓣铁线莲、大叶铁线莲、短尾铁线莲、灌木铁线莲、芹叶铁线莲、宽芹叶铁线莲、钝萼铁线莲、羽叶铁线莲、太行铁线莲 11 种。

半钟铁线莲

铁线莲属
学名 *Clematis ochotensis*

形态特征 木质藤本。茎圆柱形，光滑无毛。二回三出复叶；小叶片 3~9 枚，小叶狭卵形至卵状椭圆形，长 3~7cm，先端渐尖，基部楔形或圆形，常全缘，上部边缘有粗锯齿，不裂，侧生的小叶常偏斜。花单生于当年生枝的顶端，钟状，直径 3~3.5cm；萼片 4 枚，蓝色，狭卵形。聚合瘦果倒卵形，长 4~5mm，棕色，密被黄色柔毛。花期 6~7 月，果期 8~10 月。

生长习性 喜光、稍耐阴，生于海拔 800~1800m 的山坡、山谷、林下或灌丛中。

繁殖方式 播种繁殖。

用途 花大而美丽，栽培可供观赏。

分布 产于山西西部、河北北部、内蒙古、吉林东部及黑龙江。张家口市原生树种，赤城大海陀、蔚县小五台山有分布。

粗齿铁线莲

铁线莲属
学名 *Clematis argentilucida*

形态特征 木质藤本。小枝密被白色短柔毛。一回羽状复叶，对生，小叶5，叶片卵形，长8cm，先端渐尖，基部圆、宽楔形或微心形，边缘具有牙齿状粗锯齿，叶背面具短柔毛。圆锥状聚伞花序，顶生或腋生，具花3~7朵；萼片4~5，花瓣状，白色。聚合瘦果扁卵形，具短梗毛，宿存花柱具淡褐色长羽毛。花期5~7月，果期7~10月。

用途 根药用，能行气活血、祛风湿、止痛；茎藤药用，能杀虫解毒。

分布 产云南、贵州、湖北、四川、甘肃、陕西、河南、山西、河北等地。张家口市原生树种，怀来、蔚县小五台山有分布。

大瓣铁线莲

铁线莲属
学名 *Clematis macropetala*

别名 长瓣铁线莲

形态特征 木质藤本，长达2m。二回三出复叶，小叶片9枚，椭圆状卵形或菱状椭圆形，纸质，长2~5cm，先端渐尖，基部楔形或圆形，边缘具锯齿，近无毛，顶端小叶常3深裂。花单生于当年生枝的顶端，萼片4枚，花萼钟形，蓝色或淡紫色，长圆状卵形或卵状披针形，长3~4.6cm。聚合瘦果倒卵形，长4~5.5mm，有灰白色柔毛。花期6~7月，果期8~10月。

生长习性 喜光稍耐阴，耐寒，在自然界见于山地、草坡、林下或林间空地。

用途 种子可榨油，供油漆用，不可食用。花大而美丽，可栽培观赏。

分布 产于河北、山西、陕西、甘肃、内蒙古和黑龙江等地。张家口市原生树种，赤城、蔚县小五台山有分布。

大叶铁线莲

铁线莲属
学名 *Clematis heracleifolia*

别名 木通花、草牡丹、草本女萎

形态特征 直立半灌木或灌木，具有粗大木质化的主根。茎粗壮，具有明显的纵条纹，密生白色糙绒毛。三出复叶，厚纸质，小叶卵形、椭圆形或楔状卵形，长5~10cm，先端短尖，基部圆形或宽楔形，边缘具有不整齐的粗锯齿，背面有短柔毛，脉上毛较密集；总叶柄粗壮，长达15cm，被毛。聚伞花序顶生或腋生，总花梗粗壮，每花下有一枚线状披针形的苞片；花直径2~3cm；萼片4，蓝紫色。窄长圆形，两面凸起，长4mm；聚合瘦果卵形、红棕色。花期8~9月，果期10月。

生长习性 适应性强，耐寒、耐旱、喜半阴，在肥沃、排水良好的石灰质土壤生长旺盛。

繁殖方式 可用播种、压条、分株、扦插或嫁接繁殖。

用途 全草及根供药用，有祛风除湿、解毒消肿的作用。种子可榨油，供油漆用。可用作阴湿地的观赏性地被植物。

分布 产于长江中下游各地、华北至东北南部。张家口市原生树种，赤城县、蔚县小五台山自然保护区有分布。

短尾铁线莲

铁线莲属
学名 *Clematis brevicaudata*

别名 林地铁线莲、石通

形态特征 木质藤本。枝有棱，枝条暗褐色，小枝疏生短毛或近无毛。二回三出复叶或羽状复叶，叶对生，小叶卵形至披针形，长1.5~6cm，先端渐尖或长渐尖，基部圆形、截形或微心形，边缘疏生粗锯齿，不裂，稀3裂，两面散生短毛或近无毛。圆锥状聚伞花序顶生或腋生；花直径1~1.5cm；萼片4，开展，白色或浅黄色，长圆状披针形；无花瓣。聚合瘦果卵形，稍扁，浅褐色，密生柔毛。花期7~8月，果期9~10月。

用途 藤茎入药，清热利尿、通乳、消食；主治尿道感染、口舌生疮、腹中胀满、大便秘结、乳汁不通。

分布 产于我国西藏东部、云南、四川、甘肃、青海东部、宁夏、陕西、河南、湖南、浙江、江苏、山西、河北、内蒙古和东北。张家口市原生树种，赤城大海陀、蔚县小五台山有分布。

灌木铁线莲

铁线莲属
学名 *Clematis fruticosa*

形态特征 直立小灌木，高达1m。枝有棱，紫褐色。单叶对生或数叶簇生，叶柄长0.3~1cm，叶片绿色，薄革质，长1.5~4cm，顶端锐尖，边缘疏生锯齿，下半部常成羽状深裂或全裂。花单生，或腋生或顶生的聚伞花序，有3花；萼片4，呈钟形，黄色，斜上展，长椭圆状卵形至椭圆形。瘦果近卵形，扁，长约4mm，密生长柔毛，羽毛状花柱达3cm。花期7~8月，果期10月。

繁殖方式 种子繁殖。

分布 产甘肃南部和东部、陕西北部、山西、河北北部及内蒙古。张家口市原生树种，赤城大海陀、蔚县小五台山有分布。

芹叶铁线莲

铁线莲属

学名 *Clematis aethusifolia*

形态特征 木质藤本。茎分枝，有纵条纹，表皮易剥离，多匍匐状生长。根细长，棕黑色。茎纤细，有纵沟，微被柔毛或无毛。二至三回羽状复叶或羽状细裂，连叶柄长达7~10cm，稀达15cm，末回裂片线形，顶端渐尖或钝圆。聚伞花序腋生；苞片羽状细裂；萼片4枚，淡黄色，长方椭圆形或狭卵形。瘦果扁平，宽卵形或圆形，成熟后棕红色，长3~4mm，被短柔毛。花期7~8月，果期9月。

用途 全草入药，能健胃、消食，治胃包囊虫和肝包囊虫；外用除疮、排脓。

分布 分布于青海东部、甘肃、宁夏、陕西、山西、河北、内蒙古。张家口市原生树种，赤城县、蔚县小五台山有分布。

宽芹叶铁线莲

铁线莲属
学名 *Clematis aethusifolia* var. *latisecta*

别名 疏齿铁线莲、木通藤、小木通、山棉花、线木通、柴木通

形态特征 与芹叶铁线莲的区别：常为一回羽状复叶，有2~3对小叶，小叶片长2~3.5cm，3深裂，裂片宽倒卵形或近于圆形，边缘有圆锯齿或浅裂。

分布 分布于山西北部、河北北部、内蒙古、黑龙江东北部。张家口市原生树种，赤城县、蔚县小五台山有分布。

钝萼铁线莲

铁线莲属
学名 *Clematis peterae*

形态特征 木质藤本。一回羽状复叶，小叶5，偶尔基部1对3小叶；小叶片卵形或狭卵形，少数卵状披针形，长2~8cm，先端急尖或短渐尖，基部圆形或浅心形。聚伞圆锥状花序由多花组成；总花梗和花梗密生微柔毛；花直径1.5~2cm，萼片4，白色，开展，矩圆形倒卵形。聚合瘦果，卵形，稍扁平，干后黑色。花期6~8月，果期9~12月。

用途 全株入药，能清热、利尿、止痛，治湿热淋病、小便不通、水肿、膀胱炎、肾盂肾炎、脚气水肿、闭经、头痛；外用治风湿性关节炎。

分布 产于云南、贵州、四川、湖北、甘肃、陕西、河南、山西、河北。张家口市原生树种，蔚县小五台山有分布。

羽叶铁线莲

铁线莲属
学名 *Clematis pinnata*

形态特征 藤本。枝有棱，幼枝密被短柔毛，后变疏。一回羽状复叶，小叶5，基部1对常2~3裂，稀裂至2~3小叶；小叶片卵形至卵圆形，长5~9cm，先端渐尖，基部圆宽心形或圆形，边缘具有大小不等的锐锯齿或浅裂，两面有短柔毛或近无毛。圆锥状聚伞花序腋生或顶生，多花；花序轴及花梗均被毛；花萼筒状，直径2.5~3.5cm；萼片4，白色，卵状披针形或狭倒卵形，幼时近直立，后开展。花期7~8月，果期8~9月。

分布 产于北京一带山地。张家口市原生树种，蔚县小五台山有分布。

太行铁线莲

铁线莲属
学名 *Clematis kirilowii*

形态特征 木质藤本，干后常变成黑褐色。茎、小枝被短柔毛，老枝近无毛。一至二回羽状复叶，通常具5~11小叶，基部1对或顶生小叶常2~3浅裂、全裂至3小叶，叶草质，卵形至卵圆形，长1.5~7cm，两面网脉明显。圆锥状聚伞花序或聚伞花序，有花3至多朵或花单生，腋生或顶生；总花梗、花梗密生短柔毛；花直径1.5~2.5cm；萼片4或5~6，白色，倒卵状长圆形。聚合瘦果卵形至椭圆形。花期6~8月，果期8~9月。

繁殖方式 种子繁殖。

生长习性 喜光、耐干旱，适应性较强。

分布 产于河北、山西、山东、浙江、河南、湖北、四川、贵州等地。张家口市原生树种，蔚县小五台山有分布。

芍药属

宿根草本或落叶灌木。芽大，具芽鳞数枚。叶通常为二回三出复叶，互生，小叶片全缘或有裂。花两性，辐射对称，单生或数朵生枝顶和茎上部叶腋，红色、白色或黄色，宿存。聚合蓇葖果，熟时开裂。

本属约 40 种，我国有 12 种，多数花大而美丽，为著名观花植物。张家口引进栽培牡丹 1 种。

牡丹

芍药属

学名 *Paeonia suffruticosa*

形态特征 落叶灌木，高达 1~2m。分枝多而粗壮。叶为二回三出复叶，小叶 4.5~8cm，顶生小叶宽卵形，先端 3~5 裂，基部全缘，平滑无毛，叶背有白粉。花单生枝顶，直径 10~17cm；花型有多种；花色丰富，有紫、深红、粉红、黄、白、豆绿等色。蓇葖果卵形，顶生具喙，密生被黄褐色粗硬毛。花期 4 月下旬至 5 月上旬，果期 9 月。

生长习性 喜温暖而不酷热的气候。喜光但忌夏日暴晒，以在弱阴下生长最好；适宜疏松、深厚而排水良好的壤土或沙壤土中生长，酸性或黏重土壤中生长不良。

繁殖方式 有分株、嫁接、播种等，但以分株及嫁接居多，播种方法多用于培育新品种。

用途 根皮药用，名“丹皮”，有凉血散瘀之功效；叶可做染料；花可食用或浸酒用。牡丹花大而美丽，供观赏。

分布 原产于我国西部及北部，在秦岭伏牛山、中条山、嵩山均有野生。张家口市引进树种，赤城、怀安、市区有栽培。

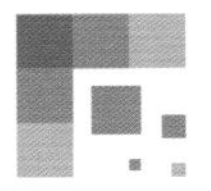

小檗科

小檗属

落叶或常绿灌木，稀小乔木。老枝内皮层和木质部均为黄色。枝常具单一或分叉叶刺。单叶，互生，在短枝上成簇生状。花黄色，单生、簇生或总状花序，花瓣 6，基部具 2 腺体。浆果，红色或黑色。

本属约 500 种，我国约 200 种，多分布于西部及西南部。张家口原产阿穆尔小檗、波氏小檗、刺叶小檗、掌叶小檗、直穗小檗 5 种，引进栽培紫叶小檗 1 种。

阿穆尔小檗

小檗属
学名 *Berberis amurensis*

别名 黄芦木

形态特征 落叶灌木，高达 3m。小枝有沟槽，灰黄色或黄色；刺常为 3 分叉，长 1~2cm。叶片倒卵状椭圆形，长 5~10cm，先端急尖或圆钝，基部楔形，叶缘具刺芒状细锯齿，叶背面网脉明显，被白粉。花淡黄色，10~25 朵排成下垂的总状花序。浆果椭圆形，长约 1cm，红色，常带白粉。花期 5~6 月，果期 7~8 月。

生长习性 较喜光，喜肥沃土壤。

繁殖方式 种子或扦插繁殖。

用途 根及茎含小檗碱，供药用，有清热燥湿、抗菌消炎的功能，可作黄连代用品；种子可榨油供工业用。可植于庭院观果。

分布 产于东北及华北各地。张家口市原生树种，赤城、蔚县、阳原有分布。

波氏小檗

小檗属
学名 *Berberis poiretii*

别名 细叶小檗

形态特征 落叶灌木，高 1~2m。小枝紫红色或灰黄色，明显具棱，老枝灰黄色，生黑色疣点。叶片狭倒披针形，长 1.5~4cm，先端渐尖，具小尖头，基部窄楔形，全缘或中上部有锯齿，叶表面中脉凹陷，背面中脉隆起，两面无毛，叶柄很短至近无柄。总状花序，有 8~15 朵花，长 3~6cm；花黄色。浆果椭圆形，鲜红色，长约 9mm，直径约 4~5mm，具 1 粒种子。花期 5~6 月，果期 7~9 月。

生长习性 喜光，耐干旱。

繁殖方式 播种或扦插繁殖。

用途 根皮和茎皮含小檗碱，可入药，可作黄连代用品，主治痢疾、黄疸、关节肿痛等症，根皮含量较茎皮含量高，有清热解毒和抑菌作用。

分布 产于吉林、辽宁、内蒙古、青海、陕西、山西、河北。张家口市原生树种，蔚县、阳原、宣化有分布。

刺叶小檗

小檗属
学名 *Berberis sibirica*

别名 西伯利亚小檗

形态特征 落叶灌木，高约1m。枝暗灰褐色，有细沟槽，幼枝被微柔毛，无毛；刺3~7分叉。叶片倒卵状披针形或倒卵状椭圆形，长1~2cm，先端圆或钝尖，基部楔形，边缘有细锯齿，具刺尖，表面绿色，背面黄绿色，无白粉，具4~7硬直刺状牙齿；叶柄长3~5mm。花单生于短枝顶端；花梗长7~12mm，无毛；萼片倒卵形，长约4.5mm，先端浅缺裂。浆果倒卵形，红色，长7~9mm。花期5~7月，果期8~9月。

繁殖方式 播种繁殖。

用途 庭园栽植供观赏。

分布 产于东北、内蒙古、新疆、河北、山西。张家口市原生树种，蔚县小五台山有分布。

掌叶小檗

小檗属
学名 *Berberis koreana*

别名 朝鲜小檗、掌刺小檗

形态特征 落叶灌木，高达80cm。老枝暗红色，具棱，无疣点，1年生枝条紫红色，径3~5mm，木质部黄色，髓白色，叶刺掌状，3~7裂，长8~10mm，黄褐色，叶片椭圆形或倒卵状椭圆形，先端圆钝，基部楔形。总状花序，长4~6cm，有花8~15朵，花瓣倒卵形。浆果近球形，红色。花期4月，果期8~9月。

生长习性 喜光，耐干旱，耐寒，适应性强。

繁殖方式 播种或扦插繁殖。

用途 花淡黄花，许多小黄花组成下垂的总状花序挂满枝条；秋季叶色鲜红，秋冬季红果满枝，和瑞雪相衬，白里透红，好似银树红花，可作圆球或绿篱使用，也可片植、列植于花坛、草坪上。

分布 产于辽宁及河北承德坝下、北京西山、山西五寨等地。张家口市原生树种，赤城县有分布。

直穗小檗

小檗属
学名 *Berberis dasystachya*

形态特征 落叶灌木，高达4m。小枝带红色，老枝灰黄色，具稀疏小疣点，幼枝紫红色；刺单一或三分叉，有时无刺。叶片椭圆形或近椭圆形，长3~6cm，先端圆钝，基部窄圆至楔形，叶缘有刺状细齿，叶背面黄绿色，中脉有明显隆起，两面网脉显著，无毛。总状花序，直立，有花15~30朵，长4~7cm；花黄色，花瓣倒卵形，花梗长4~7mm。浆果椭圆形，长6~7mm，红色。花期4~6月，果期6~9月。

用途 根皮及茎皮含小檗碱，可入药，有清热燥湿、泻火解毒之功效，常用于治疗泄泻、痢疾、黄疸等症。

分布 产于甘肃、宁夏、青海、湖北、陕西、四川、河南、河北、山西。张家口市原生树种，蔚县小五台山有分布。

紫叶小檗

小檗属
学名 *Berberis thunbergii* var. *atropurpurea*

形态特征 紫叶小檗是日本小檗的自然变种。落叶灌木。幼枝淡红带绿色，无毛，老枝暗红色具条棱。叶菱状卵形，全缘，长5~20mm，先端钝，基部下延成短柄，叶表面黄绿色，叶背面带灰白色，具细乳突，两面均无毛。伞形花序，花被黄色。浆果红色，椭圆形，长约10mm，稍具光泽，含种子1~2粒。

生长习性 喜凉爽湿润环境，适应性较强，耐寒、耐旱，不耐水涝，喜阳，耐阴、萌蘖性强，耐修剪，在肥沃深厚排水良好的土壤中生长更佳。

繁殖方式 常用播种繁殖，也可扦插、分株繁殖。

用途 园林常与常绿树种作块面色彩布置，效果较佳。春季开小黄花，入秋则叶色变红，果熟后亦红艳美丽，是良好的观果、观叶和刺篱材料。可盆栽观赏或剪取果枝瓶插供室内装饰用。

分布 原产日本，后引入我国，现各地广泛栽培。张家口市引进树种，全市栽植广泛。

防己科

蝙蝠葛属

灌木或草本。茎缠绕。叶片盾形，掌状浅裂；具叶柄。花序总状、圆锥状，腋生。花瓣6~9，近肉质，肾状心形或近圆形，边缘内卷。核果2~3枚，扁球形，内果皮坚硬，形如马蹄，背面有突起。

本属2种，我国1种，分布东北至华中，西北也有。

蝙蝠葛

蝙蝠葛属

学名 *Menispermum dauricum*

别名 山豆根、汉防己

形态特征 多年生缠绕性木质藤本。茎长达数米，无毛。茎圆形，具纵条纹，幼茎常红褐色。根状茎粗壮，木质化，黄褐色至黑褐色。叶片盾状三角形至七角形，长3~12cm，先端渐尖或短尖，全缘或3~9裂，两面光滑无毛，具6~10cm长柄。圆锥花序腋生，花单性，异株，花瓣6~12，稍肉质。核果，近球形，初为绿色，成熟时黑紫色，外果皮肉质，内果皮坚硬，肾状扁圆形。花期5~6月，果期7~8月。

生长习性 喜光，深根性，在土壤深厚的沙质地上生长良好。干旱、瘠薄的山坡上也能生长。

繁殖方式 播种、扦插、分株繁殖。

用途 叶形奇特，有光泽，可栽培供观赏。根茎入药，名为“山豆根”，能清热解毒、消肿止痛。韧皮纤维可代麻用，也是造纸原料。种子可榨油，供工业用。

分布 产于东北、西北、华北、华中及华东。张家口市原生树种，分布于坝下山地。

悬铃木科

悬铃木属

落叶大乔木，高达30m，树皮呈片状剥落。单叶，互生，有长叶柄，掌状脉；托叶常鞘状，早落。花单性，雌雄同株，密集成球形头状花序，下垂。聚花果球形，由多数具棱角的小坚果组成，小坚果窄长倒圆锥形，基部围有长毛，花柱宿存，每个球直径约为2.5~4cm，球散后，种子1粒，带毛，随风飞扬散播。

本属约6种，我国引种栽培3种。张家口引进栽培三球悬铃木1种。

三球悬铃木

悬铃木属
学名 *Platanus orientalis*

别名 净土树、法国梧桐

形态特征 大乔木，高达30m。树冠宽圆形；树皮灰褐色，呈片状剥落。嫩枝被黄褐色星状绒毛，老枝秃净，干后红褐色，有细小皮孔。叶大，掌状5~7裂，深裂达中部，裂片长大于宽，基部宽楔形或截形，叶缘疏生粗锯齿或全缘。花序头状，黄绿色。多数坚果聚合呈球形，3~6球成一串，宿存花柱长，花柱刺状，果柄长而下垂。花期4~5月，果期9~10月。

生长习性 喜光、喜温暖湿润气候，略耐寒。较

能耐湿及耐干。寿命长，生长迅速。根系分布较浅，台风时易受害而倒斜。

繁殖方式 主要以播种和扦插繁殖。

用途 木材坚硬，可供建筑及细木工用材；冠大荫浓，萌芽力强，耐修剪，对城市环境耐性强，是世界著名的优良庭荫树和行道树。果煮水饮后有发汗作用。

分布 原产于欧洲，我国北自辽宁大连、北京、河北，西至陕西、甘肃，西南至四川、云南，南至广东及东部沿海各地都有引种栽培。张家口市引进树种，市区、万全、怀安有栽植。

杜仲科

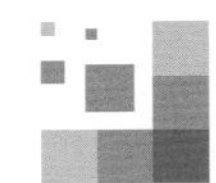

杜仲属

落叶乔木。树皮、枝皮、叶和果均具白色胶丝。小枝具分隔髓；无顶芽。单叶互生，边缘有锯齿，羽状脉，无托叶。花单性，雌雄异株，无花被，先叶或与叶同时开放；雄花簇生，具短梗，密集成头状花序状；雌花单生或簇生于每一苞腋。翅果扁平，长椭圆形，翅位于周围，顶端微凹，含1粒种子；种子胚乳丰富，子叶扁平。

本属仅1种，我国特产。

杜仲

杜仲属
学名 *Eucommia ulmoides*

别名 胶树

形态特征 乔木，高达20m，胸径达1m。树皮灰褐色，幼时光滑，老则浅纵裂。小枝光滑，淡褐或淡黄褐色。树冠卵形；叶片椭圆形或椭圆状卵形，长7~14cm，先端渐尖，基部宽楔形或圆形，边缘有锯齿，表面微皱，背面淡绿色，网脉明显，脉上有毛。翅果，扁平，长椭圆形，坚果位于中央，种子扁平。本种枝、叶、果及树皮断裂后均有白色弹性丝相连，为其识别要点。花期4月，果熟期10~11月。

生长习性 喜光，幼时不耐日晒，喜温和湿润气候，不耐严寒；对土壤要求不严，酸性、中性、钙质或轻盐土均能生长，在丘陵、平原均可种植，也可利用零星土地或四旁栽培。

繁殖方式 主要以播种繁殖，扦插、压条、分蘖也可。

用途 杜仲树干端直，枝叶茂密，树形优美，为特用经济林和四旁绿化树种。树体所含胶丝是制造硬橡胶的优质原料。树皮供药用，能降血压，补肝肾、强筋骨等。木材坚韧洁白，有光泽，供建筑、家具、农具等用。种子可榨油。

分布 原产于我国中部和西部，四川、贵州、湖北为集中产区。张家口市引进树种，市区、赤城、宣化有栽培。

榆 科

榆 属

落叶，稀常绿，乔木或灌木。1年生枝细，富含黏质，纤维发达，柔韧；芽鳞紫褐色，花芽近球形。单叶互生，常有锯齿，羽状脉。花小，两性、单性或杂性，雌雄同株或异株；单生、簇生、散生总状或聚伞花序。翅果、核果或小坚果，扁平，翅在果核周围，顶端有缺口。子叶出土。

本属45种，我国约有25种6变种，分布遍及全国，以长江流域以北较多。另引入栽培3种。张家口原产榆树、旱榆、黑榆、春榆、大果榆、裂叶榆6种，引进栽培欧洲白榆、钻天榆、垂榆、中华金叶榆、圆冠榆、大叶垂榆6种。

榆树

榆属
学名 *Ulmus pumila*

别名 家榆、榆钱、春榆、白榆

形态特征 乔木，高达25m，胸径1.5m。树冠卵圆形。树皮暗灰色，纵裂粗糙。1年生枝灰色至黄褐色，细长，排成2列状。叶片椭圆状卵形或椭圆状披针形，长2~8cm，先端渐尖或尖，基部近对称或稍偏斜，边缘单锯齿。早春花先叶开放，两性，簇生于去年枝上。翅果近圆形，熟时白色，种子位于翅果中部。花期3~4月，果期4~6月。

生长习性 喜光，耐旱，耐寒，适应性强。对土壤要求不严格，耐瘠薄，根系发达，抗风力、保

土力强。萌芽力强耐修剪。生长快，寿命长。具抗污染性，叶面滞尘能力强。

繁殖方式 以播种为主，分蘖亦可。

用途 木材坚硬，花纹美丽，供建筑、家具、车辆、农具、器具、桥梁等用。幼叶、嫩果可食。果、叶、皮入药能安神、利尿；枝皮纤维坚韧，可代麻制绳索、麻袋或作人造棉与造纸原料。榆树树形高大，绿荫较浓，适应性强，生长快，是城乡绿化的重要树种，适宜作为行道树、防护林、四旁绿化。

分布 产于我国东北、华北、西北、华东等地。张家口市原生树种，全市遍布。

尚义
赤城
崇礼

旱榆

榆属
学名 *Ulmus glaucescens*

别名 灰榆、山榆、黄青榆

形态特征 乔木或灌木状，高达18m。树皮浅纵裂。1年生枝红褐色，幼时有毛，后渐光滑，小枝无木栓翅及膨大木栓层；冬芽卵圆形或近球形，内部芽鳞有毛，边缘密生锈褐色或锈黑色之长柔毛。叶片卵形或长卵形，先端渐尖，叶缘单锯齿。花与叶同时开放。翅果椭圆形，无毛，长2~2.5cm，果翅较厚，果梗与宿存花萼近等长，被柔毛，种子位于翅果中上部。花期4~5月，果期3~5月。

生长习性 喜光，耐干旱，耐寒冷，生向阳山坡、草原、沟谷等地。在土层很薄或石缝中都能正常生长发育。

繁殖方式 以播种繁殖为主。

用途 木材坚硬，作农具、家具等用；果实可与面粉混为食用，种子可榨油，供食用。旱榆不仅是干旱山区山羊饲养业的重要木本饲料，而且也是农田防护林和荒山造林树种。

分布 分布于内蒙古、宁夏、甘肃、青海、陕西、山西、河北、山东、河南等地。张家口市原生树种，山区遍布。

黑榆

榆属
学名 *Ulmus davidiana*

别名 山毛榆、热河榆、东北黑榆

形态特征 乔木，高达15m，胸径70cm；树冠开展。树皮暗灰色，不规则沟裂。当年生枝褐色，疏生柔毛，后脱落；2年生以上小枝有时具不规则的木栓翅。叶片倒卵形或椭圆状倒卵形，长5~10cm，先端渐尖或急尖，基部微偏斜，边缘重锯齿，表面粗糙，背面有柔毛，叶柄密被丝状柔毛。花先叶开放，簇生于去年生枝的叶腋。翅果倒卵形，长0.9~1.4cm，中部果核处疏生毛，种子位于翅果中上部或上部与缺口相连。花期3~4月，果期5月上旬。

生长习性 喜光，耐寒，耐干旱。深根性，萌蘖力强，适应性强。常生于向阳山坡、谷地或路旁。

繁殖方式与用途 与榆树相似。

分布 分布于辽宁、河北、山西、河南及陕西等地。张家口市原生树种，赤城大海陀、蔚县小五台山有分布。

春榆

▶ 榆属
学名 *Ulmus davidiana* var. *japonica*

别名 黄榆、白皮榆、光叶春榆、栓皮春榆、蜡条榆、红榆、山榆

形态特征 春榆是黑榆变种，与黑榆的主要区别点为翅果无毛。

生长习性和繁殖方式 与黑榆相同。

主要用途 边材暗黄色，心材暗紫灰褐色，木材纹理直或斜行，结构粗，重量和硬度适中，有香味，力学强度较高，弯挠性较好，有美丽的花纹。可作家具、器具、室内装修、车辆、造船、地板等用材；枝皮可代麻制绳，枝条可编筐。可选作造林树种。

分布 分布于黑龙江、吉林、辽宁、内蒙古、河北、山东、浙江、山西、安徽、河南、湖北、陕西、甘肃及青海等地。张家口市原生树种，蔚县小五台山有分布。

大果榆

榆属
学名 *Ulmus macrocarpa*

别名 黄榆、山榆、山扁榆

形态特征 乔木，高达20m，胸径50cm。树皮深灰色，纵裂。树条常具木栓翅，1年生枝灰色或灰黄色，幼时被疏毛，后渐脱落无毛。叶片宽倒卵形、倒卵形或倒卵状圆形，长5~9cm，先端短尖至尾尖，基部近对称或偏斜，边缘重锯齿，两面被短硬毛，粗糙。花先叶开放，5~9枚簇生于2年生枝叶腋。翅果近圆形。种子位于翅果中部。花期4~5月，果期5~6月。

生长习性 喜光，深根性，耐干旱，常生于山地、沟谷及固定沙地。能适应碱性、中性及微酸性土壤。

繁殖方式 可用播种及分株繁殖。

用途 木材坚硬，抗腐，花纹美观，供家具、车辆、纺织工业等用；果实可制成中药材“芜荑”，能杀虫，消积，主治虫积腹痛等症。每到深秋大果榆叶色变为红褐色，点缀山林颇为美观，是北方秋色叶树种之一。

分布 产于我国东北、华北和西北。张家口市原生树种，山地、林区分布较多。

裂叶榆

榆属
学名 *Ulmus laciniata*

别名 青榆、大青榆、麻榆、大叶榆、黏榆、尖尖榆

形态特征 落叶乔木，高达27m，胸径达50cm。树皮淡灰褐色，浅纵裂，不规则片状剥落。1年生枝黄褐色或带绿色，幼时被疏毛，后无毛，2年生枝灰褐色或淡灰色，小枝无木栓翅；冬芽卵圆形或椭圆形，内部芽鳞毛较明显。叶片倒卵形或倒卵状椭圆形，裂片边缘有毛，果梗常较花被为短，无毛。聚伞花序簇生于去年生枝上。翅果扁平，椭圆形或卵状椭圆形，无毛。花期4~5月，果熟期5~6月。

生长习性 喜光，稍耐阴。常生于山坡和山谷杂木林中，较耐干旱瘠薄。

繁殖方式 以播种繁殖为主。

用途 木材坚硬，纹理直，可供建筑、家具、农具、车辆、器具、造船及室内装修等用材；茎皮纤维可代麻，制绳、麻袋和人造棉；还适宜孤植或丛植，做庭荫树。

分布 分布于黑龙江、吉林、辽宁、内蒙古、北京、天津、河北、山西、山东、河南等地。张家口市原生树种，赤城观山、大海陀，蔚县小五台山有分布。

欧洲白榆

榆属
学名 *Ulmus laevis*

别名 大叶榆

形态特征 落叶乔木，高达35m，胸径达2m。树冠半球形。树灰褐色，不规则纵裂，小枝灰褐色至红褐色，幼时平滑；当年生枝被毛或几无毛；冬芽纺锤形，先端尖。叶片倒卵形或倒卵圆形，边缘具整齐而尖锐的重锯齿。翅果宽椭圆形，长约15mm，两面无毛，边缘具睫毛，顶端缺口常微封闭，果梗长1~3cm。种子位于翅果中部。花期4月，果期5月。

生长习性 喜光，耐寒冷，喜深厚、湿润、疏松的沙壤土或壤土，适应性强，抗病虫能力强。

繁殖方式 以播种繁殖为主。

用途 木材坚硬，可供建筑、农具、车辆、家具用材。翅果可榨油，枝、叶、树皮内含单宁，味涩苦，很少受到牲畜危害，是牧区造林的理想树种。也可选作为园林绿化和防护林树种。

分布 分布于欧洲以及我国北京、新疆、东北、安徽、江苏等地。张家口市引进树种，宣化区沙岭子镇有栽培。

钻天榆

榆属
学名 *Ulmus pumila* ‘Pyramidalis’

形态特征 榆树的一个栽培种，其树干通直，分枝角度小，树冠狭窄，生长快。

生长习性 适应性强，生长迅速。

繁殖方式 以播种繁殖为主。

分布 产于河南孟县等地。张家口市引进树种，蔚县、沽源、康保有栽植。

垂榆

▶ 榆属
学名 *Ulmus pumila* var. *pendula*

别名 垂枝榆

形态特征 落叶小乔木。小枝细长，弯曲下垂，树冠伞状。单叶互生，椭圆状窄卵形或椭圆状披针形，长2~9cm，基部偏斜，叶缘具单锯齿。花先叶开放；翅果近圆形。

生长习性 喜光，耐旱，耐寒，耐盐碱、耐土壤瘠薄，不耐水湿。根系发达，对有害气体有较强的抗性。

繁殖方式 多采用白榆作砧木进行枝接和芽接。

用途 干形通直，枝条下垂，细长柔软，形态优美，是园林绿化栽植的优良观赏树种。

分布 西北、华北地区栽植广泛。张家口市引进树种，张北县有栽培。

大叶垂榆

榆属
学名 *Ulmus americana* ‘Pendula’

别名 巨叶垂榆

形态特征 美榆变种。其枝条下垂，株形似龙爪槐、垂榆，而叶形巨大，叶色葱绿青翠欲滴，叶横径15~18cm(最大可超过22cm)，成形极快，当年生枝可达1.5~2.5m。

生长习性 适应性强，凡生长榆树的地方都能正常生长。

繁殖方式 常用嫁接繁殖。

用途 观赏价值极高，是当今城市公路、公园、街道、学校等美化环境的优良树种之一。

分布 原产北美洲。张家口市引进树种，市区胜利公园有栽培。

中华金叶榆

榆属
学名 *Ulmus pumila* ‘Jinye’

别名 美人榆

形态特征 中华金叶榆是白榆的变种。叶片金黄色，有自然光泽，色泽艳丽；叶脉清晰，质感好；叶卵圆形，平均长 3~5cm，宽 2~3cm，比普通白榆叶片稍短；叶缘具锯齿，叶尖渐尖，互生于枝条上。金叶榆的枝条萌生力很强，一般当枝条上长出大约十几个叶片时，腋芽便萌发长出新枝，因此金叶榆的枝条比普通白榆更密集，树冠更丰满，造型更丰富。

生长习性 对寒冷、干旱气候具有极强的适应性，抗逆性强，可耐 -36℃的低温，同时有很强的抗盐碱性。工程养护管理比较粗放，定植后灌一两次透水就可以保证成活。

繁殖方式 以白榆为砧木嫁接繁殖。可采用大苗为砧木高接培育工程苗，也可采取在 1 年或 2 年生白榆实生苗上嫁接培育中华金叶榆幼苗。

用途 中华金叶榆生长迅速，枝条密集，耐强度修剪，造型丰富，可作为园林风景树，又可培育成黄色灌木及高桩金球，广泛应用于绿篱、色带、拼图、造型。其根系发达，耐贫瘠，水土保持能力强，可大量应用于山体景观生态绿化中，营造景观生态林和水土保持林。枝叶植物蛋白质含量高，适用于动物青饲料和饲料加工；榆皮可用于加工提取植物胶，枝皮纤维可代麻制绳、麻袋或作人造棉和造纸原料；嫩芽、榆钱口感好，营养丰富，可加工优质绿色食品；材质坚硬，可作木地板、家具；果实、树皮和叶入药能安神，治神经衰弱、失眠。

分布 在我国广大的东北、西北地区生长良好，同时有很强的抗盐碱性，在沿海地区可广泛应用。其生长区域北至黑龙江、内蒙古，东至长江以北的江淮平原，西至甘肃、青海、新疆，南至江苏、湖北等地，是我国目前彩叶树种中应用范围最广的一个。张家口市引进树种，坝上坝下种植广泛。

圆冠榆

榆属
学名 *Ulmus densa*

形态特征 落叶乔木，枝条直伸至斜展，树冠密，近圆形；幼枝多少被毛，当年生枝无毛，淡褐黄色或红褐色，2或3年生枝常被蜡粉；冬芽卵圆形。翅果长圆状倒卵形、长圆形或长圆状椭圆形，长10~16mm，除顶端缺口柱头面被毛外，余处无毛，果核部分位于翅果中上部，上端接近缺口。花、果期4~5月。

生长习性 喜光、耐寒、耐旱、抗高温，适合盐碱土壤生长，在土层深厚、湿润、疏松沙质土壤中生长迅速。

繁殖方式 圆冠榆种子干瘪不孕，可嫁接繁殖，常以白榆为砧木，嫁接高度1~2m。

用途 树冠球形，主干端直，绿荫浓密，树形优美，可在夏季最高气温45℃和冬季最低气温-39℃，日温差达30℃，年降水仅40~100mm的恶劣环境中旺盛生长，可谓西部绿化树种之精品，戈壁明珠。

分布 原产前苏联地区。我国新疆库尔勒、喀什、伊宁、博乐、乌鲁木齐、哈密等地广为引种。张家口市2013年进行引种，万全、康保、赤城等地有栽培。

刺榆属

落叶乔木。有长而粗壮的枝刺。叶互生，叶脉羽状，边缘单锯齿，具短柄，托叶早落。花与叶同时开放，杂性，具短梗，单生或2~4朵簇生于当年生枝上；花萼4~5裂，呈杯状，雄蕊与花萼片同数，雌蕊具短花柱，柱头2，条形，子房上位，侧向压扁，1室，具1倒生胚珠。小坚果偏斜，侧扁，上半边有窄翅，基部宿存花萼；胚直立，子叶宽。

本属只有1种，分布于我国及朝鲜。

刺榆

榆属
学名 *Hemiptelea davidii*

形态特征 乔木或灌木状，高达15m。树皮淡灰色纵裂，幼枝灰褐色，被短柔毛，老枝具枝刺。叶片椭圆形或长圆形，先端钝尖，基部浅心形，两面无毛，边缘有单锯齿。小坚果偏斜，上半部有鸡冠状翅，黄绿色；果梗短，纤细，无毛，长2~4mm。花期4~5月，果期9~10月。

生长习性 喜光，深根，耐寒，耐干旱瘠薄。适应性强，萌蘖能力强，生长速度较慢。

繁殖方式 以种子繁育为主，也可扦插或分株繁育。

用途 为干旱瘠薄地带的重要绿化树种，园林绿化多作绿篱应用。

分布 产于吉林、辽宁、内蒙古、河北、山西、陕西、甘肃、山东、江苏、安徽、浙江、江西、河南、湖北、湖南和广西北部。张家口市原生树种，赤城县有分布。

朴 属

乔木，稀灌木；树皮不裂。冬芽小，卵形，先端贴枝。单叶互生，基部全缘，三主脉，侧脉弧曲向上，不伸入齿端。花杂性同株。核果近球形，果肉甜味。

本属约70~80种，我国产11种2变种，产于辽东半岛以南广大地区。张家口产黄果朴、小叶朴2种。

黄果朴

朴属
学名 *Celtis labilis*

别名 朴树、紫荆朴、小叶朴

形态特征 落叶乔木，高达18m。小枝幼时被黄色或淡黄褐色柔毛，后变无毛。短果枝秋冬脱落。叶卵状椭圆形至椭圆状矩圆形，长5~11cm，宽2~5cm，先端短渐尖，基部斜圆形，中上部边缘有钝锯齿；上面粗糙，被散生贴伏的硬毛和乳头状突；萌枝和幼树之叶3裂。核果黄色，2~3个生于叶腋，果梗与叶柄等长。花期4~5月，果期10月。

用途 树皮纤维可代麻，或作人造棉及造纸原料。

分布 产于河北、山西、河南、湖北、陕西、甘肃、云南、西藏南部。张家口市原生树种，涿鹿、赤城、蔚县小五台山有分布。

小叶朴

朴属
学名 *Celtis bungeana*

别名 黑弹朴

形态特征 落叶乔木，高达20m；树冠倒广卵形至扁球形。树皮灰褐色，平滑。小枝通常无毛。叶长卵形，长4~8cm，先端渐长尖，锯齿浅钝，两面无毛，或仅幼树或萌芽枝叶背面沿脉有毛；叶柄长0.3~1cm。核果近球形，径4~7mm，熟时紫黑色，果核较平滑，果柄长为叶柄长之2倍或2倍以上。花期4~5月，果期10~11月。

生长习性 喜光，稍耐阴，耐寒；喜深厚，湿润的中性黏质土壤。深根性，萌蘖力强，生长较慢。对病虫害、烟尘污染等抗性强。

繁殖方式 用种子繁殖。

用途 可孤植、丛植作庭荫树，亦可列植作行道树，又是厂区绿化树种。树皮纤维可代麻用，或作造纸和人造棉原料；木材供建筑用。

分布 产于东北南部、华北，经长江流域至西南、西北各地。张家口市原生树种，赤城、涿鹿、蔚县有分布。

桑 科

桑 属

落叶乔木或灌木。无刺。冬芽具3~6枚芽鳞，呈覆瓦状排列。叶互生，边缘具锯齿，侧脉羽状；托叶侧生，早落。花雌雄异株或同株，雌雄花序均为穗状；雄雌花花被片各4。小瘦果包藏于肉质花被内，集成圆柱形聚花果。

本属约12种，我国产11种，各地均有分布。张家口原产桑、蒙桑、鸡桑、山桑4种，引进栽培龙桑1种。

桑

桑属
学名 *Morus alba*

别名 家桑、白桑、桑树

形态特征 落叶乔木或灌木，高可达15m。树体富含乳浆，树皮黄褐色。叶卵形至广卵形，叶端尖，叶基圆形或浅心形，边缘有粗锯齿，有时有不规则的分裂。叶面无毛，有光泽，叶背脉上有疏毛。雌雄异株，5月开花，柔荑花序。聚花果卵圆形或圆柱形，黑紫色或白色。果熟期6~7月。

生长习性 喜光，耐寒，耐干旱，对土壤的适应性强，耐瘠薄和轻碱性。根系发达，抗风力强。萌芽力强，耐修剪，寿命长，有较强的抗烟尘能力。

繁殖方式 播种、扦插、分根、嫁接繁殖皆可。

用途 叶为桑蚕饲料。木材坚硬，可制家具、乐器、雕刻等。枝条可编箩筐，桑皮可作造纸原料，桑椹可供食用、酿酒。叶、果和根皮可入药，具有降血压、血脂、抗炎等作用。

分布 原产我国中部，有约4000年的栽培史，现南北各地广泛栽培，尤以长江中下游各地为多。张家口市原生树种，坝下地区分布广泛。

蒙桑

▶ 桑属
学名 *Morus mongolica*

别名 岩桑

形态特征 小乔木或灌木，高3~8m。树皮灰褐色，纵裂。小枝暗红色，常有白粉。叶卵形至椭圆形，长8~18cm，顶端渐尖或尾状渐尖，基部心形，边缘有粗牙齿，齿端有刺芒尖，尖刺长约2mm，两面均无毛；叶柄长4~6cm。雄花序长约3cm；雌花序长约1cm，花柱极短。桑椹果红色或近黑色；果梗长2~2.5cm。花期4~5月，果期6月。

生长习性 喜光，耐旱，耐寒，怕涝，抗风，多生于向阳山坡及平原、低地。

繁殖方式 多用种子繁殖。

用途 材质坚硬，供民用小材；茎皮纤维造高级纸，脱胶后作混纺和单纺原料；根皮入药，为消炎利尿剂；果实可酿酒。

分布 分布于我国辽宁、内蒙古、河北、山西、河南、山东、湖北、四川、云南等地。张家口市原生树种，坝下各地均有分布。

鸡桑

▶ 桑属
学名 *Morus australis*

形态特征 落叶灌木或小乔木。叶卵形，长6~17cm，先端急尖或渐尖，基部截形或近心形，缘具粗齿，有时3~5裂，表面粗糙，背面有毛。雌雄异株。聚花果长1~1.5cm，熟时暗紫色。

生长习性 阴性，耐寒、耐旱，怕涝。

繁殖方式 常用播种繁殖。

用途 韧皮纤维可以造纸，果实成熟时味甜可食。

分布 产于辽宁、河北、陕西、甘肃、山东、安徽、浙江、江西、福建、台湾、河南、湖北、湖南、广东、广西、四川、贵州、云南、西藏等地。张家口市原生树种，蔚县小五台山有分布。

山桑

▶ 桑属
学名 *Morus mongolica* var. *diabolica*

别名 鬼桑

形态特征 小乔木或灌木。树皮灰褐色，纵裂。小枝暗红色，老枝灰黑色；冬芽卵圆形，灰褐色。叶长椭圆状卵形，长 8~15cm，边缘具三角形单锯齿，叶柄长 2. 5~3.5cm。雄花序长 3cm，暗黄色；雌花序短圆柱状，长 1~1.5cm。聚花果长 1.5cm，成熟时红色至紫黑色。花期 3~4 月，果期 4~5 月。

生长习性 喜光，耐寒，耐旱，耐水湿。抗风，耐烟尘，抗有毒气体。根系发达，生长快，萌芽力强，耐修剪，寿命长。

繁殖方式 播种、扦插、分根、嫁接繁殖皆可。

用途 叶可饲蚕，内皮可造纸，木可制弓。

分布 主要分布于山西、陕西、江南、四川、西藏等地。张家口市原生树种，分布于赤城老栅子、东万口。

龙桑

桑属
学名 *Morus alba* 'Tortuosa'

别名 龙曲桑、龙头桑、云龙桑、龙拐桑

形态特征 桑树的栽培品种。落叶乔木。树皮黄褐色，浅裂。枝条均呈龙游状扭曲。幼枝有毛或光滑。叶片心脏形或卵圆形，有光泽，叶长15~18cm，端尖或钝，基部圆形或心脏形，边缘具粗锯齿或有时不规则分裂，表面无毛，背面脉上或脉腋有毛；叶柄长1~2.5cm。花单生，雌雄异株，腋生穗状花序。聚花果，黑紫色或白色。花期4月，果期5~6月。

生长习性 喜光，耐寒，对土壤要求不严，最喜排水良好、深厚肥沃的土壤生长。耐旱涝贫瘠，抗风力强，抗有毒气体性强。萌芽力强，耐修剪。

繁殖方式 播种、分根、压条和嫁接繁殖。

用途 龙桑树枝条扭曲似游龙，树冠宽阔，枝叶茂密，秋季叶色变黄，颇为美观。可培养成中干树形、丛干树形、高干乔木，成片、成行、散植、孤植均宜，且能抗烟尘及有毒气体，适于城区、工矿区四旁绿化。桑叶可养蚕。枝条可作为盆景、插花材料。

分布 凡桑树的分布区，龙桑均有零星栽培。张家口市引进树种，市区、下花园等地有栽植。

构属

落叶乔木或灌木，有乳汁。枝无顶芽，侧芽小。单叶互生，常分裂。雌雄异株，稀同株；雄柔荑花序下垂；雌头状花序具宿存苞片，花柱线状。聚花果球形，肉质，由多数橙红色小核果组成。

本属共4种，我国产3种，南北均有。张家口引进栽培构树1种。

构树

构属
学名 *Broussonetia papyrifera*

别名 构桃树、楮树、楮实子、沙纸树、谷木、谷浆树

形态特征 落叶乔木，高达16m。树冠圆形或倒卵形，树皮平滑，浅灰色，不易裂，全株含乳汁。单叶对生或轮生，叶阔卵形，长8~20cm，先端渐尖，基部圆形或近心形，边缘有粗齿，3~5深裂，两面有厚柔毛。聚花果球形，径2~2.5cm，熟时橙红色。花期4~5月，果期8~9月。

生长习性 强阳性树种，适应性特强，能耐北方的干冷和南方的湿热气候；耐干旱瘠薄，喜钙质土，也可在酸性、中性土上生长。根系浅，侧根分布很广，生长快，萌芽力和分蘖力强，耐修剪。抗污染性强。

繁殖方式 常采用种子、插条、压条、分根繁殖。

用途 可作为荒滩、偏僻地带及污染严重的工厂绿化树种。树皮是优质的造纸和纺织原料；木材结构中等，纹理斜，质松软，可供家具和薪柴用；叶可作猪饲料；果实和根皮入药，可补肾利尿。

分布 我国华北、华中、华南、西南、西北各地都有分布，尤其是南方地区极为常见。张家口市引进树种，市民引栽庭院。

胡桃科

核桃属

落叶乔木。小枝粗壮，具片状髓；鳞芽。奇数羽状复叶，互生，揉之有香味。核果大型，肉质，果核具不规则皱沟。

本属共约16种，我国产4种，引入栽培2种。张家口产核桃、麻核桃、胡桃楸3种。

核桃

核桃属
学名 *Juglans regia*

别名 胡桃

形态特征 落叶乔木，高达30m。树冠广卵形至扁球形。树皮灰白色，老时深纵裂。1年生枝绿色，无毛或近无毛。小叶5~9，椭圆形、卵状椭圆形至倒卵形，长6~14cm，基部钝圆或偏斜，全缘，幼树及萌芽上之叶有锯齿，侧脉常在15对以下，表面光滑，背面脉腋有簇毛，幼叶背面有油腺点。雄花柔荑花序，生于上年生侧枝；雌花顶生穗状花序。核果球形，径4~5cm，果核近球形，先端钝，有不规则浅刻纹及2纵脊。花期5月，果期10月。

生长习性 喜光，喜温暖凉爽气候，耐干旱，不耐湿热。喜深厚、肥沃、湿润而排水良好的微酸性或微碱性土壤。深根性，有粗大的肉质直根，故怕水淹。

繁殖方式 播种及嫁接繁殖。

用途 种仁含油量达60%~70%，并含多种营养素，可生食，亦可榨油食用。木材坚实，是很好的硬木材料，可制枪托等。叶大荫浓，树干灰白洁净，可用作庭荫树及行道树。

分布 原产我国新疆，以及阿富汗、伊朗一带，相传汉朝时张骞带入内地。我国有2000多年的栽培历史，各地广泛栽培，品种很多。从东北南部到华北、西北、华中、华南及西南均有栽培，而以西北、华北最多。张家口市原生树种，涿鹿县赵家蓬、赤城、蔚县、宣化区有分布，而以涿鹿赵家蓬栽培最多。张家口市栽培的品种有‘清香核桃’、‘绵羊’、‘辽核1号’、‘辽核3号’、‘辽核7号’、‘礼品核桃5号’、‘纸皮核桃’、‘薄皮核桃’。

麻核桃

核桃属
学名 *Juglans hopeiensis*

形态特征 乔木，高达25m。树皮灰白色，有纵裂。嫩枝密被短柔毛，后来脱落变近无毛。奇数羽状复叶长45~80cm，叶柄及叶轴被短柔毛，后来变稀疏，有7~15枚小叶；小叶长椭圆形至卵状椭圆形，长达10~23cm，宽6~9cm，顶端急尖或渐尖，基部歪斜、圆形，上面深绿色，无毛，下面淡绿色，脉上有短柔毛，边缘有不明显的疏锯齿或近于全缘。雄性柔荑花序长达24cm，花序轴有稀疏腺毛。雄花的苞片及小苞片有短柔毛，花药顶端有短柔毛。雌性穗状花序约具5雌花。果序具1~3个果实，果实近球状，长约5cm，径约4cm，被有疏腺毛或近于无毛，顶端有尖头；果核近于球状，顶端具尖头，有8条纵棱脊，其中2条较凸出，其余不甚显著，皱曲；内果皮壁厚，具不规则空隙，隔膜厚，亦具2空隙。花期4~5月，果期10月。

生长习性 喜光，喜肥，耐干燥的空气，而对土壤水分状况却比较敏感，土壤过旱或过湿均不利于麻核桃的生长与结果；喜疏松土质和排水良好，在地下水位过高和黏重的土壤上生长不良；而在含钙的微碱性土壤上生长最佳；含盐量过高则导致死亡。

繁殖方式 常用嫁接和播种繁殖。

用途 麻核桃果实可作手玩、文玩，跟石手和铁球相比，揉麻核桃的优点是“冬不凉，夏不躁”，同时可雕琢工艺品，色泽如玛瑙，似美玉，其价值不菲。木材坚硬，可作军工用材。

分布 产于北京西南山区南口和夏口、山西、河北北部、天津等地。张家口市原生树种，涿鹿县有分布。

胡桃楸

核桃属
学名 *Juglans mandshurica*

别名 楸子、山核桃、核桃楸

形态特征 乔木，高逾20m；树冠广卵形。小枝幼时被有短茸毛。奇数羽状复叶生于萌发条上者，长可达80cm，叶柄长9~14cm，小叶15~23枚，长6~17cm；生于孕性枝上者集生于枝端，长达40~50cm，叶柄长5~9cm，基部膨大，叶柄及叶轴被有短柔毛或星芒状毛，小叶9~17枚，椭状矩圆形或矩圆形，长6~16cm，边缘具细锯齿，上面初被有稀疏短柔毛，后脱落，仅叶脉有星状毛，背面密被星状毛。雌花序具花5~10朵；雄花序长约10cm。核果长卵形，顶端尖，有腺毛；果核长卵形，具8条纵脊。花期5月，果期8~9月。

生长习性 强阳性，不耐庇阴，耐寒性强。喜湿润、深厚、肥沃而排水良好的土壤，不耐干旱和瘠薄。根系庞大，深根性，能抗风，有萌蘖性。生长速度中等。

繁殖方式 播种繁殖。

用途 树干通直，枝叶茂密，可作庭荫树供观赏。材质坚硬耐久，是东北地区优良珍贵用材树种；种仁含油率40%~63%，营养丰富，可榨油；此外在北方地区常作嫁接核桃之砧木。

分布 主产我国东北东部山区，华北、内蒙古有少量分布。张家口市原生树种，赤城、蔚县、涿鹿、宣化有分布。

雌花
雄花

壳斗科

栎 属

常绿落叶乔木，稀灌木。叶具短柄，有锯齿或分裂，稀全缘。雄花排成纤弱的柔荑花序。坚果单生，总苞盘状或杯状，其鳞片离生，不结合成环状，坚果当年或翌年成熟。

本属约300种，我国有51种，14变种，1变型，南北均有分布，多为组成森林的重要树种。张家口产辽东栎、蒙古栎、槲栎、栓皮栎、槲树5种。

辽东栎

栎属
学名 *Quercus liaotungensis*

别名 橡树、青冈

形态特征 落叶乔木，高15m，有时呈灌木状。小枝幼时有毛，后渐脱落。叶多集生于枝端，长倒卵形，长5~17cm，顶端圆钝，基部耳形，叶缘具5~7对波形圆齿，侧脉5~7对，背面无毛或沿脉微有毛；叶柄短，无毛。坚果卵形。壳斗杯状，包坚果的1/3。花期4~5月，果期9月。

生长习性 喜温，耐寒，耐旱，耐瘠薄。生于海拔600~2500m的山地阳坡、半阳坡、山脊上。

繁殖方式 可用播种或扦插繁殖。

用途 是营造防风林、水源涵养林及防火林的优良树种，园林中可植作园景树或行道树。材质坚硬，耐腐力强，干后易开裂，可供车船、建筑、坑木等用材，压缩木可供作机械零件。叶含蛋白质，可饲柞蚕；种子含淀粉，可酿酒或作饲料。树皮入药，有收敛止泻及治痢疾之效。

分布 主要分布于我国黑龙江、吉林、辽宁、内蒙古、河北、山西、陕西、宁夏、甘肃、青海、山东、河南、四川等地。张家口市原生树种，分布于坝下各林区。

蒙古栎

栎属
学名 *Quercus mongolica*

别名 蒙栎、柞栎、柞树

形态特征 落叶乔木，高达30m，树冠卵圆形。小枝粗壮，栗褐色，无毛。叶常集生枝端，倒卵形，长7~19cm，先端钝圆，基部窄或近耳形，缘具深波状缺刻；叶柄短，仅2~5mm，疏生绒毛。坚果卵形或椭圆形，总苞浅碗状，鳞片成瘤状。花期4~5月，果期9月。

生长习性 喜光，耐寒性强，能抗-50℃低温，喜凉爽气候；耐干旱，耐瘠薄，喜欢温凉气候和中性至酸性土壤；耐火烧，不耐盐碱。深根性，不耐移植。

繁殖方式 主要以播种繁殖。

用途 与辽东栎相同。

分布 产于我国黑龙江、吉林、辽宁、内蒙古、河北、山东等地。张家口市原生树种，分布于坝下各林区。

槲栎 | 栎属

学名 *Quercus aliena*

别名 大叶栎树、白栎树、虎朴、板栎树、青冈树、白皮栎、孛孛栎、白栎、细皮青冈、大叶青冈、青冈、菠萝树、槲树

形态特征 落叶乔木，高达 30m，树冠广卵形。小枝无毛，芽有灰毛。叶倒卵状椭圆形或长圆形，长 10~20cm，先端钝圆，基部耳形或圆形，边缘有深波状锯齿，侧脉 11~18 对，背面灰绿色，有星状毛；叶柄长 1.5~3cm。总苞碗状，鳞片短小。花期 4~5 月，果期 10 月。

生长习性 喜光，耐寒，对土壤适应性强。耐干旱瘠薄，萌芽力强。耐烟尘，对有害气体抗性强。抗风性强。生于海拔 100~2000m 的向阳山坡，常与其他树种组成混交林或小片纯林。

繁殖方式 主要以播种繁殖或萌芽更新。

用途 木材坚硬，耐腐，纹理致密，供建筑、家具及薪炭等用材；种子富含淀粉，可酿酒，也可制凉皮、粉条和作豆腐及酱油等，又可榨油；壳斗、树皮富含单宁。叶片大且肥厚，叶形奇特、美观，叶色翠绿油亮、枝叶稠密，属于美丽的观叶树种。

分布 主要分布于辽宁、华北、华中、华南及西南各地。张家口市原生树种，主要分布于小五台山自然保护区。

栓皮栎 | 栎属
学名 *Quercus variabilis*

别名 软木栎、粗皮青冈

形态特征 落叶乔木，高达30m，树冠广卵形。树皮黑褐色，深纵裂，木栓层发达。小枝淡褐黄色，无毛。叶长椭圆形或长椭圆状披针形，长8~15cm，顶端渐尖，基部圆形或宽楔形，叶缘具芒状锯齿，叶背灰白色密生细毛。雄花序生于当年生枝下部，雌花单生或双生于枝上端叶腋。总苞杯状，鳞片反卷，有毛。坚果近球形或宽卵形。花期3~4月，果期翌年9~10月。

生长习性 喜光，常生于山地阳坡，对气候、土壤的适应性强。耐低温，亦耐干旱、瘠薄，不耐积水。生长速度偏慢。深根性，抗风力强，但不耐移植。萌芽力强，寿命长。

繁殖方式 主要用播种繁殖，分蘖亦可。

用途 栓皮栎干直枝展，树冠雄伟，秋季叶色转为橙褐色，是很好的绿化观赏树种；木材坚韧耐磨，纹理直，耐水湿，结构略粗，是重要用材，可供建筑、车、船、家具、枕木等用；栓皮可作绝缘、隔热、隔音、瓶塞等原材料；种子含大量淀粉，可提取浆纱或酿酒，其副产品可作饲料；总苞可提取单宁和黑色染料；枝干还是培植银耳、木耳、香菇等的材料。树皮为宣纸的主要原料。

分布 主要分布于我国辽宁、河北、山西、陕西、甘肃和以南各地。张家口市原生树种，蔚县小五台山、怀来、涿鹿有分布。

槲树

▶ 栎属
学名 *Quercus dentata*

别名 柞栎、橡树、青岗、金鸡树、大叶波罗

形态特征 落叶乔木，高达25m，树冠卵圆形。小枝粗壮，有沟棱，密生黄褐色绒毛。叶片倒卵形或长倒卵形，长10~30cm，先端圆钝，基部耳形，叶缘波状裂片或粗锯齿，侧脉每边4~10条，背面灰绿色，有星状毛；叶柄甚短，仅2~5mm，密生毛。坚果总苞鳞片披针形，反曲。花期4~5月，果期9~10月。

生长习性 喜光、耐旱、抗瘠薄，适宜生长于排水良好的沙质壤土。深根性，萌芽、萌蘖能力强，寿命长，有较强的抗风、抗火和抗烟尘能力，但其生长速度较为缓慢。

繁殖方式 常用播种繁殖。

用途 树干挺直，叶片宽大，树冠广展，寿命较长，叶片入秋呈橙黄色且经久不落，园林中可孤植、片植或与其他树种混植，季相色彩极其丰富。木材坚实，供建筑、枕木、器具等用，亦可培养香菇。壳斗及树皮可提栲胶。坚果脱涩后可供食用。叶和皮入药，叶能利小便、驱绦虫等，皮能治恶疮、痢疾、肠风下血等。

分布 主要分布于我国北部地区，以河南、河北、山东、云南、山西等山地多见；辽宁、陕西、湖南、四川等地也有分布；河南襄城县境内紫云山上分布的槲树林是目前保存最好的槲树林之一。张家口市原生树种，分布于小五台山自然保护区。

栗 属

落叶或常绿乔木，稀灌木。枝有顶芽，芽鳞多数。叶缘有锯齿或波状，稀全缘。坚果单生。木材坚硬耐久，是优良硬木用材。

本属共有350余种，我国约产90种，南北均有分布。张家口产栗1种。

栗

栗属
学名 *Castanea mollissima*

别名 板栗、魁栗、毛栗、锥栗

形态特征 乔木，高达15m。树皮灰褐色，深纵裂。小枝有短毛或散生长绒毛。叶互生，排成2列，卵状椭圆形至长椭圆状披针形，长8~18cm，先端渐尖或短尖，基部圆形或宽楔形，有锯齿，齿端芒状，下面有灰白色星状短绒毛或长单毛，侧脉10~18对；叶柄长1~1.5cm。壳斗球形，直径3~5cm，坚果包藏在密生尖刺地总苞内，总苞直径为5~11cm，一个总苞内有1~7个坚果，成熟时裂为4瓣；坚果半球形或扁球形，暗褐色，直径2~3cm。花期5~6月，果期9~10月。

生长习性 喜光、喜温暖，耐旱，不耐寒，喜肥沃温润、排水良好的沙质壤土，对有害气体抗性强，根系发达，萌芽力强，耐修剪，虫害较多；寿命长达300年。多生于海拔370~2800m的地区，低山丘陵缓坡及河滩地带。

繁殖方式 播种或嫁接繁殖。

用途 栗子是著名干果，营养丰富，尤以北方栗子品质最佳；材质坚硬，纹理通直，防腐耐湿，是制造军工、车船、家具等良好材料；枝叶、树皮、刺苞富含单宁，可提取栲胶；花是很好的蜜源。

分布 原产于辽宁以南各地，除新疆、青海以外，均有栽培，尤以华北和长江流域栽培集中，产量最大。张家口市原生树种，赤城东卯、涿鹿赵家蓬区、小五台山有分布。

桦木科

桦木属

落叶乔木，稀灌木。树皮多光滑，常多层纸状剥离，皮孔横扁。冬芽无柄，芽鳞多数。单叶，互生，叶下面通常具腺点，边缘具重锯齿，很少为单锯齿，叶脉羽状，具叶柄。花单性，雌雄同株；坚果小，扁平，具或宽或窄的膜质翅，顶端具2枚宿存的柱头。种子单生，具膜质种皮。

全世界约有100种，我国产26种，主要分布于东北、华北至西南高山地区，是我国主要森林树种之一。张家口产白桦、辣皮桦、坚桦、柴桦、糙皮桦、红桦和硕桦7种。

白桦

桦木属
学名 *Betula platyphylla*

别名 桦树、桦木、桦皮树

形态特征 落叶乔木，高可达27m，树冠卵圆形。树皮白色，多层纸状剥离。小枝细，红褐色，有白色皮孔。叶厚纸质，三角状卵形，长3~9cm，顶端锐尖，边缘具重锯齿。果序单生，下垂，圆柱形。花期5~6月，果期8~9月。

生长习性 强阳性树种，耐寒性强。喜空气湿润及酸性土壤，耐瘠薄。适应性虽强，但在平原地区常生长不良。天然更新良好，生长较快，萌芽力强，寿命较短。

繁殖方式 播种繁殖。

用途 白桦枝叶扶疏，姿态优美，是很好的园林绿化树种；其木材纹理直，结构细，但不耐腐，可作胶合板、细木工、造纸原料等；树皮可提取桦油；白桦树汁对人体健康大有益处，有抗疲劳、止咳等药理作用，被欧洲人称为“天然啤酒”和“森林饮料”。

分布 主要分布于我国东北大小兴安岭、长白山及华北高山地区。张家口市原生树种，山地次生林多有分布。

棘皮桦

桦木属
学名 *Betula dahurica*

别名 臭桦、黑桦、千层桦。

形态特征 乔木，高 6~20m。树皮黑褐色，龟裂。枝条红褐色或暗褐色，光亮，无毛；小枝红褐色，疏被长柔毛，密生树脂腺体。叶厚纸质，通常为长卵形。果序圆柱形，单生，直立或微下垂，小坚果宽椭圆形，两面无毛，膜质翅宽约为果的 1/2。花期 5~6 月，果期 6~9 月。

生长习性 喜光，耐寒。生于海拔 400~1300m 的干燥、土层较厚的阳坡、山顶石岩，潮湿阳坡、针叶林或杂木林下。

繁殖方式 多采用播种繁殖。

用途 木材质重，心材红褐色，边材淡黄色，可作火车车厢、车轴、车辕、胶合板、家具、枕木及建筑用材。种子可榨油。树皮烧成炭之后，用开水冲服治痢疾、腹泻，芽治胆囊炎，肾炎。

分布 主要分布于我国黑龙江、辽宁北部、吉林东部、河北、山西、内蒙古、北京、天津。张家口市原生树种，蔚县小五台山有分布。

坚桦

桦木属
学名 *Betula chinensis*

别名 黑桦、杵榆桦、垂榆、杵榆、小桦木

形态特征 灌木或小乔木；一般高 2~5m。树皮黑灰色，纵裂或不开裂。枝条灰褐色或灰色，无毛；小枝密被长柔毛。叶厚纸质，卵形或宽卵形，长 1.5~6cm，顶端锐尖或钝圆，基部圆形，有时为宽楔形，边缘齿牙状锯齿，上面深绿色，下面绿白色，沿脉偶有腺点；侧脉 8~9(~10) 对；叶柄长 2~10mm，有树脂腺体。果序单生，直立或下垂，通常近球形，小坚果宽倒卵形，花期 4~5 月，果期 8 月。

生长习性 喜光，耐干旱，耐瘠薄，常生于山坡、山脊石缝内或沟谷等林中。

繁殖方式 播种繁殖。

用途 木质坚重，为北方较坚硬的木材之一，供制车轴及杵槌之用。树皮煎汁可染色。

分布 产于黑龙江、辽宁、河北、山西、山东、河南、陕西、甘肃。张家口市原生树种，赤城大海陀、蔚县小五台山等石质山地有分布。

柴桦 | 桦木属 学名 *Betula fruticosa*

形态特征 灌木，高 0.5~2.5m。树皮白色。枝条暗紫褐色或灰黑色，密生树脂腺体，无毛；小枝褐色，微粗糙，密被树脂腺体。叶卵形或长卵形，有时宽卵形，长 1.5~4.5cm，宽 1~3.5cm，侧脉 5~8 对；叶柄长 2~10mm。果序单生，直立或斜展，矩圆形或短圆柱形，序梗短。小坚果椭圆形，长约 1.5mm，膜质翅宽及果的 1/3~1/2。果期 8~9 月。

生长习性 喜湿润，常生长于海拔 600~1100m 的林区沼泽地中或河溪旁。

繁殖方式 可用播种繁殖。

用途 材质较坚硬，稍有弹性，结构均匀，抗腐性较差，受潮易变形，可供胶合板、卷轴、枪托、家具、农具、细木工等用材。生长较快，萌芽性强；枝叶浓密，是营造农田防护林的优良树种。

分布 产于黑龙江北部、河北等地。张家口市原生树种，坝上高原及小五台山自然保护区都有分布。

糙皮桦 | 桦木属 学名 *Betula utilis*

形态特征 落叶乔木，高达 32m。干皮光滑，红白或白色，纸状分层剥落，大枝皮橘红或红褐色。叶卵形、长卵形或长圆形，长 4~9cm，宽 3~6cm。果序单生或 2~4 果序排成总状，圆柱形，下垂或倾斜。种子 9 月下旬成熟。

繁殖方式 常用播种繁殖。

用途 树皮可造纸及盖屋顶。木材淡红或淡红褐色，坚硬，为细木工、家具、枪托、飞机螺旋桨、砧板等优良用材。

分布 产于西藏、云南、四川西部、陕西、甘肃、青海、河南、河北、山西。张家口市原生树种，蔚县小五台山有分布。

红桦

桦木属
学名 *Betula albo-sinensis*

别名 红皮桦

形态特征 大乔木，高可达30m。树皮淡红褐色或紫红色，有光泽和白粉，呈纸质薄层状剥落。小枝紫红色，有时疏生树脂腺体。叶卵形或卵状矩圆形，长3~8cm，先端渐尖，基部广楔形，缘具不规则锯齿，侧脉9~14对，沿脉长有毛。果序单生，稀2个对生，短圆柱形，直立。果翅宽及果的1/2。

生长习性 较耐阴，耐寒冷，喜湿润。多生于高山阴坡及半阴坡，常与冷杉、青杆等组成混交林。生长速度中等，20年可成材。

繁殖方式 以播种繁殖为主。

用途 木材质地坚硬，结构细密，花纹美观，但较脆，可作用具或胶合板。树皮可作帽子或包装用。树冠端丽，橘红色而光洁的干皮可与白桦媲美，可用作园林绿化树种。

分布 产于云南、四川东部、湖北西部、河北、河南、陕西、甘肃、青海。张家口市原生树种，主要分布在小五台山自然保护区。

硕桦

▶ 桦木属
学名 *Betula costata*

别名 枫桦、风桦（东北）、四层桦

形态特征 乔木，高可达30m。树皮为淡黄、淡粉红或灰褐色，表面纸片状剥落。嫩枝褐色，被毛，磨碎后有香气；老枝具疣突，裸露。叶厚，质硬，卵形，长5~8cm，顶端渐尖，基部钝圆；正面微被毛，背面稀疏生有油腺点，叶脉腋无毛或具腺毛；叶缘具锐利重锯齿。柔荑花序，花单性，雌雄同株。坚果卵圆或椭圆形，具膜质翅，长1~2cm，果苞革质。种子单生，具膜质种皮。

生长习性 生于海拔1500m以上的阴坡或半阴坡，较耐寒，喜冷湿环境。

繁殖方式 以播种繁殖为主。

用途 树皮白里带粉红色或黄色，而且秋天树叶金黄，非常美丽，是很好的观赏树种。木材坚硬，普遍用于制作家具、地板，以及用作其他室内装修材料。

分布 主要分布于我国东北、内蒙古、河北、北京。张家口市原生树种，主要分布在小五台山自然保护区。

鹅耳栎属

落叶乔木或灌木。单叶互生，叶缘常具细尖重锯齿，羽状脉整齐。雄花无花被，雄蕊3~13枚，花丝2叉，花药有毛。小坚果卵圆形，有纵纹。果序穗状，下垂；果苞不对称，淡绿色，有锯齿。

本属约60种，我国约产30种，广泛分布于南北各地，喜生于较湿润的低海拔及中海拔的山坡及河谷地，贫瘠的石质山坡亦能生长。张家口产鹅耳枥1种。

鹅耳枥

鹅耳栎属
学名 *Carpinus turczaninowii*

别名 穗子榆

形态特征 落叶乔木，高约10m。树皮灰黑色。小枝紫褐色。叶厚纸质，椭圆形、矩圆形或倒卵状矩圆形，长7~41cm，宽5~5.5cm，顶端锐尖，基部心形，边缘有重锯齿，侧脉14~18对；叶柄粗壮，长7~12 mm，密被黄色长柔毛。果序长5~11cm，宽约2.5cm；序梗15~25mm；果苞半宽卵形，长20~25mm，宽约13mm。小坚果宽卵圆形，长约4mm，密被短柔毛，上部具稀疏的长柔毛，疏被褐色树脂腺体。

生长习性 稍耐阴，喜生于背阴山坡及沟谷中，喜肥沃湿润中性及石灰质土壤，亦耐干旱瘠薄。

繁殖方式 种子繁殖或萌蘖更新。移栽容易成活。

用途 枝叶茂密，叶形秀丽，果穗奇特，颇为美观，是很好的园林绿化树种和制作盆景的树种。木材坚硬致密，可供家具、农具及薪材等用。

分布 广布于东北南部、华北至西南各地。张家口市原生树种，坝下山地河谷（涿鹿赵家蓬、天桥山）都有分布。

榛 属

落叶灌木或小乔木。单叶互生，具不规则重锯齿或缺裂。雄花无花被，雌花簇生或单生。坚果较大，球形或卵形，部分或全部为叶状、囊状或刺状总苞所包。

本属约20种，我国有7种3变种，分布于东北、华北、西北及西南。张家口原产毛榛和榛2种，引进栽培平欧大果榛子1种。

毛榛

▶ 榛属
学名 *Corylus mandshurica*

别名 小榛树、胡榛子、火榛子、虎榛子、毛榛子

形态特征 灌木，高达6.5m。树皮褐灰色，龟裂。小枝密被长毛及短毛，杂有腺头毛。叶卵状长圆形、倒卵状长圆形，长6~12cm，先端短尾尖或突渐尖，基部心形，上面被毛，下面沿叶脉被长毛及短毛，侧脉6~7对，叶缘具不规则重锯齿，在中部以上或有浅裂。雌雄同株；雄花序2~4排成总状，腋生。果2~4枚簇生，坚果近球形，长约1.5cm，密被白色细毛，顶端具小尖头，密被硬毛。花期5月，果期9月。

生长习性 喜光、稍耐阴。在湿润肥沃土壤上生长旺盛，在干旱瘠薄地方生长较差，结实不良。

用途 种子可榨油供食用；果仁含淀粉20%左右，富含脂肪和多种维生素，是人们的营养食品；嫩叶晒干后可做牛、羊等草食家畜的饲料；花是蜂的蜜源；种仁入药，有调中、开胃、明目的功效；木材坚硬、耐腐，可作伞柄、手杖等。

分布 我国分布广泛，广布于东北、华北，内蒙古、山东、陕西、甘肃、宁夏、青海、四川等地。张家口市原生树种，坝下有分布。

榛 | 榛属

学名 *Corylus heterophylla*

别名 平榛、榛子

形态特征 灌木或小乔木，可达7m。树皮灰褐色，有光泽。小枝有腺毛。叶形多变异，卵圆形至倒广卵形，长4~13cm，先端突尖，近截形或有凹缺及缺裂，基部心形，缘有不规则重锯齿，背面有毛。坚果常3枚簇生；总苞状，端部6~9裂。花期4~5月，果期9月。

生长习性 性喜光，耐寒，耐旱，喜肥沃之酸性土壤，但在钙质土、轻度盐碱土及干燥瘠薄之地也可生长。多生于向阳山坡及林缘。耐火烧，萌芽力强。

繁殖方式 播种或分蘖繁殖。

用途 是北方山区绿化及水土保持的重要树种。种子可食用、榨油及药用。木材坚硬致密，供作手杖、伞柄、及农具等用。

分布 分布在东北、内蒙古、华北、西北至华西山地。张家口市原生树种，坝下山地分布较广。

平欧大果榛子

▶ 榛属

学名 *Corylus heterophylla* × *C. avellana*

形态特征 欧榛与平榛的杂交品种。果形似栗，卵圆形，有黄褐色外壳。种仁气香、味甜、具油性，秋季成熟采收。

生长习性 抗寒，能耐 -35℃低温；怕积水。

繁殖方式 常用扦插、压条繁殖。

用途 含有人体必需的 8 种氨基酸及多种微量元素和矿物质，健脾和胃、益肝明日。

分布 在我国北纬 42°~32° 的广大地区都可栽植。张家口市引进树种，蔚县、万全有栽植。

虎榛属

矮灌木，多分枝。幼叶在芽内折扇状折叠。叶具不规则重锯齿或缺裂。花叶同放。果苞革质，卷叠成细颈瓶状，顶端分裂。小坚果宽卵形，微扁。

我国特有属，4 种 1 变种，分布于北方至西南。张家口产虎榛子 1 种。

虎榛子

虎榛属
学名 *Ostryopsis davidiana*

形态特征 灌木，高达 4m。根际多生萌条；树皮浅灰色。小枝褐色，具条棱，密被短柔毛，疏生皮孔。叶卵形或椭圆状卵形，长 2~6.5cm，顶端渐尖或锐尖，基部心形或圆，上面被毛，下面被半透明褐黄色树脂点，沿叶脉被毛，近基部脉腋被簇生毛，具粗钝重锯齿，中部以上具浅裂。雄花序单生叶腋。果 4 至多数集生枝顶，长约 2cm，果序柄长约 1.5cm，被毛。小坚果扁球形，褐色，有光泽，疏被短柔毛。花期 4~5 月，果期 7~8 月。

生长习性 喜光，耐寒，耐干旱瘠薄；常见于海拔 800~2400m 的山坡，为黄土高原的优势灌木，也见于杂木林及油松林下。

繁殖方式 多用播种繁殖。

用途 树皮及叶含鞣质，可提取栲胶；种子含油，供食用和制肥皂；枝条可编农具，经久耐用。在华北、西北、黄土高原可作水土保持树种。

分布 产于辽宁西部、内蒙古、河北、山西、陕西、甘肃及四川北部。张家口市原生树种，坝下分布广泛。

藜 科

盐爪爪属

小灌木，多分枝，无关节。叶小，肉质，互生，基部下延。花序穗状，有柄；花两性，基部嵌入肉质的花序轴内，每3朵花极少为1朵花生于1苞片内；苞片肉质，螺旋状排列，无小苞片；花被合生几至顶部，在顶部形成1个小孔，在小孔的周围有4~5个小齿，结果时成海绵状。果实为胞果，包藏于花被内。种子直立，两侧扁，种皮近革质；胚半环形，有胚乳。

我国产5种，主要分布在东北、华北和西北。张家口产盐爪爪1种。

盐爪爪

盐爪爪属
学名 *Kalidium foliatum*

别名 碱柴

形态特征 小灌木，高达50cm，多分枝。老枝灰褐色，幼枝带黄白色。叶圆柱状，伸展或稍弯，灰绿色，长4~10mm，先端钝，基部下延，半抱茎。穗状花序粗，无梗，长0.8~1.5cm，直径3~4mm，每3朵花生于一鳞状苞片内。胞果圆形，直径约1mm，红褐色，密被乳头状突起。花果期7~9月。

生长习性 生长在盐渍化的沙地和盐滩湖边，耐干旱，极耐盐碱。

繁殖方式 播种繁殖。

用途 植物肉质多汁，是骆驼的主要饲草；种子磨成粉可食用。

分布 分布于黑龙江、吉林、辽宁、内蒙古、陕西、宁夏、甘肃、青海和新疆等。张家口市原生树种，张北县有分布。

猕猴桃科

猕猴桃属

木质藤本，落叶，稀常绿或半常绿。枝条髓心多片层状，稀实心。聚散花序或花单生，花序稀多回分枝；花白色、红色、黄色或绿色。浆果。种子多数。

本属50多种，我国是优势主产区，有52种以上，集中产地是秦岭以南和横断山脉以东的大陆地区。张家口产软枣猕猴桃1种。

软枣猕猴桃

猕猴桃属

学名 *Actinidia arguta*

别名 软枣子、圆枣子、圆枣、奇异莓

形态特征 落叶大藤本，长30m以上。小枝近无毛，髓白色至淡褐色，片层状。叶卵形、长圆形、阔卵形至近圆形，长6~12cm，顶端急短尖，边缘具繁密的锐锯齿。花序腋生或腋外生，1~3朵花，花绿白色或黄绿色，芳香，直径1.2~2cm。果圆球形至柱状长圆形，长2~3cm，无毛，无斑点，成熟时绿黄色或紫红色。种子纵径约2.5mm。

生长习性 喜凉爽、湿润的气候，常生于混交林或水分充足的杂木林中。

繁殖方式 常用扦插和播种繁殖。

用途 果可食，有强壮、解热、收敛等药效。也可栽培供观赏。

分布 产于黑龙江、吉林、辽宁、山东、山西、河北、河南、安徽、浙江、云南、广西。张家口市原生树种，赤城、涿鹿赵家蓬、蔚县小五台山有分布。

椴树科

椴树属

落叶乔木。单叶互生，有长柄，叶基部常不对称。聚伞花序下垂，总梗约有其长度一半与舌状苞片合生；花小，黄白色，有香气，萼片、花瓣各5。坚果状核果，或浆果状，有1~3粒种子。

本属约80种，我国有32种，主产黄河流域以南，五岭以北广大亚热带地区，只少数种类到达北回归线以南、华北及东北。张家口产糠椴、蒙椴和紫椴3种。

糠椴

椴树属
学名 *Tilia mandshurica*

别名 大叶椴、辽椴

形态特征 落叶乔木，高达20m，树冠广卵形至扁球形。干皮暗灰色，老时浅纵裂。1年生枝黄绿色，2年生枝紫褐色。叶广卵形，长8~15cm，先端锐尖，基部浅心形或斜截形，叶缘粗锯齿，有长尖，叶背密生白色毛。花黄色，7~12朵成下垂聚伞花序，苞片倒披针形。果实球形，径5mm。花期7~8月，果期9~10月。

生长习性 性喜光，较耐阴，喜凉爽湿润气候和深厚、肥沃而排水良好的中性和微酸性土壤。生长速度中等，寿命长达200年以上。深根性，萌蘖性强；不耐烟尘。

繁殖方式 多用播种繁殖，分株、压条也可。

用途 木材较轻软，易加工，不翘不裂，可制成胶合板、铅笔杆、火柴杆等。树皮纤维可代麻用；花可入药，有发汗、解热等功效。花内含蜜，是良好的蜜源植物。树冠整齐，枝叶茂密，花黄色而芳香，是北方优良的庭荫树和行道树。

分布 原产于我国东北、内蒙古、河北燕山、北京西山、山东崂山及江苏等地。张家口原生树种，山区分布较多。

蒙椴

椴树属
学名 *Tilia mongolica*

别名 小叶椴

形态特征 落叶小乔木，高 10m。树皮淡灰色。嫩枝无毛。叶阔卵形至三角状卵形，长 4~6cm，缘具不整齐粗锯齿，有时三浅裂，先端突渐尖或近尾尖，基部截形或广楔形，有时心形，仅背面脉腋有簇毛，侧脉 4~5 对。花 6~12 朵，排成聚伞花序；花黄色。坚果倒卵形，外被黄色绒毛。花期 7 月，果期 9 月。

生长习性 与糠椴相似。

繁殖方式 多用播种繁殖，分株、压条也可。

用途 秋叶亮黄色，树形较矮，只宜在公园、庭园及风景区栽植，不易作行道树。花可入药，种子榨油供工业用，树皮纤维可制绳。

分布 主产于华北，东北及内蒙古也有。张家口市原生树种，赤城、阳原、蔚县等地有分布。

紫椴

椴树属
学名 *Tilia amurensis*

别名 籽椴

形态特征 落叶乔木。小枝黄褐色或红褐色，呈“之”字形，皮孔微凸起，明显。叶阔卵形或近圆形，长3.5~8cm，基部心形，先端尾状尖，边缘具整齐的粗尖锯齿，齿先端向内弯曲，表面暗绿色，无毛，背面淡绿色，仅脉腋处簇生褐色毛。聚伞花序长4~8cm；花瓣5，黄白色。果球形或椭圆形，具1~3粒种子。种子褐色，倒卵形。花期6~7月，果期9月。

生长习性 喜光也稍耐阴。深根性树种，喜温凉、湿润气候；对土壤要求比较严格，喜肥，喜排水性良好的湿润土壤；不耐水湿和沼泽地；耐寒。萌蘖性强，抗烟、抗毒性强，虫害少。

繁殖方式 以播种繁殖为主，扦插、压条繁殖亦可。

用途 本种花蜜丰富，是很好的蜜源植物；花可入药，具解表、清热之功效；同时紫椴是优良的景观树种。

分布 为我国原产树种，分布于东北、山东、河北、山西等地。张家口市原生树种，尚义、赤城等县有分布。

锦葵科

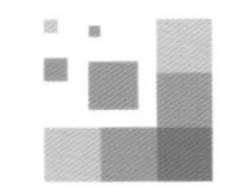

木槿属

草本、灌木或乔木。叶互生，不分裂或多少掌状分裂，具掌状叶脉，有托叶。花瓣5。花两性，大，花瓣5，单生或排成总状花序。蒴果，室背开裂5果片。种子肾形，光滑或被毛。

本属约200种。我国有24种，16变种或变型，产于全国各地。张家口引进栽培木槿1种。

木槿

木槿属
学名 *Hibiscus syriacus*

别名 木棉、荆条

形态特征 落叶灌木或小乔木，高3~4m。小枝密被黄色星状绒毛，后渐脱落。叶菱形至三角状卵形，长3~10cm，基本楔形，端部常3裂，边缘有钝齿，仅背面脉上稍有毛；叶柄长0.5~2.5cm。花单生叶腋，径5~8cm，单瓣或重瓣，有淡紫、红、白色等。蒴果卵圆形，直径约1.2cm，密被黄色星状绒毛。花期6~9月，果期9~11月。

生长习性 喜光而稍耐阴，喜温暖湿润气候，叶较耐寒；适应性强，耐干旱及瘠薄土壤，但不耐积水。萌蘖性强，耐修剪。

繁殖方式 播种、压条、扦插等繁殖，生产上以扦插繁殖为主。

用途 在园林常种植作庭园点缀及室内盆栽，也可作花篱式绿篱，同时也是工厂绿化的主要树种之一。木槿的花、果、根、叶和皮均可入药，有清热、凉血、利尿等功效；茎皮纤维可作造纸原料。

分布 我国自东北南部至华南各地均有栽培，尤以长江流域为多。张家口市引进树种，怀安县城、宣化城区有栽植。

柽柳科

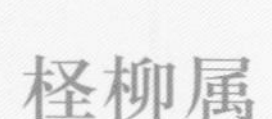

柽柳属

落叶小乔木或灌木。叶鳞形，先端尖，无芽小枝常与叶具落。总状花序，或再集生为圆锥状复花序；萼片、花瓣各4~5。蒴果3~5裂。种子小，多数。

本属约90种，我国约产18种，1变种，主要分布于西北、华北及内蒙古。张家口产柽柳1种。

柽柳 | 柽柳属 学名 *Tamarix chinensis*

别名 三春柳、西湖柳、观音柳

形态特征 灌木或小乔木，高3~7m。树皮褐红色，光亮。幼枝稠密细弱，常开展而下垂，红紫色或暗紫红色。叶卵状披针形，长1~3mm，叶端尖，叶背有隆起的脊。总状花序侧生在去年生枝上的，春季开花；总状花序集成顶生大圆锥花序的，夏、秋季开花；花瓣5，粉红色。蒴果3裂，长3.5mm。主要在夏秋开花，果期10月。

生长习性 喜光树种，稍耐阴，喜低湿，耐盐碱，耐干旱，萌发力强，易成活，耐修剪，寿命长。

繁殖方式 可用播种、扦插、压条、分株繁殖。

用途 叶形新奇，花期长，可作庭院绿化树种。枝条可编织；树皮可提取栲胶；嫩枝入药，可解表、祛风、透疹、利尿。

分布 原产我国，分布极广，自华北至长江中下游各地，南达华南及西南地区。张家口市原生树种，蔚县小五台山有分布。

水柏枝属

落叶灌木，稀为半灌木，直立或匍匐。单叶，互生，无柄，通常密集排列于当年生绿色幼枝上，全缘，无托叶。花两性，集成顶生或侧生的总状花序或圆锥花序，粉红色、粉白色或淡紫红色。种子多数，顶端具芒柱，芒柱全部或一半以上被白色长柔毛，无胚乳。

我国约有10种，1变种。主要分布于西北及西南地区。张家口产宽苞水柏枝1种。

宽苞水柏枝

水柏枝属
学名 *Myricaria alopecuroides*

别名 河柏

形态特征 灌木，高达3m，多分枝。叶密生于当年生绿色小枝上，卵形、卵状披针形、线状披针形或狭长圆形，长2~4mm，常具狭膜质的边。总状花序顶生于当年生枝条上，密集呈穗状；花瓣粉红色、淡红色或淡紫色，果时宿存。蒴果狭圆锥形，长8~10mm。种子狭长圆形或狭倒卵形，顶端芒柱一半以上被白色长柔毛。花期6~7月，果期8~9月。

分布 产于新疆、西藏、青海、甘肃、宁夏、陕西、内蒙古、山西、河北等地。张家口市原生树种，阳原桑干河岸有分布。

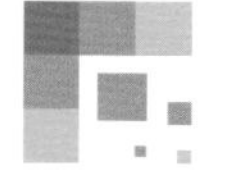

杨柳科

杨属

落叶乔木，在落叶前叶子变黄。小枝较粗，髓心五角状，有顶芽，常有树脂。花序下垂，苞片多具不规则缺刻，花盘杯状。

本属种类最多，广泛分布于欧、亚、北美。一般在北纬30°~72°范围；垂直分布多在海拔3000m以下。我国约62种（包括6杂交种），分布于北纬23°~53°34'，东经80°~134°的范围。张家口原产青杨、长果柄青杨、小叶杨、小青杨、山杨和梧桐杨6种，引进栽培北京杨、河北杨、加杨、新生杨、箭杆杨、辽杨、毛白杨、沙兰杨、小黑杨、新疆杨、银白杨、钻天杨、赤峰杨、中华红叶杨、胡杨和中林46杨16种。

青杨

杨属

学名 *Populus cathayana*

形态特征 乔木，高可达30m，树皮灰绿色。枝圆柱形，有时具角棱。短枝叶卵形，长5~10cm，脉两面隆起，具侧脉5~7条，叶柄圆柱形，长2~7cm，无毛；长枝或萌枝叶较大。雄花序长5~6cm，雄蕊30~35，苞片条裂；雌花序长4~5cm，柱头2~4裂；果序长10~15(20) cm。蒴果卵圆形，长6~9mm，3~4瓣裂。花期3~5月，果期5~7月。

生长习性 喜光，喜温凉气候，耐严寒；喜深厚肥沃而排水良好的沙壤土，忌低洼积水；耐干旱，不耐盐碱，生长快，萌蘖性强。

繁殖方式 可用扦插、播种、嫁接繁殖。

用途 木材纹理直，质地柔软，容易加工，可作建材；为四旁绿化及防林树种。

分布 原产于辽宁、华北、西北、四川等地。张家口市原生树种，坝上坝下均有栽植，小五台山有分布。

长果柄青杨

杨属
学名 *Populus cathayana* var. *pedicellata*

形态特征 青杨变种，与青杨的区别在于蒴果长柄，柄长可达5mm。叶脉被疏柔毛。

生长习性 生于海拔1800m的山地沟谷中。

分布 张家口市原生树种，怀来县有分布。

小叶杨

杨属
学名 *Populus simonii*

别名 南京杨、河南杨

形态特征 乔木，高达20m，胸径50cm以上。树冠近圆形。树干往往不直，树皮灰褐色，老时变粗糙，纵裂。小枝光滑，长枝有显著角棱。冬芽细长，先端长渐尖，有黏胶。叶菱状卵形、菱状椭圆形或菱状倒卵形，长5~10cm，基部楔形，先端短尖，缘具细锯齿，两面无毛；叶柄短而不扁，常带红色，五腺体。蒴果小，无毛。花期3~5月，果期4~6月。

生长习性 喜光树种，适应性强，对气候和土壤要求不严，抗寒、耐旱、耐瘠薄或弱碱性土壤，在湿润、肥沃土壤的河岸、山沟和平原上生长最好；栗钙土上生长不好；根系发达，抗风力强。

繁殖方式 插条、埋条（干）、播种等繁殖。

用途 木材轻软，纹理直，结构细，易加工，可供民用建筑、家具、火柴杆、造纸等用；为防风固沙、护堤固土、绿化观赏的树种，也是东北和西北防护林和用材林主要树种之一。

分布 在我国分布广泛，东北、华北、华中、西北及西南各地均有分布。垂直分布一般多生在2000m以下，最高可达2500m；沿溪沟可见。多数散生或栽植于四旁。张家口市原生树种，坝下万全、蔚县等地有分布。

万全
万全
万全
万全
万全

蔚县
尚义
尚义
尚义
尚义
尚义

张北
张北
张北
张北
张北
张北
张北

小青杨

杨属
学名 *Populus pseudo-simonii*

形态特征 乔木，高达20m。树冠广卵形；树皮灰白色，老时浅沟裂。幼枝绿色或淡褐绿色，有棱。芽圆锥形，黄红色，有黏性。叶菱状椭圆形，长4~9cm，最宽在叶的中部以下，基部楔形，边缘具细密锯齿；叶柄圆形，长1.5~5cm；萌枝叶较大，长椭圆形，基部近圆形，叶柄较短。蒴果近无柄，长圆形，长约8mm，2~3瓣裂。花期3~4月，果期4~5月。

生长习性 喜光，喜温凉气候，耐干冷，生长快，耐修剪，适应性强，生于海拔2300m以下的山坡、山沟和河流两岸。忌低洼积水。

繁殖方式 插条、埋条（干）、播种繁殖。

用途 木材似小叶杨，质较软，可作一般建筑用材。

分布 分布于黑龙江、吉林、辽宁、河北、陕西、山西、内蒙古、甘肃、青海及四川等地。张家口市原生树种，坝上地区、蔚县有分布。

山杨

杨属
学名 *Populus davidiana*

形态特征 乔木，高达25m，胸径约60cm。树皮光滑，灰绿色或灰白色，老树基部黑色粗糙；树冠圆形。小枝圆筒形，光滑，赤褐色，萌枝被柔毛。芽卵形或卵圆形，无毛，微有黏质。叶三角状卵圆形或近圆形，长宽近等，长3~6cm，边缘有密波状浅齿，发叶时显红色，萌枝叶大，下面被柔毛；叶柄侧扁，长2~6cm。花序轴有疏毛或密毛；苞片棕褐色，掌状条裂，边缘有密长毛。果序长达12cm；蒴果卵状圆锥形，长约5mm，有短柄，2瓣裂。花期3~4月，果期4~5月。

生长习性 为强阳性树种，耐寒冷、耐干旱瘠薄土壤，微酸性至中性土壤皆可生长，适于山腹以下排水良好肥沃土壤。天然更新能力强，在东北及华北常于老林破坏后，与桦木类混生或成纯林，形成天然次生林。生长稍慢。

繁殖方式 可用分根、分蘖及种子繁殖，插条栽干不易成活。

用途 木材白色，轻软，富弹性，供造纸、火柴杆及民房建筑等用；树皮可作药用或提取栲胶；萌枝条可编筐；幼枝及叶为动物饲料；幼叶红艳、美观，可栽植供观赏；对绿化荒山、保持水土有较大作用。

分布 分布广泛，黑龙江、内蒙古、吉林、华北、西北、华中及西南高山地区均有分布。张家口市原生树种，坝下地区均有分布。

北京杨

杨属

学名 *Populus × beijingensis*

形态特征 乔木，高 25m。树干通直；树皮灰绿色，光滑。侧枝斜上，嫩枝稍带绿色或呈红色，无棱。长枝或萌枝叶广卵圆形，先端短渐尖或渐尖，基部心形或圆形，边缘具粗圆锯齿，有半透明边；短枝叶卵形，长 7~9cm，先端渐尖或长渐尖，基部圆形或广楔形至楔形，边缘有腺锯齿，具窄的半透明边，上面亮绿色，下面青白色；叶柄侧扁，长 2~4.5cm。雄花序长 2.5~3cm，苞片淡褐色，长 4mm，具不整齐的丝状条裂，裂片长于不裂部分。花期 3 月。

生长习性 本种在土壤、水肥条件较好的立地条件下生长较快，在瘠薄和盐碱性土上生长较差，抗寒性不如小黑杨。

繁殖方式 扦插、播种繁殖均可，亦可直接插干或压条造林。

用途 木材主要供建筑用材；也是分布区内防护林和四旁绿化的优良速生树种。

分布 本种为我国特有种，主要分布于黑龙江、吉林、辽宁、内蒙古、北京、山西、甘肃、青海、四川等地。张家口市引进树种，坝上坝下均有栽植。

河北杨

▶ 杨属
学名 *Populus hopeiensis*

形态特征 乔木，高达30m。树皮黄绿色至灰白色，光滑；树冠圆大。小枝圆柱形。芽长卵形或卵圆形，被柔毛，无黏质。叶卵形或近圆形，长3~8cm；叶柄侧扁，初时被毛，与叶片等长或较短。蒴果长卵形，2瓣裂，有短柄。花期4月，果期5~6月。

生长习性 耐寒，耐旱，喜湿润，但不抗涝；在缺少水分的岗顶及南向山坡，常常生长发育不良。

繁殖方式 播种、压条、根蘖及嫁接繁殖，扦插不易成活。

用途 树质轻软，韧而富于弹性，可供建筑、农具、箱板等用，做蒸笼材更为合适。河北杨是华北、西北黄土丘陵峁顶、梁坡、沟谷及沙滩地的水土保持或用材林造林树种，也为庭院、行道优良树种。

分布 主要分布华北及西北各地。张家口市引进树种，主要栽植于坝下地区沟壑、城镇等地。

梧桐杨

▶ 杨属
学名 *Populus pseudomaximowiczii*

形态特征 乔木，高15m。树皮灰色，被白霜。小枝粗壮，赤褐色或黄赤褐色，无棱，光滑。芽大，圆锥形，长2cm，褐色，有黏质。萌枝叶宽卵形或卵状椭圆形，长达27cm，宽达22cm，先端突尖，基部心形，边缘有不整齐粗腺齿缘，上面暗绿色，下面苍白色；叶柄圆，长7cm，近无毛；短枝叶阔卵形或卵形，长7~14cm，宽4~11cm，先端突尖或短渐尖，常扭曲，基部浅心形或近圆形，边缘圆锯齿，有缘毛，上面暗绿色，下面苍白色，两面沿网脉有白长毛；叶柄圆，长3~7cm，具疏毛。蒴果卵圆形，被柔毛，近无柄。花期4月，果期6月。

分布 产于河北和陕西。张家口市原生树种，蔚县小五台山有分布。

加杨

杨属
学名 *Populus canadensis*

别名 加拿大杨

形态特征 落叶乔木，高逾30m。干直，树皮粗厚，深沟裂，下部暗灰色，上部褐灰色，大枝微向上斜伸，树冠卵形；萌枝及苗茎棱角明显，小枝圆柱形。单叶互生，叶三角形或三角状卵形，长7~10cm，长枝萌枝叶较大，长10~20cm。雄花序长7~15cm，花序轴光滑，苞片淡绿褐色，不整齐。果序长达27cm；蒴果卵圆形，长约8mm，2~3瓣裂。雌雄异株。雄株多，雌株少。花期4月，果期5~6月。

生长习性 生长快、适应性强。喜温暖湿润气候，耐瘠薄及微碱性土壤。

繁殖方式 播种、扦插繁殖，扦插更易成活。

用途 树冠宽阔，叶片大而有光泽，宜作行道树、庭荫树及防护林等，也适合工矿区绿化及四旁绿化。木材材质轻软，纹理直，易加工，供箱板、家具，火柴杆、牙签和造纸等用；树皮含鞣质，可提制栲胶，也可作黄色染料。

分布 原产美洲。我国除广东、云南、西藏外，各地均有引种栽培。张家口市引进树种，主要栽植于坝下沟壑等地。

新生杨

▶ 杨属
学名 *Populus* × *canadensis* 'Regenerata'

形态特征 加杨变种，本变种树冠较窄，顶端圆。叶先端为短渐尖，基部多截形。

箭杆杨

▶ 杨属
学名 *Populus nigra* var. *thevestina*

别名 钻天杨、白杨树

形态特征 大乔木，高30~40m。树皮灰白色，较光滑。枝向上直立，树冠塔形狭窄；小枝无毛，圆形。叶互生，较小，阔卵形或菱形，基部圆形或阔楔形，先端急尖，边缘具钝齿，表面深绿色，背面浅绿，无毛；萌枝叶长宽近相等。柔荑花序，有时出现两性花。蒴果，2瓣裂，先端尖，果柄细长。花期6月，果期6~7月。

生长习性 喜光，耐寒，抗干旱，稍耐盐碱。

繁殖方式 常扦插繁殖。

用途 由于材质较好，生长快，树冠窄，根幅小，树形优美，常作公路行道树、农田防护林及四旁绿化树种。

分布 分布于黄河上、中游一带，陕西、甘肃、山西南部、河南西部等地栽培较多。张家口市引进树种，坝下地区有栽培。

辽杨

杨属
学名 *Populus maximowiczii*

形态特征 大乔木，高20~35m。幼树皮平滑，老干树皮深沟裂。小枝圆柱形，粗壮，密被短柔毛。芽圆锥形，光亮，具黏性。果枝叶倒卵状椭圆形、椭圆状卵形或宽卵形，长5~14cm，宽3~6cm；叶柄圆，长1~4cm，具疏柔毛；萌枝叶较大，阔卵圆形或长卵形；叶柄短。雄花序长5~10cm；蒴果卵球形，无柄或近无柄，无毛，3~4瓣裂。花期4~5月，果期5~6月。

生长习性 喜光，稍耐阴，耐寒冷，常生于溪谷林内肥沃土壤上，生长快。

繁殖方式 种子、插条繁殖。

用途 木材白色，轻软，纹理直，致密耐腐，比重0.5，供建筑、造船、造纸、火柴杆等用。

分布 产于辽宁、吉林、河北、黑龙江、陕西、内蒙古等地。张家口市引进树种，坝下地区栽培较多。

毛白杨

杨属
学名 *Populus tomentosa*

别名 响杨、大叶杨

形态特征 乔木，高达30m。树冠卵圆形或卵形。树皮幼时青白色，皮孔菱形散生，老时基部黑灰色，纵裂。嫩枝灰绿色，初被灰毡毛，后光滑。长枝叶阔卵形或三角状卵形，先端短渐尖，基部心形或截形，缘具缺刻或锯齿，上面暗绿色，光滑，下面密生毡毛，后渐脱落；叶柄侧扁，顶端常具腺点。短枝之叶三角状卵形，缘具深波缺刻幼时有毛，后全脱落；叶柄常无腺点。雌株大枝较为平展，花芽小而稀疏；雄株大枝多斜生，花芽大而密集。蒴果小，三角形。花期3~4月，果期4月下旬。

生长习性 深根性，耐旱力较强，黏土、壤土、沙壤土或低湿轻度盐碱土均能生长。在水肥条件充足的地方生长最快，20年生即可成材。

繁殖方式 可用播种、插条（须加处理）、埋条、留根、嫁接等繁殖。

用途 木材白色，纹理直，纤维含量高，易干燥，易加工，油漆及胶结性能好，可做建筑、家具、箱板及火柴杆、造纸等用材，是人造纤维的原料；树皮含鞣质，可提制栲胶。树姿雄壮，冠形优美，是优良庭园绿化或行道树种，也为华北地区速生用材造林树种。

分布 分布广泛，在辽宁（南部）、河北、山东、山西、陕西、甘肃、河南、安徽、江苏、浙江等地均有分布，以黄河流域中下游为中心分布区。张家口市引进树种，分布于坝下黄土沟壑。

沙兰杨

杨属
学名 *Populus euramericana*

形态特征 乔木。树冠大而开阔，呈圆锥形，层明显；树皮灰白或灰褐色，基本浅纵裂，裂纹浅而宽；皮孔菱形，大而显。叶卵状三角形，先端长渐尖，基部宽楔形至近截形，两面绿色；长枝之叶较大，基部具1~4个棒形腺体。花期3月底或4月初，果期4月下旬或5月初。

生长习性 强阳性树种，适应性强，生长迅速。对土壤水肥要求较高，在土层深厚、肥沃、湿润的条件下最能发挥其速生特性。在低湿盐碱地、粗沙地和干旱瘠薄的地方，则生长不良。喜温湿，在高温多雨的气候条件生长良好，抗寒性差，在绝对最低温度-31.4℃时常受冻害，抗病虫害能力强于加杨。

繁殖方式 扦插繁殖。

用途 木材淡黄白色，纹理直，结构细，易干燥加工，纤维长，是造纸和纤维工业优良原料；油漆性能和胶接性能好，是胶合板和人造板工业的重要原料。此外，木材可供火柴杆和家具等用，同时也是城乡绿化的重要树种之一。

分布 该种是美洲黑杨与欧洲黑杨杂种无性系的栽培品种，起源于欧洲。1959年引入我国。先后在东北、华北、西北、江苏、湖北及新疆等地引入试栽。实践证明沙兰杨适于在辽宁南部、西南部，华北平原，黄河中下游及淮河流域一带的广大地区栽植。张家口市引进树种，万全区栽培较多。

小黑杨

杨属
学名 *Populus simonii* × *Populus nigra*

形态特征 乔木，高 20m。树干通直圆满；侧枝较多，斜上；树冠长卵形；树皮光滑，灰绿色，皮孔条状，稀疏，原叶柄着生处下方有 3 条棱线；老树干基部有浅裂，暗灰褐色。叶芽圆锥形，微红褐色，先端长渐尖。长枝叶常为广卵形或菱状三角形，先端短渐尖或突尖；叶柄短而扁，带红色；短枝叶菱状椭圆形或菱状卵形，长 5~8cm，宽 4~4.5cm，先端长尾状或长渐尖，上面亮绿色，下面淡绿色，光滑；叶柄先端侧扁，黄绿色，长 2~4cm。种子倒卵形，红褐色。花期 4 月，果期 5 月。

生长习性 喜光，喜冷湿气候，喜生于土壤肥沃排水良好的沙质壤土上，生长快，适应能力很强，具有较强的抗寒、抗旱、耐瘠薄、耐盐碱的生物学特性。

繁殖方式 常用扦插繁殖。

用途 材质细密，色白，心材不明显，供造纸、纤维、火柴杆和民用建筑等用；是东北、华北及西北平原地区绿化树种。

分布 北起黑龙江省爱辉县，南到黄河流域各地均有栽植。张家口市引进树种，坝上各县有栽植。

新疆杨

杨属
学名 *Populus bolleana*

别名 新疆银白杨

形态特征 乔木，高达30m，枝直立向上，形成圆柱形树冠。干皮灰绿色，老时灰白色，光滑少裂。短枝之叶近圆形，有粗缺齿，背面幼时密生白色绒毛，后渐脱落近无毛；长枝之叶边缘缺刻较深或呈掌状深裂，背面被白色绒毛。花期4~5月，果期5月。

生长习性 喜光，耐干旱，耐盐碱；在高温多雨地区生长不良；耐寒性不如银白杨；生长快，根系较深，萌芽性强。

繁殖方式 常用扦插或埋条繁殖。

用途 树形及叶形优美，在草坪、庭前孤植、丛植，或植于路旁、点缀山石都很合适，也可用作绿篱及基础种植材料。材质较好，纹理直，结构较细，可供建筑、家具等用。

分布 主要分布在我国新疆，以南疆地区较多。张家口市引进树种，坝下地区栽植广泛。

银白杨

▶ 杨属
学名 *Populus alba*

形态特征 乔木，高可达35m。树干不直，雌株更歪斜；树冠广卵形或圆球形。树皮灰白色，平滑，老时纵深裂。小枝及芽密被白色绒毛。长枝之叶广卵形或三角状卵形，常掌状3~5浅裂，裂片先端钝尖，缘有粗齿或缺刻，叶基截形或近心形；短枝叶较小，卵圆形或椭圆状卵形，缘有不规则波状锯齿；叶柄略侧扁，无腺体，被白绒毛。蒴果长圆锥形，2瓣裂。花期4~5月，果期5月。

生长习性 喜光，不耐庇阴；抗寒性强，在新疆-40℃条件下无冻害；耐干旱，不耐湿热；对土壤条件要求不严，能在较贫瘠的沙荒及轻碱地上生长，但以湿润肥沃的沙质土生长良好；深根性，根系发达，根萌蘖能力强。

繁殖方式 种子和插条繁殖。

用途 木材纹理直，结构细，质轻软，可供建筑、家具、造纸等用。树皮可制栲胶；叶磨碎可驱臭虫；树高耸，枝叶美观，幼叶红艳，可作绿化树种。由于根系发达，萌蘖能力强，也为西北地区沙荒造林树种。

分布 辽宁南部、山东、河南、河北、山西、陕西、宁夏、甘肃、青海等地有栽培，仅新疆（额尔齐斯河）有野生。张家口市引进树种，主要用于庭院栽植和城镇绿化。

钻天杨

杨属
学名 *Populus pyramidalis*

别名 笔杨、美杨、美国杨、箭杆杨

形态特征 乔木，高达30m；树冠圆柱形。树皮灰褐色，老时沟裂。侧枝成20°~30°角开展；1年生枝黄绿色或黄棕色。芽长卵形，贴枝，有黏质。叶扁三角形或菱形，先端突尖，基部截形或阔楔形，边缘钝锯齿，无毛；叶柄扁而长，无腺体。蒴果卵圆形，2瓣裂。花期4月，果期5月。

生长习性 喜光，喜湿润土壤，耐寒，耐干旱气候和轻盐碱，但在低洼常积水处生长不良。生长快，寿命短，40年左右即衰老。抗病害能力较差。

繁殖方式 常用扦插繁殖。

用途 树冠狭窄作行道和护田林树种甚宜，也为杨树育种的常用亲本之一。木材松软，可供火柴杆和造纸等用。

分布 我国长江、黄河流域各地广为栽培。张家口市引进树种，坝下地区栽植广泛。

赤峰杨

杨属
学名 *Populus × xiaozhuanica*

别名 小钻杨、大关杨、白城杨、合作杨、小意杨

形态特征 乔木，高达 30m。树冠圆锥形或塔形。树干通直，尖削度小；幼树皮光滑，灰绿色或灰白色；老树主干基部浅裂，褐灰色，皮孔菱状，呈密集分布。芽长椭圆状圆锥形，有黏质，腋芽较顶芽细小。萌枝或长枝叶较大，菱状三角形，稀倒卵形，先端突尖，基部广楔形至圆形，短枝叶形多变化，先端渐尖，基部楔形至广楔形，边缘有腺锯齿；叶柄圆柱形，先端微扁，略有疏毛。蒴果较大，卵圆形，2 (3) 瓣裂。种子倒卵形，红褐色。花期 4 月，果期 5 月。

生长习性 本种具有优良的特性，耐干旱，耐寒冷，耐盐碱，抗病虫害能力强，材质良好，生长快，适应性强。

繁殖方式 插条、埋条（干）、播种等繁殖。

用途 适于干旱地区、沙地、轻碱地或沿河两岸营造用材林或农田防护林，也是四旁绿化的优良树种；木材轻软细致，供民用建筑、家具、火柴杆、造纸等用。

分布 产于辽宁、吉林、内蒙古东部，以及山东、江苏等地。张家口市引进树种，沽源县有栽植。

中华红叶杨

杨属
学名 *Populus deltoids* 'Zhonghua hongye'

别名 中红杨、变色杨

形态特征 中林2025杨的芽变品种。属高大彩色落叶乔木，宽冠，雄性无飞絮。单叶互生，叶片大而厚，叶面颜色三季四变，正常年份，在3月20日前后展叶，叶片呈玫瑰红色，可持续到6月下旬，7~9月变为紫绿色，10月为暗绿色，11月变为杏黄或金黄色；树干7月底以前为紫红色；叶柄、叶脉和新梢始终为红色。

生长习性 抗病虫能力强，耐旱也耐涝，生长迅速，成树周期较短。

繁殖方式 常用扦插、嫁接等繁殖。

用途 生长速度快，抗性强，是营造速生丰产林的优良树种；同时树干通直圆满、挺拔，树体色泽亮丽，具有极高观赏价值，是城乡绿化美化优良树种。木材可用于造纸、胶合板生产等。

分布 山西、福建、广东、四川、新疆、内蒙古、黑龙江、河南等地均种植成功。张家口市引进树种，坝上地区有栽培。

胡杨

杨属
学名 *Populus euphratica*

别名 胡桐、英雄树、异叶胡杨、异叶杨、水桐、三叶树

形态特征 乔木，高10~15m，稀灌木状。树皮淡灰褐色，下部条裂。芽椭圆形，褐色。苗期和萌枝叶披针形或线状披针形；成年树小枝泥黄色，有短绒毛或无毛，枝内富含盐量，嘴咬有咸味。叶形多变化，卵圆形、卵圆状披针形、三角状卵圆形或肾形，先端有粗齿牙，基部有2腺点；叶柄微扁，约与叶片等长，萌枝叶柄极短，长仅1cm，有短绒毛或光滑。蒴果长卵圆形，2~3瓣裂，无毛。花期5月，果期7~8月。

生长习性 胡杨是干旱大陆性气候条件下的树种。喜光，抗热，抗干旱，抗盐碱，抗风沙。在湿热的气候条件和黏重土壤上生长不良；喜沙质土壤。在水分好的条件下，寿命可达百年左右。

繁殖方式 主要用种子繁殖，插条难以成活。

用途 木材供建筑、桥梁、农具、家具等用。木纤维长0.5~2.2mm，平均长1.14mm，是很好的造纸原料；同时是绿化西北干旱盐碱地带的优良树种。

分布 产于内蒙古西部、甘肃、青海、新疆。我国的胡杨林主要分布在新疆，即北纬37°~47°广大地区。张家口市引进树种，宣化有栽培。

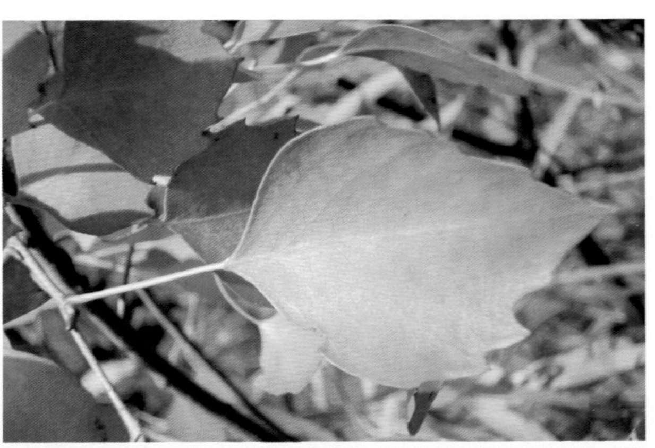

中林 46 杨

杨属
学名 *Populus* × *euramericana* ‘Zhonglin46’

形态特征 中林 46 速生杨是由中国林业科学研究院黄东森研究员等在 1979 年培育出的优良品种，其母本是美洲黑杨 I-69 杨，父本是欧亚黑杨。具有美洲黑杨的形态特征。树形高大，干形通直圆满，尖削度小，分枝角度较大，粗度中等，树冠宽大。树皮薄。叶片大，心形，叶长 12~18cm，叶宽 14~17cm，叶绿色，叶柄长 7~10cm，淡绿色。1 年生枝条褐青色，枝条基部形状为圆形，中上部微呈五边形，木质化棱线明显；皮孔中下部为圆形，上为椭圆形。1 年生插苗苗高 4~4.5m，基径达 3cm。芽长卵形，浅紫红色，基部绿色。柔荑花序下垂。花期 3 月，果期 6 月。

生长习性 适应性很强，生长速度极快，抗病虫能力强。

繁殖方式 常用扦插繁殖。

用途 是北方地区速生用材林和四旁绿化的优良树种；木材材质优良，纤维长，变幅小，适于作造纸、火柴、胶合板等木材加工业的原料。

分布 华北、内蒙古、宁夏、陕西、甘肃、青海、新疆、西藏等地都已推广栽培。张家口市引进树种，宣化有栽培。

柳 属

乔木或匍匐状、垫状、直立灌木。枝圆柱形，髓心近圆形。无顶芽，侧芽通常紧贴枝上，芽鳞单一。叶互生，稀对生，通常狭而长，多为披针形，羽状脉，有锯齿或全缘；叶柄短；具托叶，多有锯齿，常早落，稀宿存。柔荑花序直立或斜展，先叶开放，或与叶同时开放，稀后叶开放；苞片全缘。蒴果2瓣裂。种子小，多暗褐色。

本属全球已知约500种，我国约200种，遍及全国各地，其中一些是重要的城乡绿化树种。张家口原产旱柳、垂柳、河北柳、白箕柳、蒿柳、黄花柳、中国黄花柳、乌柳、深山柳、皂柳、红皮柳、中华柳、密齿柳、秦岭柳、腺柳、杞柳和紫枝柳17种，引进栽培银芽柳、漳河柳、龙爪柳、馒头柳、金枝垂柳和竹柳6种。

旱柳

柳属
学名 *Salix matsudana*

形态特征 落叶乔木，高可达20m，胸径达80cm。树冠广圆形；树皮暗灰黑色，有裂沟。枝条直立或斜展。叶披针形，长5~10cm，先端长渐尖，缘有细锯齿，背面微被白粉；叶柄短，长5~8mm；托叶披针形，早落。花序与叶同时开放。花期4月，果期4~5月。

生长习性 喜光，耐寒，湿地、旱地皆能生长，但以湿润而排水良好的土壤上生长最好；根系发达，抗风能力强，生长快，易繁殖。

繁殖方式 种子、扦插和埋条等繁殖。

用途 木材白色，质轻软，比重 0.45，供建筑、器具、造纸、人造棉、火药等用。细枝可编筐；为早春蜜源树，又为固沙保土、四旁绿化树种。叶为冬季羊饲料。

分布 产于东北、华北平原、西北黄土高原，西至甘肃、青海，南至淮河流域及浙江、江苏。张家口市原生树种，全市分布广泛。

垂柳

柳属
学名 *Salix babylonica*

形态特征 乔木，高达18m，树冠倒广卵形。小枝细长下垂。叶狭披针形或线状披针形，长9~16cm，先端长渐尖，缘有细锯齿；表面绿色，背面蓝灰绿色；叶柄长约1cm；托叶阔镰形，早落。蒴果长3~4mm，带绿黄褐色。花期3~4月，果期4~5月。

生长习性 喜光，喜温暖湿润气候及潮湿深厚之酸性及中性土壤。较耐寒，特耐水湿，但亦能生于土层深厚之高燥地区。萌芽力强，根系发达，生长迅速。虫害比较严重，寿命较短，30年后渐趋衰老。根系发达，对有毒气体有一定的抗性，并能吸收二氧化硫。

繁殖方式 多用插条繁殖。

用途 为优美的绿化树种；木材可供制家具；枝条可编筐；树皮含鞣质，可提制栲胶。叶可作羊饲料。

分布 产于长江流域和黄河流域，其他各地均栽培。张家口市原生树种，坝下地区分布广泛。

河北柳

柳属
学名 *Salix taishanensis* var. *hebeinica*

形态特征 灌木，高逾1m。幼枝褐红色；2年生枝微被白粉。叶椭圆形，基部楔形至圆楔形；叶柄长5~7mm。花与叶同时开放。果和雄株未见。花期5月中下旬。

分布 产于河北。张家口市原生树种，小五台山南台、张北张畜营有分布。

白箕柳

柳属
学名 *Salix linearistipularis*

别名 棉花柳、筐柳、蒙古柳

形态特征 灌木或小乔木，高达8m。树皮黄灰色至暗灰色；小枝细长。叶披针形或条状披针形，长8~15cm，幼叶被绒毛，下面苍白色，边缘有腺齿；托叶披针形或线状披针形。花先于叶开放，或与叶近同时开放，花序圆柱形，无梗，基部有鳞片状小叶。花期4月下旬至5月上旬，果期5月下旬。

生长习性 喜湿润，适应性强，常生于平原湿地、河岸边。

用途 本种枝条细柔，可供编织。适应性强，可作固沙、护堤及能源树种。

分布 产于河北、陕西、河南、甘肃、山西等地，黑龙江、辽宁、吉林、内蒙古、北京、宁夏、新疆、山东等地亦有栽培。张家口市原生树种，冰山梁、赤城老栅子河谷有分布。

蒿柳

▶ 柳属
学名 *Salix viminalis*

别名 绢柳、柳茅子、清钢柳

形态特征 灌木或小乔木，高可达10m。树皮灰绿色。枝无毛或有短柔毛，幼枝有灰色短柔毛。叶条状披针形，长15~20cm，基部楔形，先端渐尖或急尖，表面暗绿色，无毛或稍有短柔毛，背面有密绢毛，闪银光。托叶窄披针形。花期4~5月，果期6月。

生长习性 常生于海拔300~600m的林缘低湿地及河流边。

繁殖方式 种子和插条繁殖。

用途 枝条可供编筐，叶可饲蚕。树皮可提制栲胶，可作为护岸树种及蜜源树。

分布 产于黑龙江、辽宁、吉林、内蒙古、河北。张家口市原生树种，坝下山地、河谷有分布。

黄花柳

▶ 柳属
学名 *Salix caprea*

别名 山柳木

形态特征 灌木或小乔木。小枝黄绿色至黄红色。叶卵状长圆形、宽卵形至倒卵状长圆形，长5~7cm，先端急尖或有小尖，常扭转，基部圆形，上面无毛，下面被白色绒毛，边缘有不规则的缺刻或牙齿、或近全缘，常稍向下面反卷。花先叶开放；苞片披针形，茶色，上部黑色，两面密被白长毛。果窄圆锥形，长达9mm。花期4~5月，果期5~6月。

生长习性 喜光，喜冷凉气候，耐寒，多生于山谷溪旁、山坡林缘。

用途 木材白色，质轻，供家具、农具用；树皮可提取栲胶；枝皮纤维可造纸；枝和须根可入药，有祛风除湿之功效。

分布 产于新疆、东北、河北、山西、河南、陕西、宁夏。张家口市原生树种，赤城、蔚县、阳原等地有分布。

中国黄花柳

柳属
学名 *Salix sinica*

别名 黄华柳

形态特征 灌木或小乔木。当年生幼枝有柔毛，后脱落。叶形多变化，一般为椭圆形、椭圆状披针形、椭圆状菱形、倒卵状椭圆形，稀披针形、卵形、宽卵形，长 3.5~6cm，先端短渐尖或急尖，基部楔形或圆楔形，幼叶有毛，后无毛，上面暗绿色，下面发白色，多全缘，下面常被绒毛，边缘有不规整的牙齿；叶柄有毛；托叶半卵形至近肾形。花先叶开放；苞片深褐色或近黑色，两面被白色长毛。果序长达 7cm。花期 4 月，果期 5 月。

生长习性 喜光，喜湿，中度喜温。

用途 蜜源树种。

分布 产于华北、西北。张家口市原生树种，赤城大海陀、蔚县小五台山有分布。

乌柳

▶ 柳属
学名 *Salix cheilophila*

别名 筐柳、毛柳、沙柳

形态特征 灌木或小乔木，高达6m。老枝无毛，紫色，幼枝和芽被柔毛。叶线形或线状披针形，长2~5cm，边缘外卷，上半部有疏生具腺细齿，下半部近全缘，上面初有绢状毛，后几无毛，下面灰色，有丝毛；叶柄具长柔毛。花叶同放；苞片倒卵状矩圆形，上部内曲，红紫色。蒴果，长圆形，长3mm。花期4~5月，果期6月。

生长习性 抗逆性强，较耐旱，耐贫瘠，喜水湿；抗风沙，耐一定盐碱，耐严寒和酷热；喜适度沙压，越压越旺，但不耐风蚀。

繁殖方式 常用扦插繁殖。

用途 乌柳固沙保土能力强，是北方防风沙的主力树种；柳条可作密度板、刨花板等加工原料；枝叶所含的热量和煤相近，可发展成绿色沙煤田。枝叶、树皮和须状根入药，有祛风清热、散瘀消肿之功效。

分布 产于河南、河北、山西、陕西、甘肃、青海、四川、云南、西藏等地。张家口市原生树种，怀安熊耳山、赤城大海陀有分布。

深山柳

柳属
学名 *Salix phylicifolia*

别名 山柳

形态特征 灌木，高 1~3m，枝深褐色，光滑或幼时有微柔毛。叶草质，椭圆形、倒卵状椭圆形至披针形，长 2~8cm，宽 1.5~3cm，先端急尖或渐尖，基部近圆形，边缘有锯齿或波状锯齿，上面绿色，光滑，下面苍白色，无毛或具柔毛；叶柄长 3~5mm，光滑。花序生于具叶的短枝上；苞片矩圆形至倒卵形，具长线毛；腺体 1，腹生。蒴果 7~10mm，有短柔毛。

分布 张家口市原生树种，赤城、崇礼、宣化凤凰山及怀来山区均有分布。

皂柳

柳属
学名 *Salix wallichiana*

别名 瓦氏柳、毛狗条、山杨柳

形态特征 乔木或呈灌木状。小枝初被毛，后脱落。芽卵形，无毛。叶披针形、长圆状披针形、卵状长圆形、狭椭圆形，长 4~10cm，先端急尖至渐尖，基部楔形至圆形，上面无毛，下面被平伏的绢毛或无毛，浅绿色至有白霜，全缘；叶柄长约 1cm；托叶半心形。花序先叶开放或近同时开放，无花序梗；雄花序长 1.5~3cm；苞片赭褐色或黑褐色。果序长达 12cm，果长可达 9mm，有毛或近无毛。花期 4 月中下旬至 5 月初，果期 5 月。

生长习性 喜光，喜湿润，生于山谷溪流旁、林缘、山坡或杂木林中。

用途 木材可制木箱；枝条可编筐篓；根入药，治风湿性关节炎。

分布 产于陕西、华北、湖南、湖北、浙江、西南等地。张家口市原生树种，蔚县小五台山、赤城老栅子有分布。

红皮柳

柳属
学名 *Salix sinopurpurea*

别名 柳条、绵柳、簸箕柳、笆斗柳

形态特征 灌木，高 3~4m。小枝淡绿或淡黄色。叶对生或斜对生，披针形，长 5~10cm；萌条叶长至 11cm，先端短渐尖，基部楔形，边缘有腺锯齿，下面苍白色，幼时有短绒毛，脉上尤密，成叶两面无毛。花先叶开放，花序圆柱形，长 2~3cm，对生或互生，无花序梗；苞片卵形，黑色。果序长 2~3cm，有毛；蒴果 2 裂。花期 4 月，果期 5 月。

生长习性 喜湿润，常生长于海拔 1000~1600m 的山地灌木丛中，以及沿河两岸或沙地。

繁殖方式 扦插繁殖。

用途 是优良固沙、护岸树种；茎可作编筐材料。

分布 分布于河北、湖北、甘肃、河南、陕西、山西等地。张家口市原生树种，小五台山自然保护区有分布。

中华柳

柳属
学名 *Salix cathayana*

形态特征 灌木。小枝褐色或灰褐色，初被绒毛，后脱落。叶长椭圆形或椭圆状披针形，长1.5~5.2cm，两端钝或急尖，下面苍白色，无毛，全缘。雄花序长2~3.5cm，密花，花序梗有长柔毛；苞片卵圆形或倒卵圆形，先端圆形，具缘毛，黄褐色。蒴果近球形，无柄或近无柄。花期5月，果期6~7月。

生长习性 喜光，耐寒，耐水湿。生于1800~3000m的山谷溪旁及山坡灌丛中或杂木林中。

繁殖方式 常用播种和扦插繁殖。

用途 枝叶可入药，有清热、解毒、利尿的功效。

分布 分布于四川、河北、河南、湖北、陕西、云南等地。张家口市原生树种，小五台山自然保护区有分布。

密齿柳

柳属
学名 *Salix characta*

形态特征 灌木。幼枝微被柔毛。芽卵圆形，黄红色。叶披针形或长圆状披针形，稀长圆形，长3.5~5cm，两端急尖，或先端短渐尖，稀基部近钝形，上面绿色，微被柔毛，下面灰绿色，叶脉显著突起，沿中脉具长柔毛，边缘向下面反卷，具细锯齿。花序长1.5~2.5cm；苞片椭圆形或长圆形，褐色。蒴果长约4mm，下部稍有毛，有柄。花期5月上中旬，果期6~7月。

用途 薪炭材；枝条供编织；水土保持树种。

分布 产于内蒙古、河北、陕西、山西、甘肃、青海等地。张家口市原生树种，小五台山自然保护区有分布。

秦岭柳

柳属
学名 *Salix alfredi*

形态特征 小乔木或灌木，高约4.5m。芽卵圆形，淡红色。叶椭圆形或卵状椭圆形，长2.5~4.5cm，先端急尖，基部圆形，全缘；叶柄长约3~5mm。花序与叶同时开放，有短梗；雄花序长1.5~3cm，花药球形，黄色。幼果序长2.5~4cm；蒴果近球形，长3mm，散生短柔毛。花期5月中下旬至6月上旬，果期7月。

分布 产于青海、甘肃南部、陕西。张家口市原生树种，小五台山自然保护区有分布。

腺柳

柳属
学名 *Salix chaenomeloides*

别名 河柳、红心柳、苦柳

形态特征 小乔木，高达6m。枝暗褐色或红褐色，有光泽。叶椭圆形、卵圆形至椭圆状披针形，长4~8cm，先端急尖，基部楔形，稀近圆形，两面光滑，下面苍白色或灰白色，边缘有腺锯齿；托叶半圆形或肾形，边缘有腺锯齿，早落。雄花序长4~5cm；雌花序长4~5.5cm。蒴果卵状椭圆形，长3~7mm。花期4月，果期5月。

生长习性 喜光，喜湿润，不耐阴，较耐寒。萌芽力强，耐修剪。多生于海拔1000m以下的山沟、溪流旁。

繁殖方式 扦插和种子繁殖。

用途 属变色彩叶树种，极具观赏价值，可作为绿化树种植于湖泊、池塘周围及河流两岸。木材供家具、农具等用；枝条供编织；为蜜源树种。

分布 产于辽宁南部及黄河中下游诸省。张家口市原生树种，小五台山自然保护区有分布。

杞柳

柳属
学名 *Salix integra*

别名 白箕柳

形态特征 灌木，高 1~3m。芽卵形，先端尖，黄褐色，无毛。叶近对生或对生，萌枝叶有时 3 叶轮生，叶椭圆状长圆形，长 2~5cm，先端短渐尖，基部圆形或微凹，全缘或上部有尖齿，幼叶发红，成叶下面苍白色，中脉褐色，两面无毛；叶柄短或近无柄而抱茎。花先叶开放，花序长 1~2.5cm，基部有小叶；苞片倒卵形，褐色至近黑色。蒴果长 2~3mm，有毛。花期 5 月，果期 6 月。

生长习性 喜光照，属阳性树种。喜肥水，抗雨涝，以在上层深厚的沙壤土和沟渠边坡地生长最好。主根少而深，侧根发达。不耐盐碱。

用途 枝条可用于柳编，用于编制桌、椅、橱、柜、屏风等家具及筐、花篮等。深根性树种，能防风固沙、保持水土，是固堤护岸的好树种。

分布 产于河北燕山北部，辽宁、吉林、黑龙江三省的东部及东南部。张家口市原生树种，尚义、张北、赤城、怀来等县均有分布。

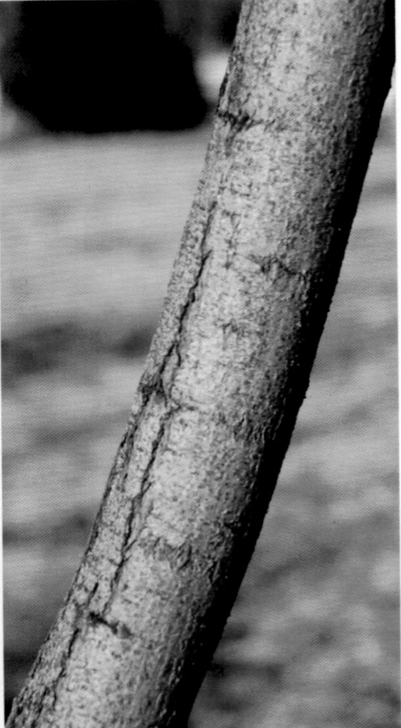

紫枝柳

柳属
学名 *Salix heterochroma*

形态特征 灌木或小乔木，高达10m。枝深紫红色或黄褐色，初有柔毛，后脱落。叶椭圆形至披针形或卵状披针形，长4.5~10cm，先端长渐尖或急尖，基部楔形，下面带白粉，具疏绢毛，全缘或有疏细齿；叶柄长5~15mm，有柔毛。花同叶或先叶开放；雄花序近无梗，长3~5.5cm，轴有绢毛。蒴果卵状长圆形，长约5mm。花期4~5月，果期5~6月。

生长习性 喜光，较耐阴，生于海拔1450~2100m的林缘、山谷等处。

分布 产于山西、河北、陕西、甘肃、湖北、湖南、四川等地。张家口市原生树种，小五台山自然保护区有分布。

银芽柳

柳属
学名 *Salix leucopithecia*

别名 棉花柳、银柳

形态特征 落叶灌木，枝丛生，高约2~3m。新枝具绢毛。叶互生，叶片长椭圆形，长9~15cm，缘具细锯齿，叶背面密被白毛，半革质。雄花序椭圆柱形，长3~6cm，早春叶前开放，盛开时花序密被银白色绢毛，颇为美观。花期12月至翌年2月 。

生长习性 喜光，喜湿润，较耐寒，北京可露地过冬。

繁殖方式 扦插繁殖。

用途 园林中常配植于池畔、河岸 、湖滨、堤防绿化，同时也是春节主要的切花品种。

分布 原产我国的东北地区。张家口市引进树种，宣化有栽培。

漳河柳

柳属
学名 *Salix matsudana* f. *lobato-glandulosa*

形态特征 落叶乔木。小枝细长，下垂，淡紫绿色或褐绿色，无毛或幼时有毛。叶狭披针形或线状披针形，顶端渐尖，基部楔形，有时歪斜，边缘有细锯齿，无毛或幼时有柔毛，背面带白色；叶柄长 6~12mm，有短柔毛。花序轴有短柔毛。蒴果黄褐色，长 3~4mm。花期 4 月。

生长习性 喜暖至高温，日照要充足。耐旱，耐水湿，为湿生阳性树种。喜生于河岸两旁湿地，短期水淹及顶不致死亡。高燥地及石灰质土壤也能适应。发芽早，落叶迟，生长快速，但不及旱柳耐寒。寿命短，30 年后渐趋衰老。

繁殖方式 常用扦插繁殖。

用途 适应性强，树形优美，多作庭园绿化树种。枝皮纤维可作纺织及绳索原料；枝条可编织提篮、抬筐、柳条箱及安全帽等。木材色白，韧性大，可作小农具、小器具与烧制木炭用。

分布 山西省黎城县漳河两岸沟谷地带。张家口市引进树种，怀来县有栽培。

龙爪柳

柳属
学名 *Salix matsudana* var. *tortuosa*

形态特征 旱柳变种。落叶灌木或小乔木，株高可达 3m。小枝绿色或绿褐色，不规则扭曲；叶互生，线状披针形，叶缘细锯齿，叶背粉绿，全叶呈波状弯曲；单性异株，柔荑花序，蒴果。花期 4 月，果期 4~5 月。

生长习性 喜光，耐寒，生长势较弱，寿命短。湿地、旱地皆能生长，以湿润而排水良好土壤上生长最好。

繁殖方式 扦插育苗为主，播种育苗亦可。

用途 枝条盘曲，特别适合冬季园林观景，也适合种植在绿地或道路两旁。叶片和枝干常在插花中被使用。

分布 原产于黑龙江、吉林、辽宁、河北、山西、北京、天津、河南、山东、陕西、宁夏、甘肃、青海、新疆。张家口市引进树种，一般作为庭院栽植树种。

馒头柳

▶ 柳属
学名 *Salix matsudana* f. *umbraculifera*

形态特征 乔木，高达18m，胸径达80cm。树皮暗灰黑色，有裂沟。大枝斜上，树冠广圆形，形状似馒头；枝细长，直立或斜展，无毛，幼枝有毛。芽微有短柔毛。叶披针形，长5~10cm；叶柄短，长5~8mm。雄花序圆柱形；苞片卵形，黄绿色。果序长达2cm。花期4月，果期4~5月。

生长习性 阳性，喜温凉气候，耐污染，速生，耐寒，耐湿，耐旱，不耐庇阴。在固结、黏重土壤及重盐碱地上生长不良。

繁殖方式 一般采用扦插快速成苗。

用途 枝条柔软，树冠丰满，常栽培在河湖岸边或孤植于草坪，或对植于建筑两旁，亦用作公路树、防护林及沙荒造林、农村四旁绿化树种。

分布 广泛分布于东北、华北、西北、华东。张家口市引进树种，蔚县壶流河水库广泛栽植。

金枝垂柳

柳属
学名 *Salix × aureo-pendula*

别名 金丝垂柳

形态特征 落叶乔木。叶披针形，枝条下垂，黄色，树姿优美，小枝生长季节呈黄绿色，休眠季节呈金黄色。

生长习性 喜光，较耐寒，喜水湿，也能耐干旱；喜温暖湿润气候和潮湿深厚的酸性及中性土壤，亦能生于土层深厚的高燥地区，耐盐碱。根系发达，生长迅速，萌芽力强。

繁殖方式 常用扦插繁殖。

用途 金枝垂柳全部为雄株，春季不飞絮，无环境污染，且枝干颜色鲜艳，是优良的园林绿化树种，适植于河岸、湖边、池畔，也是重要的庭院观赏树种、行道树和湖泊固堤树种。

分布 本种为杂交种，沈阳以南大部分地区有栽培，其中以庄河一带较多，品种保护较好。张家口市引进树种，怀安县城有引种。

竹柳

柳属
学名 *Salix maizhokung-garensis*

形态特征 乔木，高度可达20m以上。树皮幼时绿色，光滑。树冠塔形，分枝均匀。顶端优势明显，腋芽萌发力强，分枝较早，侧枝与主干夹角30°~45°。叶披针形，单叶互生，叶片长达15~22cm，先端长渐尖，基部楔形，边缘有明显的细锯齿，叶片正面绿色，背面灰白色，叶柄微红、较短。

生长习性 喜光，耐寒性强，能耐-30℃的低温；喜水湿，耐干旱，对土壤要求不严，在pH值5.0~8.5的土壤或沙地、低湿河滩或弱盐碱地均能生长，但以肥沃、疏松，潮湿土壤最为适宜。

繁殖方式 以扦插为主，春秋季均可进行。

用途 该树种是工业原料林、大径材栽培、行道树、四旁植树、园林绿化、农田防护林的理想树种。

分布 原产美国，国内最早的竹柳示范基地位于安徽涡阳，各地均有引种栽培。张家口市引进树种，坝上、坝下均有栽培。

钻天柳属

乔木。小枝无毛,紫红色或带黄色,有白粉。芽扁卵形。叶互生,短渐尖,边缘有锯齿或近全缘;有短柄;无托叶。雌雄异株,柔荑花序先叶开放,雄花序下垂;雌花序直立或斜展。蒴果2瓣裂。种子长椭圆形。

全世界仅1种,分布于亚洲东部。

钻天柳

钻天柳属
学名 *Chosenia arbutifolia*

形态特征 乔木,高可达30m。树冠圆柱形;树皮灰褐色。小枝无毛,黄色带红色或紫红色,有白粉。芽扁卵形,有光泽,有一枚鳞片。叶长圆状披针形至披针形,长5~8cm,先端渐尖,基部楔形,上面灰绿色,下面苍白色,常有白粉。花序先叶开放;雄花序开放时下垂,长1~3cm,黄色;雌花序直立或斜展。花期5月,果期6月。

生长习性 喜光,抗寒,抗旱,耐干旱气候,稍耐盐碱及水湿,但在低洼常积水处生长不良。

繁殖方式 一般用种子繁殖,插条不易成活。

用途 木材质软,白色,心材发红色供建筑用材、家具、造纸等用;也是优美的观赏树种。

分布 产于内蒙古(大兴安岭西坡)、黑龙江、吉林、辽宁等地。张家口市原生树种,赤城县、蔚县有分布。

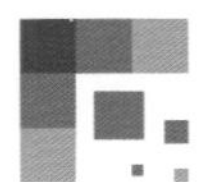

杜鹃花科

杜鹃属

常绿或落叶灌木，稀小乔木。叶互生，全缘，稀有不明显的小齿。花显著，小至大，通常排列成伞形总状或短总状花序，稀单花，通常顶生，少有腋生；花萼5裂，稀6~10裂，花后不断增大；花冠漏斗状、钟状、管状或高脚碟状，裂片与萼片同数。蒴果自顶部向下室间开裂，果瓣木质，少有质薄者，开裂后果瓣多少扭曲。

本属约800种，我国产600余种，分布于全国，尤以四川、云南种类最多，是杜鹃属的世界分布中心。张家口产迎红杜鹃和照山白2种。

本属植物花大色美，是世界著名的观赏植物。

迎红杜鹃

杜鹃属
学名 *Rhododendron mucronulatum*

别名 兰荆子、迎山红、兴安杜鹃

形态特征 落叶灌木，高达2m。小枝被腺鳞。叶片椭圆形或长圆形，长4~8cm，先端渐尖，基部楔形，全缘，两面有疏腺鳞。花淡红紫色，径3~4cm，2~5朵生于枝顶，先叶开放。蒴果圆柱形，长1.2~2.5cm，被腺鳞。花期4~5月，果期6~7月。

生长习性 性喜光，耐寒，喜空气湿润和排水良好。

繁殖方式 播种、扦插繁殖。

用途 花可生食，略有酸味；园林中常与迎春搭配栽植供观赏；叶可入药，主治慢性支气管炎、感冒、咳嗽等症，效果显著。

分布 产于东北、华北及山东、山西、河南等地。张家口市原生树种，赤城大海陀、雕鹗、蔚县小五台山有分布。

照山白

▶ 杜鹃属
学名 *Rhododendron micranthum*

别名 照白杜鹃、小花杜鹃、白镜子、铁石茶

形态特征 半常绿灌木，高达2m。小枝褐色，有褐色鳞片及柔毛。叶互生，革质，椭圆状披针形或狭卵圆形，长2~3cm，两面有腺鳞，背面更多，边缘略反卷。花小，白色，径约1cm，呈顶生密总状花序。蒴果长圆形，成熟后褐色。花期6~8月，果期9月。

生长习性 性喜阴，喜酸性土壤，耐干旱、耐寒、耐瘠薄，适应性强。

繁殖方式 播种繁殖。

用途 植于庭院、公园，可供观赏；枝叶入药，有祛风、通络 、调经止痛、化痰止咳之效。

分布 广布我国东北、华北及西北地区及山东、河南、湖北、湖南、四川等地。张家口市原生树种，赤城、蔚县小五台山有分布。

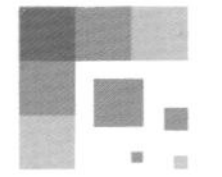

柿树科

柿　属

落叶或常绿乔木或灌木。无顶芽。叶互生。花单性，雌雄异株，或杂性；花冠壶形、钟形或管状，浅裂或深裂。浆果肉质，基部通常有增大的宿存萼；种子较大，通常两侧压扁。

本属有约500种植物，我国有57种，6变种，1变型，1栽培种。黄河南北，北至辽宁，南至广东、广西和云南，各地都有，主要分布于西南部至东南部。张家口产黑枣和柿2种。

黑枣

柿属
学名 *Diospyros lotus*

别称　君迁子

形态特征　落叶乔木，高达20m。树皮暗褐色，深裂成方块状。幼枝有灰色柔毛。叶椭圆形至长圆形，长6~12cm，表面密生柔毛后脱落，背面灰色或苍白色，脉上有柔毛。花淡黄色或淡红色，单生或簇生叶腋。果实近球形，直径1~1.5cm，熟时蓝黑色，有白蜡层，近无柄。花期5月，果期9~10月。

生长习性　性强健，喜光，耐半阴，耐寒及耐旱性均比柿树强，很耐湿。喜肥沃深厚土壤，但对瘠薄土、中等碱性土及石灰质土有一定的忍耐力。对二氧化硫抗性强。

繁殖方式　播种繁殖。

用途　树干挺直，树冠圆整，常作园林绿化用；果实生食或酿酒、制醋；种子入药能消渴去热，种子可榨油；君迁子树是甜柿的最好砧木；材质优良，可作一般用材。

分布　原产于我国，分布极广，北自河北，西北至陕西、甘肃南部，南至东南沿海、广东、广西及台湾，西南至四川、贵州、云南均有分布。张家口市原生树种，涿鹿赵家蓬、赤城后城有分布。

柿

▶ 柿属
学名 *Diospyros kaki*

形态特征 落叶乔木，高达 20m。树冠阔卵形或半球形，树皮黑灰色裂成方形小块，固着树上。叶阔椭圆形，表面深绿色、有光泽，革质，入秋部分叶变红，叶痕大、红棕色。花雌雄异株或杂性同株，单生或聚生于新生枝条的叶腋，花黄白色。成熟季节在 10 月左右。果实形状较多，如球形、扁圆、近似锥形、方形等，不同的品种颜色从浅橘黄色到深橘红色不等，直径 2~10cm。

生长习性 强喜光树种，耐寒。喜湿润，也耐干旱，能在空气干燥而土壤较为潮湿的环境下生长。忌积水。深根性，根系强大，吸水、吸肥力强，也耐瘠薄，适应性强，不喜沙质土。抗污染性强。

繁殖方式 多用嫁接繁殖。

用途 柿子营养价值很高，除可生食外，还可以酿成柿酒、柿醋，加工成柿脯、柿粉、柿霜、柿茶、冻柿子等，具有润肺化痰、清热生津、涩肠止痢、健脾益胃、生津润肠、凉血止血等多种功效。柿蒂、柿霜、柿叶均可入药，能治疗肠胃病、心血管病和干眼病等。常作园林绿化树种。

分布 原产地在我国，栽培已有1000多年的历史。主要种植地区在河南、山西、陕西、河北等地山区，19 世纪传入法国和地中海各国，后又传入美国。张家口市原生树种，涿鹿赵家蓬区有分布。

虎耳草科

茶藨子属

落叶灌木。枝无刺或有刺。单叶互生或簇生，常呈掌状，具长柄，无托叶。总状花序簇生，稀单生，花瓣小或无。浆果球形，常有宿存之花萼；种子多数，有胚乳。

本属约有200种，我国约产45种，分布在西南、西北至东北。其中，有些供观赏用，有些果可食用。张家口产东北茶藨子、刺果茶藨子、疏毛东北茶藨子、光叶东北茶藨子、小叶茶藨子和瘤糖茶藨子6种，引进栽培黑加仑1种。

东北茶藨子

茶藨子属
学名 *Ribes mandshuricum*

别名 山麻子、东北醋李

形态特征 落叶灌木，高1~3m；皮纵向或长条状剥落，嫩枝褐色。叶宽大，长5~10cm，宽几与长相似，基部心脏形，幼时两面被灰白色平贴短柔毛，下面甚密，常掌状3裂，裂片卵状三角形，先端急尖至短渐尖。花两性，开花时直径3~5mm；总状花序长7~16cm，具花多达40~50朵；花瓣近匙形，浅黄绿色。果实球形，红色，味酸可食。花期4~6月，果期7~8月。

分布 产黑龙江、吉林、辽宁、内蒙古、河北、山西、陕西、甘肃等地。张家口市原生树种，赤城、蔚县、阳原有分布。

刺果茶藨子

▶ 茶藨子属
学名 *Ribes burejense*

形态特征 落叶灌木，高 1~1.5m。小枝灰棕色，节间密生长短不等的细针刺，叶下部的集生之刺长达 1cm。叶宽卵圆形，掌状 3~5 裂，长 1.5~4cm，基部截形至心脏形，缘有圆齿，两面无毛；叶柄常有稀疏腺毛。花两性，单生于叶腋或 2~3 朵组成短总状花序；花大，红褐色，花萼、花瓣均为 5。浆果暗红黑色，直径约 1cm，具多数黄褐色小刺。花期 5~6 月，果期 7~8 月。

生长习性 喜光，极耐寒，喜排水良好而适当湿润的肥沃土壤。

繁殖方式 可用播种、分株等繁殖。

用途 果实有刺，味酸，可供食用，但以制作果汁和果酒为宜，我国东北地区民间也用其根浸酒饮用。在北方庭院中可作为绿篱种植。

分布 产于黑龙江、吉林、辽宁、河北、山西、陕西、甘肃、河南。张家口市原生树种，赤城、蔚县、涿鹿有分布。

疏毛东北茶藨子

茶藨子属
学名 *Ribes mandshuricum* var. *baroniana*

形态特征 落叶灌木，高1~2.5m。枝灰褐色、光亮，皮剥裂。叶掌状3裂，长5~10cm，宽4~9cm，基部心形，边缘有锐尖牙齿，上面绿色，无毛，下面有疏柔毛。总状花序多花，初直立，后下垂；花托短钟状，花数5；花瓣小，绿色。浆果球形，径7~9mm，红色。种子多数。

分布 张家口市原生树种，小五台山有分布。

光叶东北茶藨子

茶藨子属
学名 *Ribes mandshuricum* var. *subglabrum*

形态特征 与原变种（东北茶藨子）区别在于叶片幼时上面无毛，下面灰绿色，沿叶脉稍有柔毛，仅在脉腋间毛较密；花序较短，长3~8cm；萼片狭小，长1~2mm。

分布 产于黑龙江、吉林、辽宁、河北、山西、山东、河南。张家口市原生树种，蔚县小五台山有分布。

小叶茶藨子

茶藨子属
学名 *Ribes pulchellum*

别名 美丽茶藨子、蝶花茶藨子

形态特征 落叶灌木，高 1~2.5m。小枝灰褐色，有光泽，皮稍纵向条裂，在叶下部的节上常具 1 对小刺，节间无刺或小枝上散生少数细刺。叶宽卵圆形，长、宽均为 1.5~3cm，基部近截形至浅心脏形，两面具短柔毛，掌状 3 裂，有时 5 裂。花单性，雌雄异株，形成总状花序；雄花序长 5~7cm，具 8~20 朵疏松排列的花；雌花序短，长 2~3cm，具 8~10 余朵密集排列的花；花萼浅绿黄色至浅红褐色。果实球形，径 5~8mm，红色。花期 5~6 月，果期 8~9 月。

用途 可在庭园中栽培供观赏。果实可供食用，木材可制作手杖等。

分布 产于内蒙古、北京、河北、山西、陕西、宁夏、甘肃、青海等地。张家口市原生树种，赤城、蔚县、康保有分布。

瘤糖茶藨子

茶藨子属
学名 *Ribes emodense* var. *verruculosum*

形态特征 落叶小灌木，高 1~2m。枝粗壮，小枝黑紫色或暗紫色，皮长条状或长片状剥落。叶卵圆形或近圆形，较小，掌状 3~5 裂，先端急尖至短渐尖，叶下面脉上和叶柄具显著瘤状突起或混生少数短腺毛。花两性；总状花序长 2.5~5cm，具花 8~20 余朵；花近无梗；花萼绿色带紫红色晕或紫红色，外面无毛；花瓣红色或绿色带浅紫红色。果实球形，红色。花期 4~6 月，果期 7~8 月。

分布 产于内蒙古、河北、山西、陕西、宁夏、甘肃、青海、河南、四川、云南、西藏。张家口市原生树种，蔚县小五台山有分布。

黑加仑 | 茶藨子属 学名 *Ribes nigrum*

别名 黑茶藨子、茶藨子、旱葡萄、紫梅

形态特征 落叶直立灌木，高达2m。小枝暗灰色或灰褐色，无毛。叶近圆形，长4~9cm，基部心脏形，上面暗绿色，幼时微具短柔毛，老时脱落，下面被短柔毛和黄色腺体，掌状3~5浅裂，裂片宽三角形，先端急尖，顶生裂片稍长于侧生裂片，边缘具不规则粗锐锯齿；叶柄长1~4cm，具短柔毛，偶而疏生腺体。花两性，径5~7mm；总状花序长3~5cm，下垂或呈弧形，具花4~12朵。果实近圆形，直径8~10 mm，熟时黑色，疏生腺体。花期5~6月，果期7~8月。

生长习性 性喜光、耐寒。

繁殖方式 播种、扦插或压条均可以繁殖。

用途 果实富含维生素C、花青素，可以食用，也可以加工成果汁、果酱、罐头、饮料等食品，具有很好的保健功能。

分布 产于黑龙江、内蒙古、新疆。张家口市引进树种，张北县有栽培。

溲疏属

落叶灌木，稀常绿；通常有星状毛。小枝中空。单叶对生，有锯齿；无托叶。圆锥或聚伞花序；萼片、花瓣各为5。蒴果3~5瓣裂，具多数细小种子。

本属约有100种，我国约有50种，各地均有分布，而以西部最多。许多种可栽作庭园观赏花木。张家口产大花溲疏、钩齿溲疏和小花溲疏3种。

大花溲疏

溲疏属
学名 *Deutzia grandiflora*

别名 步步楷、华北溲疏、空竹花、喇叭枝

形态特征 灌木，高达2m。树皮通常灰褐色。叶卵形，长2~5cm，先端短渐尖或锐尖，基部圆形，缘有细锯齿，表面散生星状毛，背面密生白色星状毛。花白色，较大，径2.5~3cm，1~3朵聚伞状。花期4月下旬，果期6月。

生长习性 喜光，稍耐阴，耐寒、耐旱，对土壤要求不严。忌低洼积水。多生于丘陵或低山坡灌丛中。

繁殖方式 播种、分株繁殖。

用途 花朵洁白素雅，开花量大，是优良的园林观赏树种；也可作山坡地水土保持树种。

分布 产于湖北、山东、河北、陕西、内蒙古、辽宁等地。张家口市原生树种，赤城、阳原、蔚县均有分布。

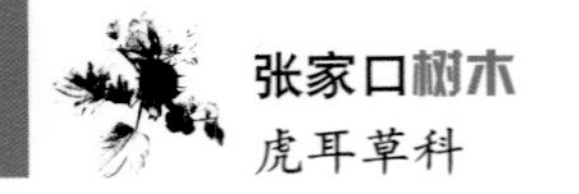

钩齿溲疏

▶ 溲疏属
学名 *Deutzia hamata*

别名 李叶溲疏

形态特征 灌木，高 0.3~1m。老枝灰褐色，无毛。叶纸质，卵状菱形或卵状椭圆形，长 2~5cm，先端急尖，基部楔形或阔楔形，边缘具不整齐或大小相间锯齿，上下两面及叶柄疏被星状毛。聚伞花序，长和宽均为 1~1.5cm，具 2~3 枚花或花单生；花蕾长圆形；花冠直径 1.5~2.5cm；花瓣白色，长 15~20mm。蒴果半球形，密被星状毛。花期 4~5 月，果期 9~10 月。

分布 产于辽宁、河北、山西、陕西、山东、江苏和河南。张家口市原生树种，蔚县小五台山有分布。

小花溲疏

▶ 溲疏属
学名 *Deutzia parviflora*

形态特征 灌木，高可达 2m。小枝疏生星状毛。叶纸质，卵形至狭卵形，3~8cm，先端短渐尖，基部阔楔形或圆形，边缘具细锯齿，两面疏生星状毛。花白色，较小，径约 1.2cm，花序伞房状，具花多数。蒴果球形，直径 2~3mm。花期 5~6 月，果期 8~10 月。

生长习性 性喜光，稍耐阴，耐寒性强，-10℃以上可露地越冬。

繁殖方式 可用播种、扦插、分株等繁殖。

用途 花虽小但繁密，且正值初夏少花季节，宜植于庭院观赏。

分布 主产我国华北及东北。张家口市原生树种，赤城、阳原、蔚县有分布。

绣球属

落叶灌木，稀攀缘状。树皮片状剥落；叶常2片对生或少数种类兼有3片轮生，边缘有小齿或锯齿，有时全缘；托叶缺。聚伞花序排成伞房状或圆锥状，顶生；花瓣和雄蕊缺或极退化，萼片大，花瓣状，2~5片，分离，偶有基部稍连合；蒴果，种子细小，种皮膜质，具脉纹。

本属约有73种，我国有46种10变种，除南部海南、东北部黑龙江和吉林、西北部新疆等地外，全国各地均有分布，尤以西南部至东南部种类最多。张家口产东陵八仙花1种。

东陵八仙花

绣球属
学名 *Hydrangea bretschneideri*

形态特征 落叶灌木，高达3m。树皮通常片状剥落，小枝较细，幼时有毛。叶对生，卵形或椭圆状卵形，长8~15cm，先端渐尖，边缘有锯齿，背面密生灰色柔毛。伞房状聚伞花序，顶生，径10~15cm，边缘着不育花，初白色，后变淡紫色，中间有浅黄色可孕花。蒴果近圆形，径约3mm，种子两端有翅。花期6~7月，果期8~9月。

生长习性 喜光，稍耐阴，耐寒，忌干燥，喜半阴及湿润排水良好环境。

繁殖方式 可用扦插、压条、分株、播种等繁殖。

用途 开花时颇为美丽，可作庭院、公园等绿化观赏树种。木材致密坚硬，可作农具柄等用。

分布 产于河北、山西、陕西、甘肃、四川各地。张家口市原生树种，赤城、阳原、蔚县小五台山等有分布。

山梅花属

落叶灌木。枝具白髓；茎皮通常剥落。单叶对生，基部3~5主脉，全缘或有齿；无托叶。花白色，常成总状花序或聚伞花序；萼片、花瓣各4。蒴果，4瓣裂。

本属约有100种，我国约产15种，多为美丽芬芳之观赏花木。张家口产太平花1种。

太平花

山梅花属
学名 *Philadelphus pekinensis*

别名 北京山梅花

形态特征 丛生灌木，高达2m。树皮栗褐色，薄片状剥落；小枝光滑无毛，常带紫褐色。叶卵形或阔椭圆形，长6~9cm，先端渐尖，基部阔楔形或近圆形，3主脉，缘具锯齿，通常两面无毛，稀仅下面脉腋被白色长柔毛；叶柄带紫色。总状花序有花5~9朵，黄绿色，径2~3cm，微有香气，萼外面无毛，里面沿边有短毛。蒴果陀螺形。花期5~7月，果期8~10月。

生长习性 喜光，耐寒，多生于肥沃、湿润之山谷或溪沟两侧排水良好处，也生长在向阳的干旱贫瘠的土地上，不耐积水。

繁殖方式 可用播种、分株、压条、扦插等法繁殖。

用途 其花芳香、美丽，多朵聚集，花期较久，为优良的观赏花木，宜丛植于林缘、园路拐角和建筑物前，亦可作自然式花篱或大型花坛之中心栽植材料。根可入药，能解热镇痛，用于治疗疟疾、胃痛、腰痛、挫伤。

分布 产于我国北部和西部，北京山地有野生。张家口市原生树种，赤城大海陀、阳原白家泉南山、蔚县小五台山有分布。

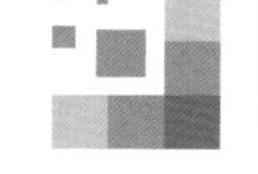

蔷薇科

蔷薇属

蔷薇属植物都是灌木，多数是世界著名的观赏植物。多数被有皮刺、针刺或刺毛，稀无刺；叶互生，奇数羽状复叶，稀单叶，叶边缘有锯齿；花瓣5裂或重瓣，稀4，花色多种，有香气；花托成熟时肉质而有色泽；瘦果，着生在肉质萼筒内形成蔷薇果；种子下垂。

本属约有200种，我国原产的蔷薇属植物有82种，约占全世界总数的41%，是野生蔷薇的主要分布区之一，而西北又是其中重要的原产区。张家口原产山刺玫、多刺山刺玫、黄刺玫、美蔷薇、大叶蔷薇和腺果大叶蔷薇6种，引进栽培玫瑰、多季玫瑰和月季花3种。

本属是世界著名的观赏植物之一，庭园普遍栽培。

山刺玫

蔷薇属
学名 *Rosa davurica*

别名 野玫瑰、山刺玫

形态特征 直立灌木，高约1.5m。分枝较多。小叶7~9；小叶片长圆形或阔披针形；叶柄和叶轴有柔毛、腺毛和稀疏皮刺；托叶大部贴生于叶柄，离生部分卵形，边缘有带腺锯齿。花单生于叶腋，或2~3朵簇生，径3~4cm，粉红色，花瓣倒卵形。果近球形或卵球形，直径1~1.5cm，红色。花期6~7月，果期8~9月。

生长习性 喜暖，喜光，耐旱，忌湿，畏寒。好生于疏松、排水良好的沙质土。

繁殖方式 播种、扦插、分株繁殖。

用途 果实营养丰富，可生食，亦可加工成保健饮料、果汁、果酒和果酱等。花可提取芳香油，是各种高级香水、香皂和化妆品必不可少的主料；花瓣可作糖果、糕点、蜜饯的香型原料，也可酿制玫瑰酒、熏烤玫瑰茶、调制玫瑰酱等产品。其花、果、叶和根皮均可入药，极具开发价值。

分布 产黑龙江、吉林、辽宁、内蒙古、北京、河北、山西等地。张家口市原生树种，山地阴坡广布。

多刺山刺玫

蔷薇属

学名 *Rosa davurica* var. *setacea*

别名 多刺刺玫蔷薇、老虎撩子、油瓶子

形态特征 与原变种（山刺玫）的不同在于小枝上密生大小不等的皮刺；小叶下面有或无粒状腺体，通常无毛，仅在下面沿脉上有短柔毛。

生长习性 多生于山坡、海拔 880m 处。

繁殖方式和用途 与山刺玫相似。

分布 主要产于我国黑龙江、吉林、辽宁、内蒙古等地。张家口市原生树种，崇礼、赤城、涿鹿有分布。

黄刺玫

蔷薇属
学名 *Rosa xanthina*

形态特征 直立丛生灌木，高 1~3m。小枝褐色，有散生皮刺，无刺毛。小叶 7~13，宽卵形或近圆形；叶轴、叶柄有稀疏柔毛和小皮刺；托叶带状披针形，大部贴生于叶柄，边缘有锯齿和腺。花单生于叶腋，重瓣或半重瓣，黄色，径 4.5~5cm。果近球形或倒卵圆形，紫褐色或黑褐色，直径 8~10mm。花期 4~6 月，果期 7~8 月。

生长习性 喜光，稍耐阴，耐寒力强。耐干旱和瘠薄，在盐碱土中也能生长，以疏松、肥沃土地为佳。

繁殖方式 多用分株、压条及扦插法繁殖。

用途 春天盛开金黄色花朵，且花期长，是北方园林绿化的主要花灌木树种之一，也可作绿篱基础种植。果可食，也可制果酱及酿酒。花可提取芳香油。茎皮含纤维素，可作纸浆及纤维板原料。

分布 产于东北、华北至西北，各地庭园常见栽培。张家口市原生树种，坝下山地丘陵广布。

美蔷薇

蔷薇属
学名 *Rosa bella*

别名 野蔷薇、刺蘼、刺红、买笑、油瓶瓶、山刺玫、重瓣黄刺玫

形态特征 灌木，高 1~3m。小枝圆柱形，细弱，散生皮刺，老枝常密被针刺。小叶 7~9，叶片椭圆形、卵形或长圆形，长 1~3cm，先端急尖或圆钝，基部近圆形，边缘有单锯齿，两面无毛或下面沿脉有散生柔毛和腺毛。花单生或 2~3 朵集生，花瓣粉红色，宽倒卵形。果椭圆状卵球形，直径 1~1.5cm，猩红色，有腺毛。花期 5~7 月，果期 8~10 月。

生长习性 喜阳光，亦耐半阴，较耐寒，在我国北方大部分地区都能露地越冬。对土壤要求不严，耐干旱，耐瘠薄，不耐水湿，忌积水。萌蘖性强，耐修剪，抗污染。

繁殖方式 常用扦插法繁殖。

用途 园林用于垂直绿化，装饰建筑物墙面或植花篱；花、果均入药，花能理气、活血、调经、健胃；果能养血活血，固肠止泻。花可提取芳香油并制玫瑰酱，果实可以制作果汁和烈酒 。

分布 产于吉林、内蒙古、河北、山西、河南等地。张家口市原生树种，坝下山地广布。

大叶蔷薇

蔷薇属
学名 *Rosa macrophylla*

形态特征 灌木，高 1.5~3m。小枝粗壮，有散生或成对直立的皮刺或有时无刺。小叶 7~11，长圆形或椭圆状卵形，长 2.5~6cm，上面叶脉下陷，无毛，下面中脉突起，有长柔毛；小叶柄和叶轴有长柔毛、稀有疏腺毛和散生小皮刺。花单生或 2~3 朵簇生，深红色，倒三角卵形。果大，长圆卵球形至长倒卵形，长 1.5~3cm，紫红色，有光泽，有或无腺毛，萼片直立宿存。

用途 蔷薇花密，色艳，香浓，秋果红艳，是极好的垂直绿化材料；果可入药，有活血、散瘀、利尿、补肾、止咳等功效。

分布 产于我国西藏、云南等地。张家口市原生树种，蔚县小五台有分布。

腺果大叶蔷薇

蔷薇属

学名 *Rosa macrophylla* var. *glandulifera*

别名 多刺大叶蔷薇

形态特征 本变种叶片下面有腺，通常为重锯齿。萼筒和花梗常密被腺毛。

分布 产于我国西藏、河北等地。张家口市原生树种，坝下山地广布。

玫瑰

蔷薇属
学名 *Rosa rugosa*

别名 徘徊花、刺客、穿心玫瑰、刺玫花、赤蔷薇花

形态特征 直立灌木，高可达2m。茎粗壮，丛生；小枝密被绒毛，并有针刺和腺毛，有皮刺。小叶5~9，椭圆形或椭圆状倒卵形；叶柄和叶轴密被绒毛和腺毛。花单生或簇生叶腋，常为紫色，芳香，径6~8cm。果扁球形，直径2~2.5cm，砖红色，萼片宿存。花期5~6月，果期8~9月。

生长习性 喜阳光充足，耐寒，耐旱，喜排水良好、疏松肥沃沙质壤土。宜栽植在通风良好、离墙壁较远的地方。

繁殖方式 繁殖方法较多，一般以分株、扦插为主。

用途 玫瑰是城市绿化和园林的理想花木；玫瑰花可作香料和提取芳香油，用于食品工业；花蕾和根可入药，有理气、活血、收敛等功效。

分布 原产我国北部，现各地多有栽培，以山东、浙江、广东为多。张家口市引进树种，坝上、坝下均有栽培。

多季玫瑰

蔷薇属
学名 *Rosa rugosa*

形态特征 玫瑰的一个变种。落叶灌木，高可达2m。茎粗壮，丛生，直立有刺。奇数羽状复叶，小叶5~9枚。花深粉红色，花大、花多而具芳香。果扁球形，砖红色，肉质。花期6~8月，果期8~9月。

生长习性 阳性，耐寒，耐旱，喜疏松的沙壤土。

繁殖方式 春季嫩枝扦插易活，也可分根繁殖。

用途 花期长、花大芳香，是优良耐寒观赏花木。花含芳香油，价值高、用途广，为高级香水、香料的原料。

分布 产于我国北部，全国各地有栽培。张家口市引进树种，张北、阳原、崇礼均有引种栽培。

月季花

蔷薇属
学名 *Rosa chinensis*

别名 月月红、长春花、四季花、胜春

形态特征 落叶灌木、常绿灌木或藤本植物。茎为棕色偏绿，具有钩刺或无刺。小枝绿色，叶互生，奇数羽状复叶，小叶一般3~5枚，广卵至卵状椭圆形，两面无毛，表面有光泽；托叶与叶柄合生，顶端分离为耳状。花常数朵簇生，罕单生，径约5cm，花色多且色泽各异，微香，多为重瓣。有"花中皇后"的美称。肉质蔷薇果，长1~2cm。花期4~9月，果期6~11月。

生长习性 适应性强，耐寒、耐旱，对土壤要求不严，以微酸性沙壤土最好。喜光，一般气温在22~25℃，空气相对湿度75%~80%为宜。有连续开花特性。

繁殖方式 大多采用扦插繁殖，亦可用分株、压条繁殖。

用途 花色艳丽，花期长，可用于园林布置花坛、花境、庭院花材，可制作月季盆景，作切花、花篮、花束等。花可提取香料。根、叶、花均可入药，具有活血消肿、消炎解毒功效。

分布 原产湖北、四川、云南、湖南、江苏、广东等省，现各地广泛栽培。张家口市引进树种，赤城、万全、阳原等地有栽培。

绣线菊属

多年生落叶灌木。单叶互生，羽状叶脉，或基部有3~5出脉，叶柄通常短柄无托叶。花小，成伞形、伞形总状、复伞房或圆锥花序。蓇葖果，常沿腹缝线开裂，内具数粒细小种子。种子线形至长圆形。

本属约有90种，我国有70种，分布于南北各地。张家口产耧斗菜叶绣线菊，金丝桃叶绣线菊、毛花绣线菊、三桠绣线菊、蒙古绣线菊、绣球绣线菊、中华绣线菊、美丽绣线菊、土庄绣线菊和华北绣线菊10种。该植物大多数可作观赏植物。

耧斗菜叶绣线菊

绣线菊属
学名 *Spiraea aquilegifolia*

形态特征 矮小灌木，高0.5~1m。枝条多而细瘦，小枝圆柱形，褐色或灰褐色；幼时密被短柔毛；冬芽小，卵形，有数枚鳞片。花枝上的叶片通常为倒卵形；叶柄极短，长1~2mm。伞形花序无总梗，具花3~6朵，基部有数枚小叶片簇生；花梗长6~9mm，无毛；花径4~5mm；花瓣近圆形，长与宽各约2mm，白色。蓇葖果上半部或沿腹缝线具短柔毛。花期5~6月，果期7~8月。

分布 产于内蒙古、黑龙江、山西、陕西、甘肃等地。张家口市原生树种，坝下怀安、坝上沽源狼尾巴山有原始分布。

金丝桃叶绣线菊

绣线菊属
学名 *Spiraea hypericifolia*

形态特征 灌木，高达1.5m。枝条直立而开张，小枝圆柱形，幼时棕褐色，老时灰褐色。叶片长圆倒卵形或倒卵状披针形，长1.5~2cm，先端急尖或圆钝，基部楔形，通常两面无毛，稀具短柔毛，基部具不显著的三脉或羽状脉。伞形花序无总梗，具花5~11朵，基部有数枚小形簇生叶片；花瓣近圆形或倒卵形，宽与长几相等，白色。蓇葖果直立开张，无毛。花期5~6月，果期6~9月。

生长习性 喜光树种，耐干旱，多生于干旱地区阳坡或灌丛中。

繁殖方式 多用扦插或分株繁殖。

用途 春季叶繁茂，质地稍粗糙，适口性中等，从返青到花期山羊、绵羊爱吃。花色艳丽，花朵繁茂，适于在城镇园林绿化中应用，可丛植于山坡、水岸、湖旁、石边或建筑物前。也可用作切花生产。

分布 产于黑龙江、内蒙古、山西、陕西、甘肃、新疆等地。张家口市原生树种，蔚县小五台山自然保护区有分布。

毛花绣线菊

绣线菊属
学名 *Spiraea dasyantha*

别名 绒毛绣线菊、石崩子、筷子木

形态特征 灌木，高2~3m。小枝细弱，呈明显的“之”字形弯曲，幼时密被绒毛，老时毛脱落，灰褐色。叶片菱状卵形，长2~4.5cm，先端急尖或圆钝，基部楔形，边缘自基部1/3以上有深刻锯齿或裂片，上面深绿色，疏生短柔毛，有皱脉纹，下面密被白色绒毛，羽状脉显著。伞形花序具总梗，花10~20朵，白色。花期5~6月，果期7~8月。

用途 可以栽培供观赏用。

分布 分布于我国内蒙古、河北、山西、湖北、江苏、江西等地。张家口市原生树种，坝下林缘灌丛多有分布。

三桠绣线菊

绣线菊属
学名 *Spiraea trilobata*

别名 三裂绣线菊、团叶绣线菊、泼莠子、油扎子

形态特征 落叶灌木，高1.5m。叶近圆形，长1.5~3cm，基部圆形，常3裂，叶缘中部以上有少数圆钝齿，具掌状脉，无毛。花小，白色，呈伞房花序。花期5~6月。

生长习性 喜光，稍耐阴，耐严寒，对土壤要求不严，耐旱，耐修剪。性强健，生长迅速，栽培容易。常在海拔1600m以下山地阴坡、半阴半阳坡分布。

繁殖方式 常用播种、分株、扦插繁殖。

用途 常栽植庭院用于观赏，岩石园尤为适宜栽植。

分布 分布于山东、山西、河北等地。张家口市原生树种，崇礼、万全、赤城等地有分布。

蒙古绣线菊

绣线菊属
学名 *Spiraea mongolica*

形态特征 灌木，高达3m。小枝细瘦，有棱角。单叶互生，叶片长圆形或椭圆形，羽状叶脉。伞形总状花序具总梗，有花8~15朵，径5~7mm，花瓣近圆形，白色。蓇葖果直立开张，花柱倾斜开张。花期5~7月，果期7~9月。

生长习性 抗旱性强，喜光，耐贫瘠土壤，根系发达。生于海拔1600~3600m山坡灌丛中或山顶及山谷多石砾地。

繁殖方式 常用播种、扦插、分株等法繁殖。

用途 其花入蒙药，治疗疮疡、创伤等；根系发达，可作为荒山绿化的先锋植物。

分布 产于内蒙古、河北、河南、山西、陕西、甘肃、青海、四川、西藏。张家口市原生树种，赤城、宣化区、蔚县小五台山自然保护区有分布。

绣球绣线菊

绣线菊属
学名 *Spiraea blumei*

别名 珍珠绣球、补氏绣线菊

形态特征 灌木，高1~2m。小枝细，深红褐色或暗灰褐色。叶片菱状卵形至倒卵形，长2~3.5cm，先端圆钝或微尖，基部楔形，两面无毛，下面浅蓝绿色，基部具有不显明的三脉或羽状脉。伞形花序有总梗，无毛，具花10~25朵，径5~8mm，白色。蓇葖果较直立，无毛。花期4~6月，果期8~10月。

生长习性 性喜温暖和阳光充足的环境。稍耐寒、耐阴，较耐干旱，忌湿涝。分蘖力强。生于海拔500~2000m向阳山坡、杂木林内或路旁。

繁殖方式 可用播种、扦插、分株等方法繁殖。

用途 观赏灌木，庭园中习见栽培。叶可代茶，根、果供药用，能理气镇痛，去瘀生新、解毒。

分布 原产于我国，主要分布在长江流域（江西、湖北、四川），但秦岭北坡及辽宁亦有野生。张家口市原生树种，小五台山、大海陀自然保护区有分布。

中华绣线菊

绣线菊属
学名 *Spiraea chinensis*

别名 铁黑汉条、华绣线菊

形态特征 灌木，高 1.5~3m。小枝呈拱形弯曲，红褐色。叶片菱状卵形至倒卵形，长 2.5~6cm，先端急尖或圆钝，基部宽楔形或圆形，边缘有缺刻状粗锯齿或具不明显 3 裂，上面暗绿色，被短柔毛，脉纹深陷，下面密被黄色绒毛，脉纹突起。伞形花序具花 16~25 朵，径 3~4mm，花瓣近圆形，白色。蓇葖果开张。花期 3~6 月，果期 6~10 月。

分布 产于内蒙古、河北、河南、陕西、湖北、湖南、安徽、江西、江苏、浙江、贵州、四川、云南、福建、广东、广西。张家口市原生树种，蔚县小五台山有分布。

美丽绣线菊

绣线菊属
学名 *Spiraea elegans*

形态特征　灌木，高 1~1.5m。枝条开展，稍有棱角，幼时无毛，红褐色；老时灰褐色或深褐色。叶片长圆椭圆形、长圆卵形或披针状椭圆形，长 1.5~3.5cm，先端急尖或稍钝，基部楔形，边缘自近中部以上有不整齐锯齿。伞形总状花序，径 2~3.5cm，具花 6~16 朵，白色。蓇葖果被黄色短柔毛，花柱顶生，多半直立，常具直立萼片。花期 6 月，果期 8 月。

生态习性　喜光树种，并稍耐庇阴，抗寒，抗旱。常生于海拔 180~1300m 的向阳山坡或岩石上或山顶部。

繁殖方式　可用播种或扦插法繁殖。

用途　花色艳丽，花朵繁茂，在园林绿化中是极好的观花灌木；同时也可盆栽观赏或作切花生产。

分布　产于黑龙江、吉林、内蒙古等地。张家口市原生树种，蔚县小五台山有分布。

土庄绣线菊

绣线菊属
学名 *Spiraea pubescens*

别名　柔毛绣线菊、土庄花、蚂蚱腿子

形态特征　灌木，高 1~2m。小枝开展，稍弯曲，嫩时被短柔毛，褐黄色，老时无毛，灰褐色。叶片菱状卵形至椭圆形，长 2~4.5cm，先端急尖，基部宽楔形，边缘自中部以上有深刻锯齿，有时 3 裂，上面有稀疏柔毛，下面被灰色短柔毛。伞形花序具总梗，有花 15~20 朵，花瓣白色。蓇葖果开张，仅在腹缝微被短柔毛。花期 5~6 月，果期 7~8 月。

生长习性　喜充足阳光，也稍耐阴。较耐旱，扦插时耐潮湿，怕积水。

繁殖方式　可用扦插、分蘖、播种繁殖。

用途　根、果实可入药，具有调气、止痛、散瘀利湿之功效，可治疗咽喉肿痛、跌打损伤等症。其花色艳丽，花序密集，花期亦长，是优良的夏季观花灌木。用作配置绿篱，盛花时宛若锦带。

分布　分布于东北、华北以及陕西、甘肃、湖北和安徽等地。张家口市原生树种，尚义、赤城、阳原、蔚县小五台山等地有分布。

华北绣线菊

绣线菊属
学名 *Spiraea fritschiana*

别名 桦叶绣线菊、弗氏绣线菊

形态特征 灌木，高 1~2m。枝条粗壮，小枝具明显棱角，有光泽。叶片卵形、椭圆卵形或椭圆长圆形，长 3~8cm，先端急尖或渐尖，基部宽楔形，边缘有不整齐重锯齿或单锯齿。复伞房花序顶生于当年生直立新枝上，多花，无毛，径 5~6mm；花瓣卵形，白色，在芽中呈粉红色。蓇葖果几直立，开张。花期 6 月，果期 7~8 月。

生长习性 喜光也稍耐阴，抗寒，抗旱，喜温暖湿润的气候和深厚肥沃的土壤。萌蘖力和萌芽力均强，耐修剪。

繁殖方式 可用播种、分株、扦插繁殖。

用途 枝繁叶茂，小花密集，花期长，自初夏可至秋初，娇美艳丽，是良好的园林观赏植物；以根及果实入药，有消热止咳之效。

分布 产于河南、陕西、山东、江苏、浙江等地。张家口市原生树种，蔚县小五台山有分布。

悬钩子属

本属植物多为落叶、常绿灌木、亚灌木，稀为匍匐草本。茎直立，攀缘、平铺或匍匐，常具皮刺或针刺、刺毛或腺毛，稀无刺。叶互生，单叶、掌状复叶或羽状复叶，有叶柄；托叶与叶柄合生。花两性，稀单性而雌雄异株，成圆锥花序、总状花序、伞房花序或数朵簇生及单生；花瓣5，白色或红色；果实为小核果；种子下垂。

本属植物共700余种，我国有194种88变种，其中特有种138种。本属在我国27个省(区、市)均有分布，并以西南地区最为集中，多为野生资源。张家口原产覆盆子、华北覆盆子、茅叶悬钩子、山楂叶悬钩子和蓬蘽5种，引进栽培山莓1种。

覆盆子

悬钩子属
学名 *Rubus idaeus*

别名 悬钩子、覆盆莓、乌藨子、大蛇凰、攀美头、地仙泡、小托盘、山泡

形态特征 灌木，高1~2m。枝褐色或红褐色。小叶3~7枚，长卵形或椭圆形，有时浅裂，长3~8cm，顶端短渐尖，基部圆形。花生于侧枝顶端成短总状花序或少花腋生，径1~1.5cm，花瓣匙形，白色。果实近球形，多汁液，红色或橙黄色；核具明显洼孔。花期5~6月，果期8~9月。

生长习性 喜光树种，喜温暖湿润，要求光照良好的散射光，对土壤要求不严格，适应性强。根系浅，不耐旱，水分不足会抑制生长和结果。

繁殖方式 可用扦插、分根等方法繁殖。

用途 果供食用，在欧洲久经栽培，有多数栽培品种作水果用；又可入药，有明目、补肾作用。

分布 产于吉林、辽宁、河北、山西、新疆。张家口市原生树种，崇礼、赤城、蔚县、涿鹿等地有分布。

华北覆盆子

悬钩子属

学名 *Rubus idaeus* var. *borealisinensis*

形态特征 覆盆子的一个变种，其种枝、叶柄、总花梗、花梗和花萼外面具稀疏针刺或几无刺，枝和叶柄均无腺毛，仅总花梗、花梗和花萼外面具腺毛。

分布 产于内蒙古、河北西部、山西东部至西部。张家口市原生树种，蔚县小五台山有分布。

茅叶悬钩子

悬钩子属
学名 *Rubus parvifolius*

别名 茅莓

形态特征 灌木，高 1~2m。枝呈弓形弯曲，被柔毛和稀疏钩状皮刺。小叶 3 枚，在新枝上偶有 5 枚，菱状圆形或倒卵形，长 2.5~6cm，顶端圆钝或急尖，基部圆形或宽楔形。伞房花序顶生或腋生，稀顶生花序成短总状，具花数朵至多朵，被柔毛和细刺；花瓣卵圆形或长圆形，粉红至紫红色，基部具爪。果实卵球形，直径 1~1.5cm，红色。花期 5~6 月，果期 7~8 月。

生长习性 喜温暖气候，耐热，耐寒。对土壤要求不严，一般土壤均可种植。

繁殖方式 可分株繁殖。

用途 果实酸甜，可制糖、饮料、酿酒等，亦可鲜食。叶及根皮可提取栲胶。全株入药，有舒筋活血、消肿止痛、祛风收敛及清热解毒等功效。

分布 产于黑龙江、吉林、辽宁、河北、河南、山西、陕西、甘肃、湖北、湖南、江西、安徽、山东、江苏、浙江、福建、台湾、广东、广西、四川、贵州。张家口市原生树种，赤城、蔚县小五台山有分布。

山楂叶悬钩子

悬钩子属
学名 *Rubus crataegifolius*

别名 牛叠肚

形态特征 直立灌木，高 1~3m。枝具沟棱，有微弯皮刺。单叶，卵形至长卵形，长 5~12cm，顶端渐尖，稀急尖，基部心形或近截形，边缘 3~5 掌状分裂，裂片卵形或长圆状卵形，有不规则缺刻状锯齿，基部具掌状 5 脉。花数朵簇生或成短总状花序，常顶生，径 1~1.5cm，花瓣椭圆形或长圆形，白色。果实近球形，直径约 1cm，暗红色，有光泽。花期 5~6 月，果期 7~9 月。

用途 果酸甜，可生食，也可制果酱或酿酒；全株含单宁，可提取栲胶；茎皮含纤维，可作造纸及制纤维板原料；果和根入药，补肝肾，祛风湿。

分布 产于黑龙江、辽宁、吉林、河北、河南、山西、山东。张家口市原生树种，崇礼、赤城、蔚县、怀来山地有分布。

蓬蘽

悬钩子属
学名 *Rubus hirsutus*

别名 覆盆、陵藁、阴藁、割田藨、寒莓、寒藨

形态特征 灌木，高 1~2m。枝红褐色或褐色，被柔毛和腺毛，疏生皮刺。小叶 3~5 枚，卵形或宽卵形，长 3~7cm，顶端急尖，基部宽楔形至圆形，两面疏生柔毛，边缘具不整齐尖锐重锯齿。花常单生于侧枝顶端，也有腋生；花大，直径 3~4cm；花瓣倒卵形或近圆形，白色。果实近球形，直径 1~2cm，无毛。花期 4 月，果期 5~6 月。

用途 全株及根入药，能消炎解毒、清热镇惊、活血及祛风湿。

分布 产于河南、江西、安徽、江苏、浙江、福建、台湾、广东等地。张家口市原生树种，赤城县、小五台山自然保护区有分布。

山莓

悬钩子属
学名 *Rubus corchorifolius*

别名 三月泡、四月泡、山抛子、刺葫芦、悬钩子、馒头菠

形态特征 直立灌木，高达3m。枝具皮刺，幼时被柔毛。单叶，卵形至卵状披针形，长3~9cm，顶端渐尖，基部微心形或平截，缘具不整齐重锯齿，稀3浅裂，上面沿脉疏生柔毛，下面被柔毛，脉上有钩刺。花单生或少数生于短枝上，径约3cm，白色。聚合果球形，直径1~1.2cm，红色，有光泽。花期4~6月，果期5~7月。

生长习性 荒地的一种先锋植物，耐贫瘠，适应性强，属阳性植物。在林缘、山谷阳坡生长。

繁殖方式 常用扦插、分株和压条三种方法繁殖。

用途 生态经济型水土保持灌木树种。果味甜美，可生食、制果酱及酿酒。根、叶药用，可活血、解毒、止血。根皮、茎皮及叶可提取栲胶。

分布 我国除东北、四川、贵州、甘肃、青海、新疆、西藏外，其余各地均有分布。张家口市引进树种，宣化有栽培。

委陵菜属

1年生或多年生草本，少数为灌木。叶为掌状或羽状复叶；托叶与叶柄不同程度合生。花两性，单生或排成聚伞花序；花瓣5，黄色、白色或红色。瘦果小，花托于成果时干燥。

本属全世界约200余种，我国有80多种，全国各地均产，但主要分布在东北、西北和西南各地。张家口产金露梅、小叶金露梅、银露梅和白毛银露梅4种。

金露梅

委陵菜属
学名 *Potentilla fruticosa*

别名 金腊梅、金老梅、木本委陵菜

形态特征 落叶灌木，株高约1.5m。树冠球形。树皮纵裂、剥落。分枝多，幼枝被丝状毛。羽状复叶集生，小叶3~7枚，长椭圆形至条状长圆形，全缘，边缘外卷。花单生或数朵排成伞房状，黄色，径2~3cm。瘦果密生长柔毛。花期7~8月。

生长习性 性强健，耐寒，耐干旱，常分布于高山。

繁殖方式 播种繁殖。

用途 株紧密，花色艳丽，花期长，为良好的观花树种，可配植于高山园或岩石园，也可栽作绿篱。枝叶柔软，春季马、羊喜食，牛也采食，为有饲用价值的植物。花、叶入药，有健脾、化湿、清暑、调经之功效。

分布 原种产于我国北部及西部，如河北、山东、山西、河南、四川、西藏、山西、甘肃等地。张家口市原生树种，赤城、崇礼、沽源、蔚县、阳原等县（区）均有分布。

小叶金露梅

委陵菜属
学名 *Potentilla parvifolia*

别名 小叶金腊梅、小叶金老梅

形态特征 矮小灌木，高 15~80cm。小枝微弯曲，幼枝有灰白色毛。小叶 5~9，倒卵形或椭圆形，长 6~12mm，宽 2~6mm，叶缘向下反卷，叶背密生灰白色丝状柔毛；托叶膜质，鞘状。花单生或数朵排列成伞房状；花黄色，直径 1~2cm；花萼 5 片。瘦果密生长毛。花果期 6~8 月。

生长习性 极耐寒、耐旱，常生于山岩石缝中。生态幅较宽，从温性山地到高寒草甸均有分布。

繁殖方式 播种繁殖。

用途 春季叶嫩，山羊、牦牛采食其嫩枝和叶，夏季采食其花，为有饲用价值的植物。花可入药，主治妇女病。

分布 分布于我国江西、甘肃、青海、新疆、内蒙古等地。张家口市原生树种，赤城县有分布。

银露梅

委陵菜属
学名 *Potentilla glabra*

别名 银腊梅、白花棍儿茶

形态特征 灌木，高 0.3~2m。树皮纵向剥落。小枝灰褐色或紫褐色，被稀疏柔毛。叶为羽状复叶，有小叶 2 对；小叶片椭圆形、倒卵椭圆形或卵状椭圆形，长 0.5~1.2cm，顶端圆钝或急尖，基部楔形或几圆形，边缘平坦或微向下反卷，全缘，两面绿色，被疏柔毛或几无毛。顶生单花或数朵，花梗细长，被疏柔毛；径 1.5~2.5cm；花瓣白色，倒卵形。瘦果表面被毛。花果期 6~11 月。

繁殖方式 播种繁殖。

用途 叶与果含鞣质，可提制栲胶。嫩叶可代茶叶饮用。花、叶入药，有健脾、化湿、清暑、调经之效。

分布 分布于内蒙古、河北、山西、陕西、甘肃、青海、安徽、湖北、四川、云南。张家口市原生树种，赤城冰山梁、蔚县小五台山、阳原青天背有分布。

白毛银露梅

委陵菜属
学名 *Potentilla glabra* var. *mandshurica*

别名 白毛银腊梅、华西银腊梅、华西银露梅、观音茶

形态特征 银露梅的一个变种，本变种与银露梅的区别主要在于小叶上面或多或少伏生柔毛，下面密被白色绒毛或绢毛。花果期 5~9 月。

分布 产于内蒙古、河北、山西、陕西、甘肃、青海、湖北、四川、云南。张家口市原生树种，小五台山自然保护区有分布。

珍珠梅属

落叶灌木。冬芽卵形，具数枚互生外露的鳞片。奇数羽状复叶，互生，小叶有锯齿，具托叶。花小型，顶生大圆锥花序；花瓣5，白色。蓇葖果沿腹缝线开裂。种子数枚。

本属约有7种，原产于东亚，我国约有5种，产于东北、华北至西南各地。张家口产珍珠梅1种。

珍珠梅

珍珠梅属
学名 *Sorbaria sorbifolia*

别名 山高粱条子、高楷子、八本条

形态特征 直立落叶灌木，高达2m。枝条开展；小枝圆柱形，稍屈曲，初时绿色，老时暗红褐色或暗黄褐色。羽状复叶，小叶片13~23枚，连叶柄长13~23cm，小叶片对生，相距2~2.5cm，披针形或卵状披针形，长5~7cm，先端渐尖，稀尾尖，基部近圆形或宽楔形，稀偏斜，重锯齿，叶背光滑。顶生大型密集圆锥花序，长10~25cm，总花梗和花梗被星状毛或短柔毛，花径10~12mm，花瓣长圆形或倒卵形，白色，雄蕊40~50枚，长约为花瓣长度的2倍。蓇葖果长圆形，光滑，顶具下弯花柱。花期7~8月，果期9月。

生长习性 喜光，耐寒，耐半阴。在排水良好的沙质壤土中生长较好。生长快，易萌蘖，耐修剪。生于山坡疏林中，海拔250~1500m。

繁殖方式 以分株繁殖为主，也可播种繁殖。

用途 以茎皮、枝条和果穗入药，能活血散瘀，消肿止痛。珍珠梅的花、叶清丽，花期很长，又值夏季少花季节，是园林应用上十分受欢迎的观赏树种。

分布 辽宁、吉林、黑龙江、内蒙古、河北、江苏、山西、山东、河南、陕西、甘肃均有分布。张家口市原生树种，小五台山自然保护区有分布，园林绿化栽植广泛。

栒子属

灌木，无刺。单叶互生，全缘；托叶多针形，早落。花两性，稀单生，2~3 朵或多朵成伞房花序；花瓣 5，白色、粉红色或红色。果实小型梨果状，红色、褐红色至紫黑色，内含 2~5 小核，具宿存萼片。

本属约有 90 余种，我国约有 60 种，西南部为分布中心。张家口产水栒子、黑果栒子木、灰栒子木、西北栒子和全缘栒子 5 种。

水栒子

栒子属
学名 *Cotoneaster multiflorus*

别名 栒子木、多花栒子木

形态特征 落叶灌木，高 2~4m。枝条细瘦，常呈“弓”形弯曲，幼时有毛，后变光滑，紫色。叶卵形或宽卵形，长 2~5cm，先端常圆钝，基部广楔形或近圆形，幼时背面有柔毛，后变光滑，无毛。花白色，径 1~1.2cm，花瓣开展，近圆形，花萼无毛，约 6~21 朵成疏松的聚伞花序，无毛。果实近球形或倒卵形，直径 8mm，红色，具 1~2 核。花期 5 月，果期 8~9 月。

生长习性 性强健，抗逆性强，耐寒，耐修剪，喜光而稍耐阴，对土壤要求不严，极耐干旱和瘠薄，但不耐水淹，在肥沃且通透性好的沙壤土中生长最好。

繁殖方式 以扦插及播种为主，也可压条、萌蘖

分株。

用途 木质坚硬而富弹性，是当地小农具的好材料。枝、叶及果实均可入药，主治关节肌肉风湿、牙龈出血等症。花洁白，果艳丽繁盛，是北方地区常见的观花、观果树种。

分布 广布于东北、华北、西北和西南。张家口市原生树种，崇礼、赤城、阳原、蔚县小五台山有分布。

黑果栒子木

栒子属
学名 *Cotoneaster melanocarpus*

别名 亮叶栒子

形态特征 落叶灌木，高1~2m。小枝褐色或紫褐色，幼时被软柔毛。叶片卵状椭圆形至宽卵形，长2~4.5cm，宽1~3m。先端钝或微尖，有时微缺，基部圆形或宽楔形，全缘，表面幼时微被柔毛，老时无毛，背面密被白色绒毛，叶柄长2~5mm。花3~15朵成聚伞花序，径约7mm，粉红色，直立，雄蕊20，花柱2~3，离生。果实近球形，直径6~8mm，蓝黑色，被蜡粉，内具2~3小核。花期5~6月，果期8~9月。

生长习性 喜光，也稍耐阴，喜空气湿润环境。耐干旱、瘠薄，也较耐寒，但不耐湿涝。

繁殖方式 以扦插为主，也可播种和分株繁殖。

用途 适宜作为绿化树种于庭院栽植。

分布 产于内蒙古、黑龙江、吉林、河北、甘肃、新疆。张家口市原生树种，崇礼、蔚县、阳原等地有分布。

灰栒子木

栒子属
学名 *Cotoneaster acutifolius*

别名 尖叶栒子、萨尔布如木

形态特征 落叶灌木，高3~4m。小枝细长开展，棕褐色或紫褐色，老枝灰黑色，幼时有长柔毛。单叶互生，叶片卵形至卵状椭圆形，长3~6cm，先端急尖或渐尖，基部广楔形，表面浓绿色，背面淡绿色，疏生柔毛，后渐脱落。花浅粉红色，径7~8mm，花瓣直立，2~5朵成聚伞花序，有毛。梨果倒卵形或椭圆形，黑色，疏被毛，有2~3小核。花期5~6月，果期9~10月。

生长习性 性强健，耐寒、耐旱。生于海拔1400~ 3700m的山坡或山沟丛林中。

繁殖方式 用种子、插条等繁殖。

用途 木材坚韧，供制农具柄及工艺品等用。叶可提取栲胶。果药用，治关节炎等症。作为园林绿化树种可于草坪边缘或树坛内丛植。

分布 分布于我国华北及陕西、甘肃、青海、四川、西藏、云南等地。张家口市原生树种，小五台山、阳原南山有分布。

西北栒子

栒子属
学名 *Cotoneaster zabelii*

形态特征 落叶灌木，高达2m。枝条细瘦开张，小枝圆柱形，深红褐色，幼时密被带黄色柔毛，老时脱落。叶片椭圆形至卵形，长1.2~3cm，宽1~2cm，先端多数圆钝，稀微缺，基部圆形或宽楔形，全缘。花3~13朵成下垂聚伞花序，总花梗和花梗被柔毛，萼筒钟状，外面被柔毛。花瓣直立，倒卵形或近圆形，直径2~3mm，浅红色。果实倒卵形至卵球形，直径7~8mm，鲜红色，常具2小核。花期5~6月，果期8~9月。

生长习性 耐寒，耐干旱瘠薄。生石灰岩山地、山坡、沟边、林缘及灌丛中。

繁殖方式 种子、扦插繁殖。

用途 枝条供编织，果含淀粉，种子可榨油。

分布 分布于山西、河北、山东、河南、陕西、甘肃、宁夏、青海、湖北、湖南。张家口市原生树种，小五台山自然保护区有分布。

全缘栒子

栒子属
学名 *Cotoneaster integerrimus*

别名 全缘栒子木

形态特征 落叶灌木，高达2m。多分枝；小枝棕褐色或灰褐色。叶片宽椭圆形、宽卵形或近圆形，长2~5cm，先端急尖或圆钝，基部圆形，全缘，表面无毛或有稀疏柔毛，背面密被灰白色绒毛。聚伞花序有花2~5朵，下垂，花径8mm，花瓣直立，近圆形，长与宽各约3mm，粉红色。果实近球形或倒卵形，红色，常具2小核，直径6~7m，无毛。花期5~6月，果期8~9月。

生长习性 耐寒，耐旱。生于海拔1600~2500m混交林或桦木林中。

繁殖方式 常分株和扦插繁殖。

用途 枝叶、果实可入药，能祛风湿，止血，消炎。

分布 产于内蒙古、新疆、河北。张家口市原生树种，蔚县小五台山有分布。

花楸属

落叶乔木或灌木。叶互生，有托叶，单叶或奇数羽状复叶，有锯齿。花两性，白色，稀为粉红色，多数成顶生复伞房花序。雄蕊15~20，心皮2~5，各含2胚珠，花柱离生或基部连合。果实为2~5室小型梨果，子房壁成软骨质，各室具1~2种子。

本属约有80余种，我国产50余种。产于西南、西北至东北。张家口产水榆花楸、百花山花楸和北京花楸3种。

水榆花楸

花楸属
学名 *Sorbus alnifolia*

别名 水榆、黄山榆、花楸、枫榆、千筋树、黏枣子

形态特征 落叶乔木，高达20m。树皮光滑，灰色。小枝褐色，具灰白色皮孔。叶片卵形至椭圆卵形，长5~10cm，先端短渐尖，基部宽楔形至圆形，叶缘具不整齐的重锯齿，两面无毛或背面沿脉稍有短柔毛。复伞房花序，白色。果实椭圆形或卵形，直径7~10mm，红色或黄色，2室。花期5月，果期8~9月。

生长习性 中性偏喜光树种，耐阴、耐寒，喜湿润且排水良好的土壤，多生于海拔500~2300m的山坡、沟谷杂木林或灌丛中。

繁殖方式 种子繁殖。

用途 木材供作器具、车辆及模型用，树皮含鞣质、纤维素，可提供栲胶及作造纸原料。果可食用或酿酒。树冠圆锥形，秋季叶片转变成猩红色，为美丽观赏树。

分布 产于长江流域、黄河流域及东北南部。张家口市原生树种，蔚县小五台山有分布。

百花山花楸

花楸属
学名 *Sorbus pohuashanensis*

别名 花楸、马加木、红果臭山槐

形态特征 落叶乔木，高达 8m。小枝褐色，幼时被白色绒毛，后脱落。冬芽大，长卵形。奇数羽状复叶，小叶 9~15 枚，长椭圆形或矩圆状披针形，长 3~6cm，先端尖，通常中部以上有锯齿，背面灰绿色，常有柔毛。复伞房花序较疏松，花白色。果近球形，红色，直径 6~8mm。花期 6 月，果期 9~10 月。

生长习性 喜光也稍耐阴，耐寒。适应性强，根系发达，对土壤要求不严，以湿润肥沃的沙质壤土为好。

繁殖方式 播种繁殖。

用途 木材质地较粗，可作一般农具及器具。果实入药，有显著利尿作用，可作利尿剂，治肾脏病、肾气膀胱炎、肝硬化、腹水。根皮亦可入药，消肿毒，外用煎洗，有助于治疗疥疮。春日满树白花，入秋红果累累，是优美的庭院风景树。

分布 产于东北、华北至甘肃一带。张家口市原生树种，赤城老栅子、蔚县小五台山有分布。

北京花楸

花楸属
学名 *Sorbus discolor*

别名 红叶花楸、白果花楸、白果臭山槐

形态特征 乔木，高达10m。树皮灰褐色，具横生皮孔，小枝紫褐色，无毛。奇数羽状复叶，小叶9~15，长圆形、长圆椭圆形至长圆披针形，长3~6cm，宽1~2cm，先端急尖或短渐尖，基部通常圆形，边缘有细锐锯齿，基部全缘，两面均无毛，叶轴无毛，托叶宿存。复伞房花序较疏松，有多数花朵，花白色。果实卵形，直径6~8mm，白色或黄色。花期5月，果期8~9月。

用途 树皮、果实可入药，有祛痰镇咳、健脾利尿之功效。

分布 分布于我国河北、河南、山西、山东、甘肃和内蒙古。张家口市原生树种，涿鹿天桥山、赤城老栅子、蔚县小五台山有分布。

棣棠花属

落叶小灌木。枝条细长，芽小。单叶互生，重锯齿；托叶早落。花两性，大而单生，黄色，萼片 5。聚合瘦果。

本属仅有 1 种，产于我国和日本。

棣棠

棣棠花属
学名 *Kerria japonica*

别名 地棠、蜂棠花、黄度梅、金棣棠梅、黄榆梅

形态特征 落叶小灌木，高达 2m。小枝绿色光滑，有棱。三角状卵形或卵圆形，长 2~10cm，宽 1~3cm。先端长渐尖，基部楔形或近圆形，缘有不规则重锯齿，背面微有柔毛。花金黄色，径 3~4.5cm。聚合瘦果，黑褐色，无毛，萼宿存。花期 4~5 月，果期 7~8 月。

生长习性 喜光，稍耐阴。喜温暖湿润和半阴环境，耐寒性较差，对土壤要求不严，以肥沃、疏松的沙壤土生长最好。

繁殖方式 可分株、扦插繁殖。

用途 花和枝叶药用，可消肿止痛、止咳、助消化。花、叶、枝俱美，是优良的园林绿化树种。

分布 产于河南、湖北、湖南、浙江、江西、广东、四川、云南等地。张家口市引进树种，赤城县有引种栽植。

桃属

落叶乔木或灌木。枝具顶芽，侧芽2~3枚并生，实髓。叶柄或叶边常具腺体。花单生或2朵并生，粉红色，罕白色，子房常具柔毛，果实为核果，核扁圆形、圆形至椭圆形，与果肉黏连或分离，表面具深浅不同的纵、横沟纹和孔穴，稀近平滑。种皮厚，种仁味苦或甜。

桃属全世界有40多种，我国有12种，主要产于西部和西北部，栽培品种全国各地均有。张家口原产桃和山桃2种，引进栽培油桃、蟠桃、白碧桃、红碧桃和榆叶梅5种。

桃

桃属
学名 *Amygdalus persica*

形态特征 落叶乔木，高达4~8m。枝平展或稍下垂，红褐色，1年生小枝绿色，无毛；芽密被灰色绒毛。叶片长圆披针形、椭圆披针形或倒卵状披针形，长8~12cm，宽3~4cm，先端长渐尖，基部宽楔形，叶边具锯齿，叶柄有腺体。花单生，先叶开放，径2.5~3.5cm，粉红色，近无柄，萼外被毛。果近球形，直径5~7cm，表面密被绒毛。花期4~5月，果实成熟期因品种而异，通常为6~9月。

生长习性 喜光，耐旱，稍耐寒，喜肥沃而排水良好土壤，不耐水湿。碱性土及黏重土均不适宜。

繁殖方式 以嫁接繁殖为主。

用途 果实是著名果品，鲜食味美多汁，亦可加工成罐头、桃脯、桃干等食用。桃仁可入药，有镇咳之功效，花能利尿泻下。木材坚实致密，可作工艺用材。桃花烂漫芬芳、妩媚可爱，在南北园林绿化中应用广泛。

分布 原产我国，各地广泛栽培。主要经济栽培地区在华北、华东各地。张家口市原生树种，坝下地区栽培广泛。

桃作为著名的果树，栽培品种很多，常见的变种与变型主要有油桃、蟠桃、黏核桃、离核桃等，张家口市引种栽培的主要有油桃和蟠桃。张家口市栽培品种主要有‘大久保’、‘八月脆’、‘白凤’、‘春雪’、‘玻璃脆’等。

桃的观赏品种也很多，常见的如‘白碧桃’、‘绯桃’、‘红碧桃’、‘绛桃’、‘千瓣红桃’、‘单瓣白桃’、‘千瓣白桃’、‘撒金碧桃’、‘紫叶桃花’、‘垂枝碧桃’、‘塔型碧桃’等，张家口市引种栽培的主要有‘白碧桃’、‘红碧桃’。

(1)‘大久保’桃

‘大久保’原产日本，1920年日本冈山县大久保重五郎偶然发现的实生单株，1927年命名，20世纪50年代引入山东省。果实近圆形，果顶平圆，微凹，梗洼深而狭，缝合线浅，较明显，两侧对称。果实大型，平均单果重200g，大果重500g。果皮黄白色，阳面鲜红色；果皮中厚，完熟后可剥离。果肉乳白色，近核处稍有红色，硬溶质，多汁，离核，味酸甜适度，含可溶性固形物12.5%，品质上等。鲜食与加工兼用。该品种适应性强。幼树抗寒力稍弱，不耐涝，栽培在黏湿地易染冠腐病，易黄化。

高新区

(2)‘八月脆’桃

北京市农林科学院林果所于1961年用‘绿化5号’和‘大久保’杂交而成，1977年定名。其果实近圆形，平均单果重400g，最大果重1050g；缝合线浅，两侧对称，果形整齐；果皮底色黄白色，套袋后底色乳白，阳面着鲜红色晕，色泽艳丽，果面光滑，茸毛较少。果肉白色，近核处红色，肉质细密而脆，硬韧，味甜，耐贮运。

山桃

桃属

学名 *Amygdalus davidiana*

别名 花桃

形态特征 落叶乔木，高达10m。树皮紫褐色，有光泽，常具横向环纹，老时纸质剥落。叶狭卵状披针形，长6~10cm，先端长渐尖，基部广楔形，锯齿细尖，稀有腺体。花单生，淡粉红色或白色，先叶开花。果球形，直径3cm，肉薄而干燥。花期3~4月，果期7~8月。

生长习性 喜光，耐寒，对土壤适应性强，耐干旱、瘠薄，怕涝，原野生于各大山区及半山区，对自然环境适应性很强。

繁殖方式 以播种繁殖为主。

用途 种仁含油率45.9%，可榨油供食用，也用于制肥皂、润滑油等。木材质硬而重，可作各种雕刻用材；果核可作玩具或念珠；树的韧皮纤维细长，可造纸及人造棉。山桃可作桃、梅、李等果树的砧木；也是园林绿化中广泛应用的观赏树种。

分布 主要分布于我国黄河流域、内蒙古及东北南部，西北也有。张家口原生树种，山区遍布。

油桃

桃属
学名 *Amygdalus persica* var. *nectarina*

别名 李光桃

形态特征 桃的变种。叶片锯齿较尖锐。果实成熟时光滑无毛，颜色比较鲜艳，好像涂了一层油，不好剥皮；肉质是脆的，水分相对少些。

生长习性 喜阳光，不耐阴，怕淹，不适于黏土壤。

繁殖方式 嫁接繁殖。

用途 果实营养丰富，果皮光滑无毛、色泽艳丽、风味浓甜，深受人们的喜爱，是常见水果之一。

分布 全国除台湾、西藏、海南、广东以外的20多个省（区、市）均有栽培。张家口市引进树种，万全、蔚县、涿鹿、怀安等县（区）有栽培。

蟠桃

桃属

学名 *Amygdalus persica* var. *compressa*

形态特征 桃的变种。所产果实形状扁圆，顶部凹陷形成一个小窝，其果皮呈深黄色，顶部有一片红晕，味甜汁多，有“仙果”、“寿桃”之美称。

繁殖方式 嫁接繁殖。

用途 一种营养价值很高的水果，含有蛋白质、脂肪、糖、钙、磷、铁和维生素B、维生素C等成分，被人们誉为长寿果品。盆栽蟠桃，不但美化环境，而且春花秋实，具观赏与食果双重作用。

分布 原产新疆，目前新疆、山东、河北、陕西、山西、甘肃等地均有栽培。张家口市于1958年引种到怀来、涿鹿，万全、赤城也有栽培。

白碧桃

桃属
学名 *Amygdalus persica* f. *albo-plena*

别名 白玉

形态特征 乔木。干皮灰色。枝绿色。叶卵状披针形。着花密，花洁白如玉，重瓣，花径4~6cm，花瓣平展15~30枚，萼片2轮10枚，绿色。果呈长球形。花期4月上旬至5下旬。

生长习性 喜光，耐旱，不耐水湿，耐寒，能耐-25℃低温。

繁殖方式 常用嫁接繁殖。

用途 花大色艳，开花时美丽漂亮，观赏期15天之久，广泛用于园林绿化中，绿化效果突出。可列植、片植、孤植，当年即有很好的绿化效果，常与紫叶李、紫叶矮樱等一起使用。

分布 原产我国，分布在西北、华北、华东、西南等地。张家口市引进树种，赤城县、宣化区有栽植。

红碧桃

桃属

学名 *Amygdalus persica* f. *rubro-plena*

别名 京桃

形态特征 落叶小乔木。枝红褐色，有亮泽，芽密被灰色绒毛。叶椭圆状披针形。花单生，粉红色、绛红色、大红色。花期 4 月，果期 7~8 月。

生长习性 喜夏季高温，喜光耐旱，不耐水湿，有一定的耐寒力。

繁殖方式 常用嫁接繁殖。

用途 是一种优美的观赏树种，因其适应性强，在我国北方地区的公园、庭院、绿地等景点广为种植。

分布 原产我国，主要分布在西北、华北、华东、西南等地。张家口市引进树种，赤城县、宣化区有栽植。

榆叶梅

▶ 桃属
学名 *Amygdalus triloba*

别名 榆梅、小桃红、榆叶鸾枝

形态特征 落叶灌木，稀小乔木。树皮深紫褐色，浅裂或呈皱皮状剥落。小枝紫褐色或褐绿色，枝条开展，具多数短小枝，短枝上的叶常簇生，1年生枝上的叶互生，叶片宽椭圆形至倒卵形，长3~6cm，叶柄被短柔毛。花1~2朵，先于叶开放；花瓣近圆形或宽倒卵形，粉红色。果实近球形，果梗长5~10mm；果肉薄，成熟时开裂，核近球形。花期3~4月，果期5~6月。

生长习性 喜光，喜温暖湿润，稍耐阴，耐寒。根系发达，生长迅速，耐旱力强，不耐涝。抗病力强。

繁殖方式 嫁接、播种繁殖。

用途 种子可入药，有润燥、滑肠、下气、利水的功效。枝条入药，治黄疸、小便不利。重瓣品种种仁可提取生物柴油。榆叶梅枝叶茂密，花繁色艳，是我国北方优良的园林绿化观花灌木树种。

分布 原产我国北部，现我国各地多数公园内均有栽植。张家口市引进树种，引种栽植广泛。

稠李属

落叶小乔木或灌木。小枝有顶芽，侧芽单生，实髓。幼叶在芽中对折状。叶互生，缘具锯齿，稀全缘，托叶早落，叶柄具腺体。总状花序，花小，生于当年生小枝顶端，花白色，雄蕊 10 至多数，子房无毛。核果卵球形，外面无纵沟，中果皮骨质，成熟时具有 1 个种子。

本属约 20 种，我国产 14 种，全国各地均有，但以长江流域、陕西和甘肃南部较为集中。张家口原产稠李和毛叶稠李 2 种，引进栽培紫叶稠李 1 种。

稠李

稠李属
学名 *Padus racemosa*

别名 臭耳子、臭李子

形态特征 落叶乔木，高可达 13m。树皮灰褐色或黑褐色，浅纵裂。小枝紫褐色，有棱。叶片椭圆形、倒卵形或长圆状倒卵形，长 6~16cm，宽 3~6cm，先端突渐尖，基部宽楔形或圆形，缘具尖细锯齿。两性花，腋生总状花序，下垂，长达 7~15cm，由 10~20 朵花组成，花瓣白色，倒卵形，长 4~8mm，雄蕊多数。核果球形或卵球形，熟时紫黑色，有光泽。花期 5~6 月，果期 7~9 月。

生长习性 喜光，也耐阴，抗寒力较强；怕积水，不耐干旱瘠薄，在湿润肥沃的沙质壤土上生长良好；萌蘖力强，病虫害少。

繁殖方式 播种、扦插繁殖。

用途 木材优良，可供家具、细木工用。种子含油率 20%，可提炼工业用油；树皮可提取栲胶。叶入药，有镇咳之效。花有蜜，是蜜源树种。花序长而美丽，秋叶变红色，果成熟时亮黑色，是一种耐寒性较强的观赏树。

分布 产于黑龙江、吉林、辽宁、内蒙古、河北、山西、河南、山东等地。张家口市原生树种，崇礼、赤城、蔚县小五台山有分布。

毛叶稠李

稠李属
学名 *Padus racemosa* var. *pubescens*

形态特征 稠李变种，1年生小枝被毛，叶片背面、叶柄和花序基部均密被棕褐色长柔毛，叶片边缘为开展或贴生重锯齿，或为不规则近重锯齿。花期4~6月，果期6~10月。

分布 产于河北、山西、内蒙古、河南。张家口市原生树种，崇礼东沟、蔚县小五台山有分布。

紫叶稠李

稠李属
学名 *Padus virginiana*

形态特征 落叶乔木，高可达20~30m。单叶互生，初生叶为绿色，后随着温度升高逐渐转为紫红绿色至紫红色。总状花序，花较大，白色，直立，后期下垂，总花梗上也有叶，小叶与枝叶近等大，近圆形。核果，球形，较大，成熟时紫红色或紫黑色。花期4~5月，开花较稠李稍晚近1周，果期7~8月。

生长习性 喜光，在半阴的生长环境下，叶子很少转为紫红色。根系发达，耐干旱。

繁殖方式 可播种、嫁接和扦插繁殖。

用途 枝叶紧密，树冠伞形，观赏价值很高，是园林绿化中优良的观赏树种。

分布 原产于北美洲。我国可在北至黑龙江及内蒙古南部，南至河北、山西、陕西北部，西至青海，新疆一带的区域内生长。张家口市引进树种，万全区、康保县、赤城县有栽植。

苹果属

落叶稀半常绿，乔木或灌木，通常不具刺。冬芽卵形，芽鳞数枚。单叶互生，叶片有锯齿，稀分裂，有叶柄和托叶。伞房、伞形或伞形总状花序，但开花顺序多从花序中心开始，又似有限花序，花瓣5，白色、浅红至艳红色。梨果，通常不具石细胞或少数种类有石细胞，内果皮软骨质，萼片宿存或脱落，种子褐色或紫黑色。

本属约35种，我国约22种。张家口原产毛山荆子、花红、楸子、山荆子、西府海棠和楧子6种，引进栽培苹果、海棠花和红宝石海棠3种。

苹果

苹果属
学名 *Malus pumila*

别名 平安果、智慧果

形态特征 乔木，高5~15m。树冠球形。树干灰褐色，老皮有不规则的纵裂或片状剥落。小枝幼时密生绒毛，老枝紫红色，无毛。单叶互生，椭圆形、卵圆形至宽卵圆形，长4~10cm，先端急尖，边缘有圆钝锯齿，幼时两面被短柔毛，老时表面无毛，暗绿色。伞房花序，有花3~7朵，花瓣倒卵圆形，白色，蕾期粉红色，雄蕊20，花丝长短不齐，约等于花瓣之半。果实扁球形，直径在5cm以上，两端微下洼。花期5月，果期7~10月。

生长习性 喜阳光充足，要求较干冷的气候，耐寒，以肥沃深厚而排水良好的土壤为最好，不耐瘠薄。

繁殖方式 常用嫁接繁殖。

用途 果大而色美，含多种营养，富含维生素，除鲜食外，可加工制成果脯、果酱、果胶冻、果干、果汁、果酒等。苹果树姿态优美，有较高的观赏价值，可栽培观赏。

分布 原产于欧洲东南部、小亚细亚及南高加索一带，1870年前后引入烟台，近年在东北南部及华北、西北各地广泛栽培，以辽宁、山东、河北栽培最多。张家口市怀涿盆地为苹果主栽培区，栽培品种有‘国光’、‘金冠’、‘王林’、‘嘎啦’、‘元帅’、‘寒富’、‘长富2’、‘金红123’等19个。

（1）‘红富士’

原产欧洲东南部，土耳其及高加索一带。1870年前后始传入我国山东，诸城市自1982年开始引进繁育红富士苹果，共引进‘长富1’、‘长富2’、‘长富6’、‘秋富1’、‘岩富10’等5个单系。红富士苹果为大型果，平均单果重180~300g，最大单果重可达400g以上。果实多为扁圆形，少数果近圆形。果梗较细，少数果梗基部有肉质突起。梗洼较广，中深较缓，偶尔有裂口。果皮光滑有光泽。成熟果实果面底色淡黄，着暗红或鲜红色霞或条霞。果肉黄白色，肉质致密，细脆、果汁多，酸甜适口，芳香味浓，品质极上。喜光，喜微酸性到中性土壤。最适于土层深厚，富含有机质，心土为通气、排水良好的沙质土壤。

（2）‘红国光’

国光苹果是一种原产于美国弗吉尼亚州的苹果栽培种，大约1905年传入我国。国光苹果个中等，平均果重150g，最大果重240g，果实为扁圆形，大小整齐，底色黄绿。果肉白或淡黄色，肉质脆，较细，汁多，味酸甜。此品种适应性、抗逆性强。但结果晚，味道偏酸，果实较小、果实着色欠佳。经过贮存后才酸甜适度。

(3)‘金红 123’苹果

‘金红’，别名‘吉红’、‘公主岭 123’，由吉林农业科学研究所育成，抗寒力较强，结果早，丰产性强，系金冠和红太平的杂交种。果形美观，品味酸甜可口，平均果重 75g，汁多、味美、芳香，品质上等，营养丰富。

(4)'黄太平'

黄太平是苹果属中的一个早熟的小苹果品种，源于前苏联，后传入我国东北，60 年代初引入包头。该品种适应性强，抗寒、耐旱、丰产、稳产，亩产量在 2000~3000kg 之间，单株最高产量可达 350kg。果实酸甜可口，清脆爽口，汁浓味香。

(5)'金冠'

又名'黄香蕉'、'黄元帅'、'金帅'，苹果中的著名品种，为一重要的高产品种，果实品质优良。'金冠'个头大，果形呈长圆锥形，一般单果重量可达 200~350g，未成熟的果品呈绿色，成熟后表面金黄，色中透出红晕，光泽鲜亮，肉质细密，汁液丰满，味道浓香，甜酸爽口。成熟期恰逢金秋'十一'及中秋两大节日，是馈赠亲友的理想佳品。

(6)'嘎拉'

果实中等大，单果重180~200g，短圆锥形，果面金黄色。阳面具浅红晕，有红色断续宽条纹，果型端正美观。果顶有五棱，果梗细长，果皮薄，有光泽。果肉浅黄色，肉质致密、细脆、汁多，味甜微酸，十分适口。品质上乘，较耐贮藏。幼树结果早，坐果率高，丰产稳产，容易管理。

（7）‘红星’

原产美国，20 世纪 60 年代初引进。现河北、山西、陕西、山东等地都有栽植。果实个头大，最大的能达到 300~400g；果实呈圆形；果面光滑，蜡质厚，果粉较多，五棱突起显著；果实初上色时出现明显的断续红条纹，随后出现红色霞，充分着色后全果浓红，并有明显的紫红粗条纹，果面富有光泽，十分鲜艳夺目；果肉淡黄色，松脆，果汁多，味甜，有一股浓浓的香味。

毛山荆子

苹果属
学名 *Malus manshurica*

别名 棠梨木、辽山荆子

形态特征 乔木，高达15m。小枝细，幼枝密被柔毛,后渐脱落,紫褐色。叶卵形、椭圆形或倒卵形，长5~8cm，先端急尖或渐尖，基部楔形或近圆形，背面中脉及侧脉被柔毛或近无毛，叶柄疏被柔毛。伞形花序，具花3~7朵，无总梗，集生在小枝顶端，花梗有疏生短柔毛，花瓣长倒卵形，花白色。梨果椭圆形或倒卵形，直径8~12mm，红色，萼片早落。花期5~6月，果期9~10月。

生长习性 喜光，耐寒，根系发达，生长旺盛，果丰产，寿命长。

繁殖方式 播种繁殖。

用途 在东北、华北各地用作苹果及花红砧木，也可供观赏。

分布 产于东北及内蒙古、山西、陕西、甘肃等地。张家口市原生树种，涿鹿赵家蓬区有分布。

花红

苹果属
学名 *Malus asiatica*

别名 小苹果、沙果、文林郎果、林檎

形态特征 小乔木，高 4~6m。树冠开张乃至下垂。小枝粗壮，圆柱形，老枝紫褐色。冬芽卵形，幼时被绒毛，后渐脱落。叶片卵形或椭圆形，长 5~11cm，宽 4~5.5cm，先端急尖或渐尖，基部圆形或广楔形，边缘有细锐锯齿，背面密被短柔毛。花瓣倒卵圆形，粉红色。果实近球形而略扁，直径 4~5cm，黄色或红色。花期 4~5 月，果期 8~9 月。

生长习性 喜光，耐寒，耐干旱，亦耐水湿及盐碱，要求土壤排水良好。

繁殖方式 以实生苗木为砧木进行嫁接繁殖，分株也可。

用途 果除鲜食外，还可以加工制成果干、果丹皮或酿酒；也可栽培供观赏。

分布 产于内蒙古、辽宁、河北、河南、山东、山西、陕西、甘肃、湖北、四川、贵州、云南、新疆。张家口市原生树种，崇礼区有分布。

楸子

苹果属
学名 *Malus prunfolia*

别名 海棠果、柰子

形态特征 小乔木，高 3~8m。小枝粗壮，嫩时密被柔毛，老枝灰紫色，无毛。冬芽卵形，疏被柔毛。叶片卵形或椭圆形，长 5~9cm，宽 4~5cm，叶柄细，长 1~5cm。花序近伞形，有花 4~10 朵，径 4~5cm，花瓣倒卵或椭圆形，白色，蕾期呈粉红色，长约 2.5~3cm，宽约 1.5cm。果实卵形至近球形，红色。花期 4~5 月，果期 8~9 月。

生长习性 喜光，耐寒，耐旱，对土壤要求不严，耐水湿。深根性，根系发达。生长快，寿命长。

繁殖方式 播种繁殖。

用途 果肉黄白色，质脆，味酸甜，可生食或作蜜饯，又可药用，为补血剂、治肠炎等症。花果美丽，可栽培观赏。

分布 产于东北南部、华北及陕西、甘肃、内蒙古。张家口市原生树种，崇礼、赤城、涿鹿、怀安等县（区）均有分布。张家口市的栽培品种有‘八棱海棠’。

山荆子

苹果属
学名 *Malus baccata*

别名 山丁子

形态特征 落叶乔木，树高可达 14m。小枝细长，呈“之”字形曲折，红褐色，无毛。叶片椭圆形或卵圆形，长 3~8cm，宽 2~4cm，先端渐尖，基部楔形至近圆形，边缘有细锐锯齿。伞形总状花序，4~6 朵花集生在短枝顶端，花白色。果近球形，直径 8~10mm，红色或黄色。花期 4~6 月，果期 9~10 月。

生长习性 性强健，喜光，耐寒性极强，耐瘠薄，不耐盐碱，不耐涝。深根性，寿命长，多生长于花岗岩、片麻岩山地和淋溶褐土地带海拔 800~2550m 的山区。

繁殖方式 播种、扦插及压条繁殖。

用途 树姿优雅娴美，花繁叶茂，白花、绿叶、红枝互相映托，美丽鲜艳，是优良的观赏树种。果可酿酒，嫩叶可代茶；木材坚韧，可供农具、家具等用。同时在我国东北、华北各地多用作苹果、花红、海棠花等的砧木。

分布 产于我国辽宁、吉林、黑龙江、内蒙古、河北、山西、山东、陕西、甘肃。张家口市原生树种，坝下各山地分布广泛。

西府海棠

苹果属

学名 *Malus micromalus*

别名 海红、子母海棠、小果海棠

形态特征 小乔木，高3~5m。树姿较直立。为山荆子与海棠花的杂交种。小枝细，紫褐色或暗褐色，幼时被短柔毛。叶片长椭圆形或椭圆形，长5~10cm，宽2.5~5cm，先端渐尖，基部楔形，边缘有尖锐锯齿，背面幼时有毛，老时无毛，叶质硬实，表面有光泽，叶柄细，长2~3.5cm。花淡红色，径约4cm。果实近球形，直径1.5~2cm，红色。花期4~5月，果期8~9月。

生长习性 喜光，耐寒，抗病虫害。忌水涝，忌空气过湿，较耐干旱，对土质和水分要求不高，最适生于肥沃、疏松又排水良好的沙质壤土。

繁殖方式 常用播种繁殖。

用途 果味酸甜，可鲜食及加工。花艳丽，多栽培于庭园供观赏。华北有些地区用作苹果及花红的砧木，生长良好，寿命长。

分布 产于辽宁、河北、山西、山东、陕西、甘肃、云南等地。张家口市原有树种，涿鹿、怀来、赤城、崇礼等县（区）均有分布。张家口市的栽培品种有‘平顶海棠’。

槟子

苹果属
学名 *Malus asiatica* var. *rinki*

别名 香槟子、文香果

形态特征 苹果与沙果的杂交种。果实也叫槟子，比苹果小，熟时紫红色，味酸甜，略有点涩。香味持久，当地人常将其与衣物放在一起或悬挂在屋顶，充作香气。

分布 怀来是我国槟子的主要产地，有酸槟子和甜槟子两大品种。在槟子种群中，酸槟子和甜槟子位列全国首位。

（1）酸槟子

又名香槟子、文香果。尖顶，紫红，香气异常浓郁，放几个于室内，满屋生香。果型小于苹果而大于海棠，平均单果重约40g。

（2）甜槟子

又名虎拉槟、虎喇槟、拉车。果型略大于酸槟子，呈圆柱形，味甜，近似于彩苹果（我国苹果）的味道，向阳面有红晕。

海棠花

苹果属
学名 *Malus spectabilis*

形态特征 乔木，高可达 8m。干枝直立性强，小枝较粗，幼时具短柔毛，老枝红褐色。叶片椭圆形至长椭圆形，长 5~8cm，宽 2~3cm，先端短渐尖或圆钝，基部宽楔形或近圆形，边缘有紧贴细锯齿，有时部分近于全缘，幼嫩时两面具稀疏短柔毛。花蕾期色红艳，开放后呈淡粉红色，径 4~5cm，单瓣或重瓣。果实倒卵形或近球形，直径 1.5~2cm，黄色，萼片宿存，基部不下陷，果味苦。花期 4~5 月，果期 8~9 月。

生长习性 喜阳光，耐寒，耐干旱，忌水湿。在北方干燥地带生长良好。

繁殖方式 播种、压条、分株和嫁接繁殖。

用途 实生苗可作苹果砧木。本种春季开花美丽可爱，是我国著名的观赏花木，植于门旁、庭院、草地、林缘都适宜；也可作盆栽或切花材料。

分布 原产我国，华北、华东尤为常见。张家口市引进树种，赤城、宣化、万全有栽植。

红宝石海棠

苹果属
学名 *Malus micromalus* 'Ruby'

别名 红叶海棠

形态特征 小乔木，高3m。树干及主枝直立。树皮棕红色，树皮块状剥落。小枝纤细。叶长椭圆形。伞形总状花序，花蕾粉红色，花瓣呈粉红色至玫瑰红色，多为5片以上，半重瓣或重瓣，花瓣小，初开皱缩，径3cm。果实亮红色，直径0.75cm，宿存。花期4~5月，果期8~9月。

生长习性 适应性很强，比较耐瘠薄，在荒山薄地的沙壤土上都能生长良好。耐寒冷。易修剪、好整形，是城市优良的彩色绿化树种。

繁殖方式 嫁接和播种繁殖。

用途 一个叶、花、果、枝与树形同观共赏的绿化、彩化名贵树种。可以绿化花坛、道路、公园、小区、庭院、街道，绿化观赏价值高，绿化效果出众。因其易修剪，好整形，常在庭院门旁或亭、廊两侧种植，也是草地和假山、湖石配置材料。

分布 原产美国，引入我国后主要种植于北方地区。张家口市引进树种，经济开发区有引种栽植。

李属

落叶小乔木或灌木。枝无顶芽，实髓，侧芽单生。单叶，互生，有锯齿，有叶柄，在叶片基部边缘或叶柄顶端常有2小腺体，托叶早落。花两性，单生或2~3朵簇生，常为白色、粉红、红色，萼片和花瓣均为5，覆瓦状排列。核果，具有1个成熟种子，外面有沟，无毛，常被蜡粉，果核平滑，两侧扁。

本属30余种，我国原产及习见栽培者有7种，栽培品种很多。张家口原产李1种，引进栽培杏李、欧洲李、紫叶李和紫叶矮樱4种。

李

李属
学名 *Prunus salicina*

形态特征 落叶乔木，高达12m。树皮黑灰色，粗糙纵裂，树冠扁球形。多年生枝灰褐色，小枝红褐色，无毛。单叶互生，叶卵圆形或椭圆状倒卵形，长5~10cm，先端渐尖或突渐尖，基部宽楔形，缘具圆钝、细密重锯齿，有时叶背脉腋有柔毛。花单生或3朵簇生，先叶开放，白色，长0.6~0.8cm。核果卵球形，径3~5cm，熟时黄色、绿色或紫色，无毛。花期4月，果期7~8月。

生长习性 喜光，稍耐阴。抗寒，能耐-35℃的低温，喜肥沃湿润之黏质壤土，在酸性土、钙质土中均能生长，不耐干旱和瘠薄，也不宜在长期积水处栽种。

繁殖方式 多用嫁接、分株、播种等法繁殖。

用途 果实可生食，是北方常见水果。其花色白而丰盛繁茂，观赏效果很好，是良好的观叶园林植物，尤以变型紫叶李和黑叶李在园林绿化中多被选用。

分布 原产中亚及我国新疆天山一带，现作为果树广泛栽培，东北、华北、华东、华中均有栽培。张家口市坝下地区栽培广泛。

李树作为果树栽培历史悠久，栽培品种多样，张家口市常见栽培品种有‘海湾红宝石李’、‘黑宝石李’、‘3号李子’、‘15号李子’、‘玉皇李’、‘国安李子’、‘6号李子’、‘金太阳’、‘恐龙蛋李’、‘晚红’、‘93号李’、‘绥李1号’、‘绥李2号’、‘绥李3号’、‘绥李4号’、‘绥李5号’、‘绥李6号’、‘安格里诺李’。

(1)‘绥李3号’

该品系经黑龙江省农业科学院多年培育，其抗寒、果型、果品和丰产性均表现出较大市场优势。果实近圆形，大而整齐，平均单果重55.2g，平均横径4.8cm，纵径4.6cm，最大单果重108g。果实成熟后果皮底色橙黄，果实艳红色，外观艳丽。果肉黄色，甜酸适度，香气浓郁，肉质细，纤维少，品质上等。该品质是鲜食的优良品种，并耐贮运。

（2）‘恐龙蛋’

果实近圆形，平均单果重126g，最大果重145g。成熟后果皮黄红伴有斑点，其色泽艳丽，芬芳馥郁，果肉黄色，肉质细嫩，纤维少且果核小，可食率高达98%以上。其中含糖量18%~20%，其可溶性固形物含量远高于其他水果，水分多，甘甜爽口，是近年风靡世界的极品佳果，更是珍稀高档的水果精品。耐贮运，常温下可贮藏15~30天，2~5℃低温可贮藏4~6月。抗性强、病虫害少。果期8月初。

(3)‘玉皇李’

该品系为湖北省孝感传统珍贵果品，主要产于芳畈一带。明嘉靖皇帝因自幼生长在湖北境内，曾品尝过‘御黄李’的滋味，他登基做了皇帝后，便将此果定为贡品，因此‘御黄李’便改称‘玉皇李’，也有人称之为‘嘉靖果’。‘玉皇李’以芳畈所产品质最优，果大皮薄，单果重60g左右，充分成熟时，皮色黄澄，鲜亮如玉，薄带粉霜，肉质细密而脆，汁多味甜香浓，有“河东李子河西香”之说。产地芳畈，也因“一片李树，满畈芳香”而得名。能生吃、熟食，也可加工成罐头食品。主产山东、河北、湖北。

(4)‘安格里诺李’

原产美国加州，1996年引入我国，是晚熟优良品种。其平均单果重130g，果实扁圆形，果皮厚，紫黑色，果点极小，果面光滑，果肉淡黄色，硬度大，甜而清香，可溶性固形物16%以上，可食率98%以上。常温果实可储存2个月以上，套上薄膜袋可存放4个月，其色、香、味不变，品质极佳，市场前景广阔。

杏李

李属
学名 *Prunus simonii*

别称 红李、秋根李、鸡血李

形态特征 落叶小乔木，高 5~8m。树冠金字塔形，直立分枝。老枝紫红色，常有裂痕，小枝浅红色，粗壮，节间短，无毛。叶片矩圆状披针形或矩圆状倒卵形，长 7~10cm，宽 3~5cm，先端渐尖或急尖，基部楔形或宽楔形，边缘有细密圆钝锯齿，两面无毛。花 2~3 朵簇生，瓣白色，长圆形，先端圆钝，基部楔形，有短爪。核果顶端扁球形，直径 3~5cm，紫红色，果肉淡黄色，质地紧密，有浓香味，黏核，微涩；核小，有纵沟。花期 4 月，果期 9 月。

生长习性 耐寒、耐湿、喜肥水，但抗病力不及普通李。

繁殖方式 常用嫁接繁殖。

用途 果实味甜、色鲜艳，可生食，作李脯、罐头等。杏李具有良好的水土保持效果，是我国中西部地区生态经济型首选树种。

分布 产于我国华北地区，广泛栽培为果树。张家口市引进树种，宣化区有引种栽培。

欧洲李

李属
学名 *Prunus domestica*

别称 洋李、西洋李

形态特征 落叶乔木，高 10~12m。树皮深褐灰色，微开裂。小枝绿褐色，粗壮，幼时无毛或微有毛，后变无毛。冬芽卵圆形，无毛。叶片椭圆形或倒卵形，长 5~10cm，先端短尖或圆钝，稀短渐尖，基部楔形，锯齿钝或尖，表面被疏柔毛或近无毛，背面被疏柔毛；叶柄长 1.0~2.5cm，密被柔毛；托叶早落。果卵球形或近球形，带蓝色，被白霜，果肉厚，核两侧扁，椭圆形。花期 4 月，果期 7~8 月。

用途 果实除供鲜食外，也可制作糖渍、蜜饯、果酱、果酒，含糖量高的品种作李干。

分布 原产西亚和欧洲，新疆、甘肃、河北、山东等地均有引种栽培。张家口市崇礼、涿鹿有引种，主要品种为西梅。

紫叶李

李属
学名 *Prunus cerasifera* f. *atropurpurea*

别名 红叶李、樱桃李

形态特征 落叶小乔木，高达 8m。小枝深紫红色，细长，无毛。冬芽卵圆形，紫红色。叶片椭圆形、卵形或倒卵形，长 5~7cm，先端尖，基部圆形，重锯齿尖细，紫红色。花淡粉红色，径约 2~2.5cm，常单生，花梗长 1.5~2cm。核果近球形或椭圆形，直径 2~3cm，暗酒红色。花期 4~5 月。

生长习性 性喜温暖、湿润气候，一般在背风向阳、土壤湿润的地方生长较好。

繁殖方式 嫁接繁殖。

用途 紫叶李整个生长季节都为紫红色，宜于建筑物前及园路旁或草坪角隅处栽植点缀环境。

分布 产于新疆。张家口市引进树种，赤城、万全、崇礼等县（区）有栽植。

紫叶矮樱

李属
学名 *Prunus × cistena*

形态特征 落叶灌木或小乔木，高达2.5m左右。枝条幼时紫褐色，通常无毛，老枝有皮孔。叶长卵形或卵状长椭圆形，长4~8cm，先端渐尖，叶基部广楔形，叶缘具不整齐细钝齿，表面红色或紫色，背面色彩更红，新叶顶端鲜紫红色，当年生枝条木质部红色。花单生，中等偏小，淡粉红色，花瓣5片，微香。花期4~5月。

生长习性 喜光，耐寒，在光照不足处种植，其叶色会泛绿，因此应将其种植于光照充足处。喜湿润环境，忌涝，应种植于高燥处。

繁殖方式 可用扦插、嫁接、高枝压条法繁殖。

用途 在园林绿化中，因其枝条萌发力强、叶色亮丽，加之从出芽到落叶均为紫红色，因此既可作为城市彩篱或色块整体栽植，也可单独栽植，是绿化美化城市的最佳树种之一。在盆栽应用方面，可制成中型和微型盆景。

分布 紫叶李和矮樱的杂交种，我国华北、华中、华东、华南等地均适宜栽培。张家口市引进树种，怀安、万全、涿鹿等县（区）有栽培。

樱 属

落叶乔木或灌木。枝有顶芽或败育，幼叶在芽中折叠状，叶缘具锯齿或缺刻状锯齿，叶柄、托叶和锯齿常有腺体。花常数朵着生在伞形、伞房状或短总状花序上，或1~2花生于叶腋内，花常具梗，花序基部常有宿存芽鳞或有明显苞片，花瓣白色或粉红色。核果成熟时肉质多汁，不开裂，核球形或卵球形，表面平滑或稍有皱纹。

樱属有百余种，我国是樱属分布中心之一，有着丰富的观赏价值极高的樱花资源，主要分布在我国西部和西南部。

张家口原产毛樱桃、樱桃和欧李3种，引进栽培麦李和东京樱花2种。

毛樱桃

樱属
学名 *Cerasus tomentosa*

别称 山樱桃、梅桃、山豆子、樱桃

形态特征 落叶灌木，高2~3m。树皮灰黑色，片状浅裂。小枝紫褐色，嫩枝密被绒毛。单叶，叶片质厚，卵状椭圆形或倒卵状椭圆形，长2~7cm，宽0.8~3.5cm，先端急尖或渐尖，基部楔形，边缘具急尖或粗锐锯齿，表面皱，有柔毛，背面密生绒毛。花白色或淡粉色，倒卵形，长0.8~1cm。核果近球形，红色，直径约1cm，无沟，微被毛或无毛，熟时深红色，近无梗。花期4月，果期5~6月。

生长习性 喜光，适应性极强，也很耐阴、耐寒、耐旱，对土壤要求不严，在湿润肥沃沙壤土上生长良好，寿命较长。

繁殖方式 播种或分株繁殖。

用途 果实微酸甜，营养价值高，可食及酿酒；种仁含油率达43%左右，可制肥皂及润滑油用，也可药用。北方常栽于庭院观赏。

分布 原产我国，主产华北、东北，西南地区也有分布，以河北、辽宁栽培较多。张家口市原生树种，尚义、阳原、蔚县小五台山等地均有分布。

樱桃

樱属
学名 *Cerasus pseudocerasus*

别称 车厘子、莺桃、英桃、牛桃

形态特征 落叶乔木，高达 8m。树皮灰白色。小枝褐色或红褐色，光滑或仅幼嫩时微被柔毛。叶片卵形或长圆状卵形，长 6~15cm，宽 3~8cm，先端渐尖或尾状渐尖，基部圆形或宽楔形，边缘有大小不等尖锐重锯齿。花 3~6 朵簇生或为有梗的短总状花序，先叶开放，瓣白色，倒卵形或近圆形。核果近球形，红色，直径约 1cm，无沟，熟时鲜红色或橘红色，有光泽，果肉多汁。花期 3~4 月，果期 5 月。

生长习性 喜光、喜温暖而略湿润的气候。在肥沃而排水良好的沙壤土上生长良好，有一定的耐寒与耐旱力。萌蘖力强，生长迅速。

繁殖方式 可用分株、扦插及压条等法繁殖。

用途 果实味甜，可生食或制罐头。种仁药用，可发表透疹。木材坚硬致密，可制工具、器具用。花先叶开放，也颇可观，是园林中观赏及果实兼用树种。

分布 河北、陕西、甘肃、山东、河南、江苏、浙江、江西、四川等地均有分布。张家口市原生树种，赤城县有分布。

欧李

樱属
学名 *Cerasus humilis*

别称 酸丁

形态特征 落叶灌木，高1~1.5m。小枝细，红褐色，幼时被柔毛。叶互生，长圆形或椭圆状披针形，长2.5~5cm，宽1~2cm，先端急尖或短渐尖，基部楔形，边缘具单锯齿或重锯齿，侧脉4~8对，无毛，或背面被疏柔毛，托叶条形、早落。花单生，或2~4朵生于叶腋，与叶同时开放，花梗长0.8~1.3cm，有稀疏短柔毛，花瓣5，白色或粉红色，矩圆形或卵形。核果扁球形，直径约1.5cm，熟时鲜红色，有光泽，果肉黄色，味酸。花期5月，果期7~8月。

生长习性 喜光，耐寒，喜湿润肥沃壤土。

繁殖方式 种子、分根、压条繁殖。

用途 果肉可食，仁可入药，茎可作饲料和编织材料。也可作盆景。其适应范围广，栽培成活率极高，在治理荒山沙漠、防治水土流失方面具有特殊的效果，被国家林业局列为生态林优良树种。

分布 主要分布于我国北方各地，主产黑龙江、吉林、辽宁、内蒙古、河北、山东、河南。张家口市原生树种，尚义、崇礼、赤城、蔚县等地均有分布。

麦李

▶ 樱属
学名 *Cerasus glandulosa*

形态特征 落叶灌木，高达2m。小枝纤细，浅灰色。叶片椭圆形、倒卵状披针形或椭圆状披针形，长3~7cm，先端急尖而常圆钝，基部楔形，缘有细密重锯齿，两面均无毛或在中脉上有疏柔毛，侧脉4~8对，托叶条形，早落。花1~2朵生于叶腋，先叶开放或与叶同放，花粉红色或白色，径约1cm。核果近球形，直径1~1.5cm，红色或紫红色。花期4月，果期7月。

生长习性 喜光，适应性强，有一定耐寒性，根系发达，有保持水土能力。

繁殖方式 常用分株或嫁接法繁殖，砧木多用山桃。

用途 果可食用及酿制果酒，种仁药用，能润肠，主治慢性便秘、水肿、浮肿等症。叶和茎可制农药，煮液可防治菜青虫，浸液防治菜蚜虫。花美观，常见庭院栽培观赏。

分布 产于我国中部及北部。张家口市引进树种，经济开发区有栽培。

东京樱花

樱属
学名 *Cerasus yedoensis*

别名 日本樱花、江户樱花

形态特征 落叶乔木，高达16m。树皮暗灰色，光滑。小枝淡紫褐色或灰绿色，微生短柔毛。叶片椭圆形、椭圆状卵形或倒卵形，长5~10cm，先端渐尖或骤尾尖，基部近圆形，稀楔形，边缘有尖锐重锯齿。花5~6朵组成伞形或短总状花序，先叶开放，径2~3cm，白色至淡粉红色，常单瓣，微香。核果近球形或卵圆形，直径约1cm，黑色，有光泽，核表面略具棱纹。花期3~4月，果期6~7月。

生长习性 性喜光，较耐寒，适生于深厚肥沃、排水良好的沙质壤土。生长较快但树龄较短。

繁殖方式 常用嫁接法繁殖。

用途 本种花期早，先叶开放，着花繁密，可孤植或群植于庭院、公园、草坪、湖边或居住小区等处，绿化效果好。本种在日本栽培广泛，也是我国目前引种最多的种类。

分布 原产日本。我国多有栽培，尤以华北及长江流域各城市为多。张家口市引进树种，市区、赤城、宣化有栽植。

梨 属

落叶或半常绿乔木，罕为灌木。有时具枝刺。单叶互生，常有锯齿，具叶柄及托叶。花先叶开发或与叶同放，成伞形总状花序；花白色，罕粉红色。梨果显具皮孔，果肉多汁，富石细胞。种子黑色或近于黑色。

本属约有30种，我国产14种，分布各地，西北、华北最多。张家口原产杜梨、褐梨、秋子梨和木梨4种，引进栽培白梨、西洋梨和沙梨3种。

杜梨

梨属
学名 *Pyrus betulifolia*

别名 棠梨、土梨、海棠梨、野梨子、灰梨

形态特征 乔木，高达10m。树皮灰褐色，浅纵裂，树冠开展。常具枝刺，1年生枝和芽密被灰白色绒毛。叶菱状卵形至长圆卵形，长4~8cm，宽2.5~3.5cm，先端渐尖，基部宽楔形，边缘有尖锐锯齿，幼叶两面具灰白色绒毛，老叶仅背面有毛。花序有花10~15朵，花瓣宽卵形，白色。果实近球形，直径约0.5~1cm，褐色，有淡色皮孔。花期4月，果期9~10月。

生长习性 喜光，稍耐阴。抗寒，极耐干旱，耐瘠薄及耐轻盐碱，深根性，抗病虫害能力强，生长缓慢。

繁殖方式 以播种繁殖为主，压条、分株也可。

用途 果实可食和酿酒。木材致密，红褐色，供家具、雕刻、印刷木板等用。也是北方栽培梨的良好砧木。树形优美，花色洁白，在北方盐碱地区应用较广，不仅可用作防护林、水土保持林，还可用于街道庭院及公园的绿化。

分布 产于辽宁、河北、河南、山东、山西、陕西、甘肃、湖北、江苏、安徽、江西。张家口市原生树种，坝下分布较多。

褐梨

梨属
学名 *Pyrus phaeocarpa*

别名 棠杜梨、杜梨

形态特征 乔木，高 5~8m。有时具枝刺。1 年生枝无毛或仅节部疏被白绒毛，2 年生枝紫褐色，无毛。芽鳞有缘毛。叶长卵圆形至卵圆形，长 6~10cm，先端尾状渐尖，基部宽楔形，边缘具尖锯齿，齿尖向外，幼时疏被绒毛，后脱落，叶柄长 2~6cm。花瓣卵形，白色。果实近球形或椭圆形，直径 2~2.5cm，褐色，密被淡褐色皮孔。花期 4 月，果期 9~10 月。

生长习性 喜光，耐寒。

繁殖方式 以播种繁殖为主，压条、分株也可。

用途 用作梨树砧木，树势旺盛，寿命长。

分布 产于河北、山东、山西、陕西、甘肃。张家口市原生树种，崇礼、蔚县、宣化、涿鹿等地有分布。

秋子梨

梨属
学名 *Pyrus ussuriensis*

别称 花盖梨、沙果梨、酸梨、楸子梨

形态特征 乔木，高达15m。树冠宽广。小枝粗壮，老时灰褐色，光滑无毛。叶片卵圆形或宽卵形，长5~10cm，宽4~6cm，先端锐尖，基部圆形或近心形，缘具长刺芒状尖锐锯齿，两面无毛，表面有光泽，叶柄长2~5cm，无毛。花序密集，有花6~12朵，花瓣倒卵或宽卵形，白色。果实近球形，黄色，直径2~6cm。花期4~5月，果期8~9月。

生长习性 喜光。宜在寒冷和低湿的环境条件下生长，是梨属中抗寒最强者，能耐-37℃的低温，耐干旱、瘠薄和碱土。深根性，生长较慢，抗病力较强。

繁殖方式 野生种用播种繁殖，栽培种用嫁接繁殖。

用途 实生苗可作梨的抗寒砧木；果与冰糖煎膏有清肺止咳之效。

分布 产自我国黑龙江、吉林、辽宁、内蒙古、河北、山东、山西、陕西、甘肃。张家口市原生树种，涿鹿、宣化有分布。目前栽培品种有秋梨、苹果梨。

白梨

梨属
学名 *Pyrus bretschneideri*

形态特征 乔木，高达 8m。树冠开展。小枝粗壮，略呈“之”字，幼时有柔毛。叶卵圆形至椭圆状卵形，长 5~11cm，基部广楔形或近圆形，边缘有芒状锯齿，幼时两面被疏毛，后变光滑。花序有花 6~10 朵，径 2~3.5cm，花梗长 1.5~7cm，白色。果实卵形或近球形，黄色或黄白色，长 2~3cm，皮孔细密，果肉软。花期 4 月，果期 8~9 月。

生长习性 喜干燥冷凉，抗寒力较强，但次于秋子梨。喜光，对土壤要求不严，以深厚、疏松、肥沃的沙质壤土为好，开花期中忌寒冷和阴雨。

繁殖方式 多用杜梨为砧木进行嫁接。

用途 果实可鲜食，还可制梨酒、梨干、梨膏、罐头等。春天开花，满树雪白，在园林中是观赏结合生产的好树种。

分布 原产我国北部，河北、河南、山东、山西、陕西、甘肃、青海等地皆有分布。栽培遍及华北、东北南部、西北及江苏北部、四川等地。张家口市引进树种，怀涿盆地栽培较多。目前栽培的品种主要有‘雪花梨’、‘鸭梨’。

（1）‘雪花梨’

是河北省土特名产之一，主要分布在河北省中南部，赵县是著名的集中产区，故称“赵州雪花梨”，当地人也称“相梨”。雪花梨也是河北省传统的大宗出口水果，在国内外久负盛誉。其果肉洁白如玉，似雪如霜，又因梨花洁白无瑕，酷似雪花，故称其为雪花梨。果肉细脆而嫩，汁多味甜，果汁含糖量 11%~15%，还含有大量的蛋白质、脂肪、果酸、矿物质及多种维生素等营养成分。此梨除生食风味独特外，还可加工成梨罐头、梨脯、梨汁等各具风味的工业食品和饮料；雪花梨还有较高的医用价值，具有清心润肺、利便、止咳、润燥清风、醒酒解毒等功效，中药“梨膏”即是用雪花梨配以中草药熬制而成的。

（2）‘鸭梨’

又名鸭嘴梨，果实中大（一般单果重 175g，最大者 400g），皮薄核小，汁多无渣，酸甜适中，清香绵长，脆而不腻，素有“天生甘露”之称。内含丰富的维生素 C 和钙、磷、铁等矿物质，在维生素 B 家族中堪称佼佼者，含糖量高达 12% 以上，可贮藏保鲜 5~6 个月。具有清心润肺、止咳平喘、润燥利便、生津止渴、醒酒解毒之功效。还可以加工为罐头、梨脯、梨酒等高级食品和饮料。

西洋梨

梨属
学名 *Pyrus communis*

形态特征 乔木，高达15m。树冠阔圆锥形。枝近直立，小枝有时具刺。叶卵形或椭圆形，长2~7cm，先端急尖或短渐尖，叶缘有圆钝浅细锯齿，叶柄细，长2.5~5cm。花序有花4~10朵，花梗长2~3.5cm，白色。果实长倒卵形或近球形，长3~5cm，渐向梗外渐细，黄绿色，稍带红晕。花期4~5月，果期8~9月。

生长习性 喜光。适宜于温凉、多湿、肥沃的立地条件，抗寒力弱，不耐干旱和瘠薄。

繁殖方式 一般用杜梨作砧木进行嫁接繁殖。

用途 果芳香味美，富浆汁，可食用。木材褐色，致密坚重，供高级家具、乐器、雕刻等用。

分布 原产欧洲及亚洲西部，我国北部有引种栽培，烟台、威海、青岛、旅大等地较集中。张家口市引进树种，阳原、怀安有栽培，栽培品种为巴梨。

木梨

梨属
学名 *Pyrus xerophila*

别称 酸梨、野梨

形态特征 乔木，高达10m。小枝粗壮，微屈曲，2年生枝褐灰色，具稀疏白色皮孔。叶片卵形至长卵形，长4~7cm，宽2.5~4cm，先端渐尖，基部圆形，缘有钝锯齿，侧脉5~10对，叶柄长2.5~5cm。伞形总状花序，有花3~6朵，花瓣宽卵形，长9~10mm，白色。果实卵球形或椭圆形，直径1~1.5cm，褐色，有稀疏皮孔。花期4月，果期8~9月。

生长习性 深根性，耐旱。寿命长。抗赤星病。

繁殖方式 可用播种、扦插、压条、分株、嫁接等法繁殖。

用途 果实芳香味浓，含有多种营养物质，鲜食时具有特殊的清香味。常作为西洋梨的矮化砧木，世界各国普遍采用。

分布 产于陕西、甘肃、山西、河南等地。张家口市原生树种，蔚县小五台山、宣化区有分布。

沙梨

梨属
学名 *Pyrus pyrifolia*

形态特征 乔木，高达15m。1~2年生枝紫褐色或暗褐色，光滑，或幼时有绒毛。叶卵状椭圆形或卵形，长7~12cm，先端长渐尖，基部圆形或近心形，边缘具芒状锐齿，有时齿端微向内曲，光滑或幼时有毛，叶柄细，长3~4.5cm。花序有花6~9朵，径2.5~3.5cm，花梗长3.5~5cm，花瓣卵圆形，白色。果近球形，常褐色，皮孔色浅，果肉较脆。花期4~5月，果期8~9月。

生长习性 喜光，喜温暖多雨气候，喜肥沃湿润酸性土或钙质土。耐旱、耐水湿，耐寒力较差。

繁殖方式 多以豆梨为砧木进行嫁接。

用途 果肉脆，味酸较淡，可生食，并有消暑、健胃、收敛、止咳等功效。

分布 主产于长江流域，华南、西南也有。张家口市引进树种，涿鹿县对沙梨进行了引种栽培。

山楂属

落叶灌木或小乔木。枝常具刺，稀无刺。单叶互生，具锯齿，深裂或浅裂，具托叶。伞房、复伞房或伞形花序，稀花单生，花瓣5，白色，少有红色。梨果，小核骨质1~5，每小核具1种子。

本属约1000种，我国约有17种，各省（区、市）均产之。张家口产山楂、山里红、毛山楂、辽宁山楂和甘肃山楂5种。

山楂

山楂属
学名 *Crataegus pinnatifida*

别称 山里果、山里红、酸里红

形态特征 落叶小乔木，或呈灌木状，高达6m。树皮粗糙，暗灰色或灰褐色。枝刺长约1~2cm，有时无刺。叶宽卵形或三角状卵形，稀菱状卵形，长5~10cm，宽4~7.5cm，先端短渐尖，基部平截或宽形，3~5羽状深裂，托叶大而有齿。伞房花序，径4~6cm，花瓣倒卵形或近圆形，白色。果实近球形或梨形，深红色，具白色皮孔。花期5~6月，果期9~10月。

生长习性 喜光，稍耐阴，耐寒，耐干燥、耐贫瘠土壤，但以在湿润而排水良好之沙质壤土生长最好。根系发达，萌蘖力强。

繁殖方式 常用播种或分株繁殖。

用途 山楂可生食，也可通过加工制成山楂饼、山楂糕、山楂片、山楂糖葫芦等。果实干制后入药，有健胃、消积化滞、舒气散瘀之功效。山楂树冠整齐、枝叶繁茂、花果鲜美可爱，因而也是田旁、宅园绿化的良好观赏树种。

分布 产于黑龙江、吉林、辽宁、内蒙古、河北、河南、山东、山西、陕西、江苏。张家口市原生树种，涿鹿、怀安、蔚县小五台山等地有分布。

山里红

山楂属
学名 *Crataegus pinnatifida* var. *major*

别名 大果山楂、红果

形态特征 山楂变种，树型较原种大而健壮，叶较大而厚，羽状3~5浅裂；果较大，直径约2.5cm，深亮红色。

繁殖方式 以嫁接法为主，砧木常用山楂。

生长习性、用途 同山楂。

分布 在东北南部、华北，南至江苏一带普遍作为果树栽培。张家口市原生树种，赤城、蔚县、涿鹿、怀安等县均有分布。

毛山楂

山楂属
学名 *Crataegus maximowiczii*

形态特征 落叶小乔木，高达7m。无刺或有刺，小枝粗，幼枝密被灰白色柔毛。叶片宽卵形或菱状卵形，长4~6cm，先端急尖，基部楔形，边缘每侧各有3~5浅裂和疏生重锯齿，表面散生短柔毛，背面密被灰白色长柔毛。复伞房花序，多花，径约5mm，花瓣近圆形，白色。果实球形，直径约8mm，红色，幼时被柔毛，以后脱落无毛。花期5月，果期9~10月。

用途 木材可作家具、文具、木柜等，果可食及药用，健脾胃、治冻伤和冠心病等。

分布 产于黑龙江、吉林、辽宁、内蒙古等地。张家口市原生树种，崇礼、蔚县、涿鹿有分布。

辽宁山楂

山楂属
学名 *Crataegus sanguinea*

别名 白海棠

形态特征 灌木，稀乔木状，高 2~4m。有刺或无刺，幼枝紫红色或紫色，疏被柔毛，后脱离。叶片宽卵形或菱状卵形，长 5~6cm，宽 3.5~4.5cm，先端急尖，基部楔形，具重锯齿。伞房花序，多花，密集，花瓣长圆形，白色。果实近球形，直径约 1cm，血红色。花期 5~6 月，果期 7~8 月。

生长习性 喜光，耐寒，耐旱。

繁殖方式 种子繁殖。

用途 可栽培供观赏，也可栽培作绿篱。

分布 产于辽宁、吉林、黑龙江、河北、内蒙古、新疆。张家口市原生树种，赤城县、蔚县小五台山等地有分布。

甘肃山楂

山楂属
学名 *Crataegus kansuensis*

别名 面旦子

形态特征 乔木，高达8m。枝刺多。叶片宽卵形，长4~6cm，宽3~4cm，先端急尖，基部平截或宽楔形，边缘有尖锐重锯齿及5~7对不规则羽状浅裂，背面中脉及脉腋有簇生毛，后渐脱落。伞房花序，有花8~18朵，花瓣近圆形，径3~4mm，白色。果实近球形，直径8~10mm，红色或橘黄色。花期5月，果期7~9月。

生长习性 喜光、耐寒、耐旱。

繁殖方式 种子繁殖。

用途 果可食。果、叶入药有健脾、助消化、治冻伤、扩张血管等功效。枝叶亮丽，可栽培供观赏。

分布 产于甘肃、山西、河北、陕西、贵州、四川。张家口市原生树种，赤城县、蔚县小五台山有分布。

杏属

落叶乔木，极稀灌木。枝无刺，稀具刺。幼叶在芽中席卷状。单叶，互生，有叶柄，叶柄常具腺体。花单生或2朵簇生，先叶开放，花瓣5。核果，有明显纵沟，果肉质多汁，成熟时不开裂，稀果皮干燥而开裂，外被短柔毛，稀无毛，离核或黏核，核两侧扁平，表面光滑、粗糙或呈网状，稀具蜂窝状孔穴。

此属约8种，我国有7种，分布范围大致以秦岭和淮河为界，淮河以北杏的栽培渐多，尤以黄河流域各省为其分布中心，淮河以南杏树栽植较少。张家口产杏和山杏2种。

杏

杏属
学名 *Armeniaca vulgaris*

形态特征 乔木，高达10m。树冠圆整。1年生枝浅红褐色，有光泽，无毛，具多数小皮孔。叶片宽卵形或圆卵形，长5~9cm，先端急尖至短渐尖，基部圆形或近心形，叶缘具圆钝锯齿。花单生，先于叶开放，花瓣圆形或倒卵形，白色或淡粉红色。核果球形，稀倒卵形，直径2~3cm，成熟时白色、黄色至黄红色，常具红晕，微被短柔毛或无毛，果肉多汁，不开裂。核扁平，卵形或椭圆形。花期3~4月，果期6~7月。

生长习性 喜光树种，耐寒，能耐-40℃的低温，适应性强。深根性，耐旱，抗风，寿命可达百年以上，为低山丘陵地带的主要栽培果树。

繁殖方式 常用播种和嫁接繁殖。

用途 常见水果之一，含有丰富的营养，可生食，也可制成杏脯、杏酱等。杏仁主要用来榨油，也可制成食品，能入药，有止咳、润肠之功效。木材质地坚硬，是做家具的好材料。杏在早春开花，先花后叶，可与苍松、翠柏配植于池旁湖畔或植于山石崖边、庭院堂前，具观赏性。

分布 产于我国各地，多数为栽培，尤以华北、西北和华东地区种植较多，少数地区亦为野生，在新疆伊犁一带野生成纯林或与新疆野苹果林混生，海拔可达3000m。张家口市原生树种，坝上坝下均有栽培，全市栽培食用杏品种有‘石片黄杏’、‘麦黄杏’、‘香白杏’、‘串枝红杏’、‘金钢拳’、‘凯特杏’、‘金光杏’、‘金太阳杏’、‘木瓜杏’、‘小白水杏’、‘供佛杏’、‘巨峰杏’、‘大红杏’、‘大接杏’、‘二接杏’、‘天霸王杏’、‘银白杏’、‘京白杏’、‘梅杏’、‘金皇后’等；仁用杏品种有‘龙王帽’、‘优一’、‘优二’、‘一窝蜂’、‘围选一号’、‘白玉扁’、‘三杆旗’、‘薄壳1号’。

（1）‘供佛杏’

产于阳原县高墙乡南口村安乐寺院内，因专供佛事活动而得名。‘供佛杏’是阳原县的特产之一，因个大、色艳、味美而闻名，被称为“京西第一杏”。1991年在河北省杏品种鉴评会上获中

晚熟品种第一名；1999 年作为张家口市的名优产品在世博会参展，深受国内外客商好评。‘供佛杏’的栽培历史已有 80 多年。

平均单果重 89g，最大达 136g。果形端正，整齐度高。熟果色艳，呈淡黄色，阴面有桔红色斑点。果肉细腻味香，果汁充沛，酸甜爽口，馥味农郁。果实可烘干加工成杏干，色泽红黄，甜里带酸。杏仁甘甜，离核。经化验分析，其仁、果均有较高的营养价值，并有抗癌、防癌作用。该品种抗旱、抗寒、抗病虫能力较强，较耐贮运，地窖贮藏保鲜 10 ～ 12 天。

(2)‘石片黄杏’

产于怀来县官厅镇石片村，人称‘石片黄杏’。其历史悠久，远近闻名，为杏中上品，有“石片杏，不用问”之誉。此杏为清朝康熙御用贡品，毛泽东用此杏接待美国总统尼克松等外宾。1986年，以‘石片黄杏’为原料生产的杏脯曾荣获“中国乡镇企业杏脯产品质量第一名”。1997年获河北省博览会优质产品奖；2000年被省工商局注册为“官厅湖”牌‘石片黄杏’。

‘石片黄杏’果体较大，单果重约70~100g，最大果重130g；离核，核小；果实肉厚汁多，质地细腻，色泽鲜亮，可溶性固含物多，粗纤维少。其香味浓厚，酸甜适度，营养丰富，除可鲜食外，还可加工成出口杏脯。杏仁甘甜，是制作各种糕点、冷食、糖果的重要原料。该品种结果早、产量高、寿命长，是一个鲜食、加工兼用品种。

(3)‘木瓜杏’

又名迟黄杏，产于蔚县黄梅乡木井村，属于实生变异类型。树体高大，树姿较开展，抗旱、抗寒，适应性强，不易感染杏疾病。果实近圆形，肉厚、核小、汁多，单果重46~62g，大者可达70g，瓤带金丝，粘核甜仁，果实阳面有红晕，品质上等。该品种鲜食、制罐、制干、仁用均可，具有很高的经济价值。

(4)‘麦黄杏’

平均单果重40g左右。果实长圆形，果顶平，微突，缝合线中深、广，梗洼深狭。果皮薄，不易剥离，茸毛较多，果面淡黄色，阳面微红。果肉黄色，肉质中粗，汁液较多，味酸甜适中，具芳香，可溶性固形物含量12.0%，总糖含量7.7%，可滴定酸含量1.2%，品质中等。离核，核大，苦仁。产地5月下旬成熟，果实发育期55天左右，较耐贮运，属极早熟杏。

（5）‘龙王帽’

单果重 20~25g，果实长扁圆形，缝合线深而明显。果面橙黄色，阳面微有红晕。果肉薄，软，橙黄色，纤维多，汁液少，味酸，不宜鲜食，可制干。离核，核大，单核重约 2.9g，出核率 22%。仁甜，肥大，香脆，出仁率 30% 以上，单仁平均重 0.83~0.9g，每千克约 1170 粒，为仁用杏中粒形最大者之一。产地果实 7 月中下旬成熟，发育期 90 天左右。

（6）‘优一’

树势强健，抗寒力极强，花期可抵御 -6℃低温，一般花期霜冻无伤害，适宜在年均温 5~6℃的高寒地区发展。果实长圆形，平均单果重 9.6g，果面有红晕；核卵圆形，单核重 1.7g，出核率 17.9%；种仁长圆形，两侧鼓凸，单仁平均重 0.75g，味甜香，品质好，出仁率在 43% 以上。果实 7 月中旬成熟，丰产性强。杏仁粒形较小，偶有大小年现象。

（7）‘一窝蜂’

又名次扁、小龙王帽。结果量大而密集，果实卵形，比龙王帽稍鼓，单果重8.5~11.0g，最大15g。果肉浅黄色，味酸涩。离核，单核重1.6~1.9g，出核率18.5%~20.5%。仁重0.52~0.62g，出仁率38.2%，仁肉乳白色，味香甜，品质优良。结果早，以短果枝和花束状果枝为主。极丰产，耐旱，但不抗晚霜。

西伯利亚杏

杏属
学名 *Armeniaca sibirica*

别名 山杏

形态特征 落叶小乔木，高达8m。小枝多为刺状枝，无毛。芽卵形，无毛。叶片卵形或近圆形，长5~9cm，先端渐尖或尾尖，基部宽楔形或楔形，稀近圆，缘有细钝锯齿。花2朵并生，粉红色，花瓣倒卵圆形或近圆形。果实扁球形，直径约2cm，黄色或橙红色，有时具红晕，被短柔毛，果肉较薄而干燥，成熟时开裂，味酸涩不可食，种仁味苦。花期3~4月，果期6~7月。

生长习性 喜光，耐寒性强，在-30~-40℃的低温下能安全越冬生长。耐干旱、瘠薄。

繁殖方式 以播种繁殖为主。

用途 种仁供药用，可作扁桃的代用品，并可榨油。核壳可用于加工活性炭。木材深黄褐色，纹理直，结构细，可作家具、农具。本种耐寒，可作培育抗寒杏品种砧木。

分布 产于黑龙江、吉林、辽宁、内蒙古、甘肃、河北、山西等地。张家口市原生树种，全市分布广泛。

豆科

合欢属

落叶乔木或灌木。二回羽状复叶，互生，常落叶。总叶柄及叶轴上有腺体。小叶型小，多数，两侧不对称。花序腋生或顶生，头状或穗状花序，花萼钟状或漏斗状，花药小，无或有腺体。荚果扁平带状，果皮薄，通常不开裂。

本属约 50 种，我国产 17 种，产于我国黄河流域及以南各地。张家口引进栽培合欢 1 种。

合欢

合欢属
学名 *Albizia julibrissin*

别名 马樱花

形态特征 落叶乔木，高达 16m。树冠扁圆形，常成伞状。树皮灰褐色。二回羽状复叶，互生，羽片 4~12 对，各有小叶 10~30 对；小叶镰刀状长圆形，长 6~12mm。头状花序，多数，生于新枝顶端，成伞房状排列。荚果带状，种子扁平，椭圆形。花期 6~7 月，果期 8~10 月。

生长习性 喜光，但树干皮薄忌暴晒，否则易开裂。耐寒性略差。对土壤要求不严，能耐干旱、瘠薄，但不耐水涝。

繁殖方式 主要用播种繁殖。

用途 木材纹理通直，质地细密，经久耐用，可供制造家具、农具、车船用。树皮及花入药，能安神、活血、止痛。嫩叶可食，老叶浸水可洗衣。合欢树姿优美，叶形雅致，盛夏绒花满树，有色有香，是很好的绿化景观树种。

分布 产于我国黄河流域及以南各地。张家口市引进树种，赤城、涿鹿、宣化等地有栽培。

槐　属

乔木或灌木，稀草本。奇数羽状复叶，小叶对生或近对生，托叶小，有时成刺。总状或圆锥花序，花瓣白色、黄色或紫色，苞片小，线形，或缺如，常无小苞片，花萼钟状或杯状，子房具柄或无，胚珠多数，花柱直或内弯。荚果圆柱形或稍扁，果皮肉质或干燥，种子间缢缩成念珠状。种子1至多数。

本属约50余种，我国有20余种，主要分布在西南、华南和华东地区，少数种分布到华北、西北和东北。张家口原产国槐、白刺花和苦参3种，引进栽培金枝槐、蝴蝶槐和龙爪槐3种。

国槐

槐属
学名 *Sophora japonica*

别名　槐、我国槐

形态特征　落叶乔木，高达25m。树皮灰褐色，纵裂。树冠宽卵形或近球形。小枝暗绿色，具淡黄色皮孔，叶痕“V”字形或三角形。芽被青紫色毛。圆锥花序，花萼钟形，裂片5，疏被毛，花瓣黄白色。荚果，肉质，念珠状，成熟后干涸不开裂，常见挂树梢，经冬不落。花期7~9月，果期10月。

生长习性　幼年稍耐阴，后喜阳光，性耐寒，稍

涿鹿　涿鹿　万全　怀来

耐阴，喜干冷气候。喜深厚、湿润、肥沃、排水良好的沙质壤土，在干燥、贫瘠的山地及低洼积水处生长不良。耐烟尘，较适应城市街道环境。

繁殖方式 一般用播种繁殖。

用途 速生性较强，材质坚硬，有弹性，纹理直，易加工，耐腐蚀，可供建筑及家具用。花蕾可作染料，果肉能入药，种子可作饲料等。树形优美，是我国庭院、行道常用的特色树种。

分布 原产于我国北部，北自辽宁、河北，南至广东、台湾，东自山东，西至甘肃、四川、云南均有栽植，北部较为集中。张家口市原生树种，坝下分布广泛。

白刺花

▶ 槐属
学名 *Sophora davidii*

别名 狼牙刺、马蹄针、马鞭采

形态特征 灌木，高1~2.5m。小枝黄褐色，具枝刺，枝及叶轴被柔毛。奇数羽状复叶，小叶11~21枚，小叶片椭圆形或矩圆形，长5~8mm，先端圆或微缺，常具芒尖，基部钝圆形，表面几无毛，背面中脉隆起，疏被长柔毛或近无毛。总状花序，生于小枝顶端。花小，花冠白色或蓝白色。荚果非典型念珠状，稍压扁，种子1~7粒。花期5~6月，果期9~10月。

生长习性 喜光，不耐阴蔽。耐干旱贫瘠，在沙壤土上生长良好。

繁殖方式 可用播种和扦插繁殖。

用途 可栽培供观赏及作绿篱，也可用作水土保持树种。嫩叶亦可作羊的饲料。

分布 西北、华北、西南、华中和华东均有分布。张家口市原生树种，赤城、蔚县有分布。

苦参

▶ 槐属
学名 *Sophora flavescens*

别名 地槐、白茎、地骨、山槐、野槐

形态特征 亚灌木，高1.5~2m。茎具纹棱，幼时疏被柔毛，后脱落，灰黄色，无刺。小叶25~29枚，纸质，小叶片条状披针形或长卵形，长2~4cm，先端钝或急尖，基部宽楔形或浅心形，表面近无毛，背面有平贴柔毛。总状花序，顶生，长10~20cm，花黄白色。荚果长5~8cm，稍钝四棱。种子1~5粒。花期7月，果期8~9月。

生长习性 喜光，耐干旱、瘠薄，生于山坡、沙地、草坡、灌木林中或田野附近。

繁殖方式 播种繁殖。

用途 根可入药，可健胃、驱虫，治消化不良、便秘及神经衰弱等症。茎皮供制麻袋、绳索及造纸原料。种子可榨油，供制肥皂及润滑油。也可作水土保持树种。

分布 产于我国南北各地。张家口市原生树种，赤城、涿鹿、蔚县小五台山有分布。

金枝槐

槐属
学名 *Sophora japonica* var. *huangjin*

别名 黄金槐、金丝槐

形态特征 国槐的变种之一，特点是树枝和树叶全年金黄色，观赏价值较高。1 年生枝为淡绿黄色，入冬后渐转黄色，2 年生的树茎、枝为金黄色，树皮光滑。叶互生，6~16 片组成羽状复叶，叶椭圆形，长 2.5~5cm，光滑，淡黄绿色。

生长习性 耐旱能力和耐寒力强，耐盐碱，耐瘠薄，在酸性到碱性土壤均能生长良好。

繁殖方式 一般采用国槐作砧木嫁接繁殖。

用途 在园林绿化中用途颇广，是道路、风景区等园林绿化中不可多得的彩叶树种。

分布 槐树在我国从北到南分布广泛，嫁接的金枝槐具有生态上的宽幅性，广泛分布于华北、西北及东北。张家口市引进树种，怀安县城、宣化区有栽植。

蝴蝶槐

槐属

学名 *Sophora japonica* var. *oligophylla*

别名 五叶槐

形态特征 国槐变种，本种复叶只有小叶 1~2 对，集生于叶轴先端成为掌状，或仅为规则的掌状分裂，下面常疏被长柔毛，易与其他类型相区别。

生长习性 在石灰性、酸性及轻盐碱土上均可正常生长；耐烟尘，能适应城市街道环境。

繁殖方式 一般用播种繁殖。

用途 木材坚韧，耐水湿，富有弹性，可供建筑、车辆、家具、造船、农具等用。可作为绿化树种，且具有良好的观赏价值。

分布 分布范围广，华北、西北地区都生长良好。张家口市引进树种，怀来县、市区等有引种栽培。

龙爪槐

槐属
学名 *Sophora japonica* f. *pendula*

别名 盘槐、倒栽槐

形态特征 国槐变型，其枝和小枝均下垂，并向不同方向弯曲盘旋，形似龙爪，易与其他类型相区别。

生长习性 喜光，稍耐阴，能适应干冷气候。喜生于土层深厚、湿润肥沃、排水良好的沙质壤土。

繁殖方式 常用嫁接繁殖。

用途 姿态优美，是优良的园林树种。

分布 南北各地广泛栽培，华北和黄土高原地区尤为多见。张家口市引进树种，坝下引种栽培广泛。

刺槐属

落叶乔木或灌木。无顶芽，侧芽为柄下芽，无芽鳞。奇数羽状复叶，互生，小叶全缘，对生或近对生，托叶变为刺。总状花序，腋生，下垂。荚果线形，扁平，开裂。种子肾形，黑褐色。

本属约20种，我国引种栽培2种，2变种。张家口引进栽培刺槐、无刺刺槐、毛刺槐和香花槐4种。

刺槐

刺槐属
学名 *Robinia pseudoacacia*

别名 洋槐

形态特征 落叶乔木，高达25m。树皮灰褐色至黑褐色，不规则深纵裂。幼枝灰绿色至灰褐色。奇数羽状复叶，小叶7~25枚，椭圆形、长椭圆形或卵形。总状花序，腋生，蝶形，白色，芳香，下垂。荚果扁平带状，红褐色。种子扁肾形，褐色至黑褐色。花期5月，果期8~9月。

生长习性 喜光，不耐阴蔽。喜较干燥而凉爽气候。浅根性，侧根发达。根蘖性强，寿命较短。

繁殖方式 主要用播种繁殖，分蘖、根插亦可。

用途 木材坚硬有弹性，纹理直、耐湿、耐腐，但易挠曲开裂，适于作支柱、桩木、滑雪板、地板等用。花可用作调香原料。树皮富纤维和单宁，可造纸、编制和提炼栲胶。种子榨油可作为制皂业和油漆业原料。可作为行道树。

分布 原产北美洲，19世纪末我国青岛引种成功，后渐扩大栽培，目前已遍布全国各地，尤以黄河、淮河流域最常见。张家口市引进树种，坝下广泛栽培。

无刺刺槐

刺槐属
学名 *Robinia pseudoacacia* f. *inermis*

形态特征 刺槐变型，其树冠开阔，树形帚状，高 3~10m，枝条硬挺而无托叶刺，花白色，有香气。花期 5 月。

生长习性 阳性，适应性强，浅根性，生长快。

繁殖方式 扦插繁殖。

用途 常用作庭荫树和行道树。

分布 在青岛首先被发现，后被引种到辽宁、山东、河北、陕西、山西等地。张家口市引进树种，宣化有栽培。

毛刺槐

刺槐属
学名 *Robinia hispida*

别名 毛洋槐、红花槐、江南槐

形态特征 落叶灌木，高 1~3m。小枝绿色，密被紫红色硬腺毛。奇数羽状复叶，小叶 7~13 枚，近圆或长圆形，长 2~5cm，叶端钝而有小尖头。总状花序，具花 3~7 朵，花冠玫瑰红或淡紫色，长 2~5cm。荚果，线性，长 5~8cm，扁平，密被腺刚毛。种子 3~5 粒。花期 5~6 月，果期 7~10 月。

生长习性 喜光，耐寒，喜排水良好土壤。

繁殖方式 通常以刺槐为砧木嫁接繁殖。

用途 花色浓艳，孤植、列植、丛植均佳，是庭院、小游园、公园不可多得的观赏树种。具有很强抗盐碱的能力，是盐碱地区园林绿化的好树种。

分布 原产北美，我国东北南部及华北园林中常有栽培。张家口市引进树种，蔚县壶流河水库、宣化城区有栽培。

香花槐

刺槐属
学名 *Sophora japonica* var. *violacea*

别名 富贵树、堇花槐、紫花槐

形态特征 落叶乔木，高可达25m。树皮暗灰色，成块状裂。小枝绿色，有明显的黄褐色皮孔。奇数羽状复叶，小叶7~15枚，卵状披针形，长3~3.6cm，先端急尖，基部圆形或宽楔形，背面有伏毛及白粉。托叶镰刀状，长约8mm，早落。圆锥花序，顶生，有柔毛，花有短梗；蝶形花冠，旗瓣近圆形，先端凹，基部具短爪，有紫脉纹，翼瓣与龙骨瓣紫红色。荚果，念珠状，长2~8cm，果皮肉质不裂。种子1~6粒，肾形，黑褐色。

生长习性 喜光，耐寒，能抗-33℃低温，耐干旱瘠薄，耐盐碱。

繁殖方式 可用埋根、扦插、嫁接等法繁殖。

用途 树形苍劲，姿态优美，其花色艳丽，芳香浓郁，且花量多，花期长（1年开2次花），可以广泛用于园林及行道绿化，又可用作草坪点缀、园林置景，是良好的园林绿化速生观赏树种。

分布 原产于西班牙，国内引种栽植广泛，华北、西北地区都生长良好。张家口市引进树种，坝下各县（区）栽植较多。

皂荚属

落叶乔木或灌木。树皮糙而不裂。干和枝通常具分枝的粗刺。叶互生，常簇生，一回或二回偶数羽状复叶，叶轴和羽轴具槽，托叶细微，早落。总状花序，稀圆锥花序，花单性异株或杂性。荚果，扁平，直伸或扭曲。种子扁平成卵形，有胚乳，角质。

本属约 13 种，我国产 10 种，分布极广，自我国北部至南部及西南均有分布。张家口原产野皂荚 1 种，引进栽培皂荚 1 种。

野皂荚

皂荚属
学名 *Gleditsia microphylla*

别名 山皂角、马角刺、小皂角

形态特征 灌木或小乔木，高 2~4m。树皮深灰色，粗糙。小枝灰绿色，被短柔毛或无毛，刺不粗壮，长针形。一回或二回羽状复叶。小叶 10~20 枚，薄革质，斜卵形至长椭圆形，长 7~22mm，全缘，下面被短柔毛，叶柄被短柔毛。穗状花序，花杂性，无梗，花瓣 4，白色，簇生。荚果扁薄，矩圆形，长 3~6cm，红棕色至深褐色。种子 1~3 粒，褐色。花期 5~6 月，果期 7~9 月。

生长习性 喜光，耐寒，耐干旱瘠薄；根系发达，萌蘖力强，有较强的适应性和抗逆性。

繁殖方式 主要用播种繁殖。

用途 荚果富含胰皂质，可用以洗涤丝绸和贵重家具，不损光泽。也是水土保持和防风固沙的优良树种。

分布 产于河北、山东、河南、山西、陕西、江苏、安徽。张家口市原生树种，蔚县小五台山有分布。

皂荚

皂荚属
学名 *Gleditsia sinensis*

别名 皂荚树、皂角

形态特征 乔木，高达30m。树冠卵圆形。树皮灰色至深灰色，粗糙，具椭圆形淡黄色皮孔。枝刺圆而有分歧。羽状复叶簇生，小叶6~14枚，纸质，小叶片长卵形至长卵状披针形，长3~8cm，宽1.5~3.5cm，先端钝或渐尖，基部斜圆形或斜楔形，叶缘有细锯齿，叶背网脉明显。总状花序细长，腋生，花瓣4，淡黄色。荚果条形，直伸，长12~30cm，黑棕色，被白色粉霜。种子多数，长椭圆形，褐色。花期5~6月，果期10月。

生长习性 喜光而稍耐阴，喜温暖湿润的气候及深厚肥沃适当的湿润土壤，但对土壤要求不严，在石灰质及盐碱甚至黏土或沙土均能正常生长。生长速度较慢，但寿命较长，可达六七百年，属深根性树种。

繁殖方式 播种繁殖。

用途 木材坚硬，为车辆、家具用材。荚果煎汁可代肥皂用以洗涤丝毛织物。嫩芽油盐调食，其子煮熟糖渍可食。荚、子、刺均入药，有祛痰通窍、镇咳利尿、消肿排脓、杀虫治癣之效。树冠广宽，叶密荫浓，宜作庭院树及四旁绿化树种。

分布 范围极广，自我国北部至南部以及西南均有分布。张家口市引进树种，赤城、怀安、宣化有栽培。

胡枝子属

灌木、亚灌木或草本。羽状三出复叶，全缘。托叶宿存或早落，小叶全缘。总状花序或头状花序，花冠通常为紫色至红色或白色至黄色。苞片小，宿存，小苞片2，着生于花梗先端。花常2型，一种有花冠，结实或不结实，另一种无花冠，结实。花萼钟状，5裂，裂片近相等。荚果扁平，卵形或椭圆形。种子1粒，不开裂。

本属约60余种，我国产26种，除新疆外，广布于全国各省区。张家口产胡枝子、长叶铁扫帚、达乌里胡枝子、阴山胡枝子、多花胡枝子、绒毛胡枝子、短梗胡枝子、中华胡枝子和尖叶胡枝子9种。

胡枝子

胡枝子属
学名 *Lespedeza bicolor*

别名 二色胡枝子

形态特征 灌木，高达3m。小枝黄色或暗褐色，分枝繁密，常拱垂，有棱脊。羽状三出复叶，托叶2。小叶片卵形、倒卵形或卵状长圆形，长1.5~6cm，先端钝圆或微凹，具短刺尖，基部楔形或圆形，叶背面疏生平伏短毛。总状花序腋生，比叶长，常组成大型、较疏松的圆锥花序，花紫色，花被密被灰白色柔毛。荚果斜倒卵形，稍扁，有柔毛。花期7~8月，果期9~10月。

生长习性 喜光，稍耐阴，耐寒，耐干旱、瘠薄，也耐水湿。萌蘖力强，根系发达，并具根瘤，有固氮作用。

繁殖方式 播种繁殖。

用途 枝可编筐。嫩叶可代茶。种子油可食用或作机器润滑油；根可入药，有清热解毒作用，可治蛇咬等症。叶鲜绿，花呈紫色而繁多，是良好的园林观赏树种，又可作水土保持和改良土壤的地被植物。

分布 产于黑龙江、辽宁、吉林、内蒙古、河北、山西、陕西、河南等地。张家口市原生树种，赤城、蔚县、阳原、宣化等地都有分布。

长叶铁扫帚

胡枝子属
学名 *Lespedeza caraganae*

别名 长叶胡枝子

形态特征 灌木，高约50cm。茎直立，多棱，沿棱被短伏毛。羽状三出复叶，小叶片圆状线形，长2~4cm，先端钝或微凹，具小刺尖，基部狭楔形。总状花序腋生，具3~5朵花。花萼狭钟形，长5mm，5深裂，花冠显著超出花萼，白色或黄色，旗瓣宽椭圆形。花期6~9月，果期10月。

繁殖方式 播种繁殖。

用途 为饲料植物。

分布 产于辽宁、河北、陕西、甘肃、山东、河南等地。张家口市原生树种，崇礼、赤城、蔚县有分布。

达乌里胡枝子

胡枝子属
学名 *Lespedeza davurica*

别名 兴安胡枝子、牛枝子

形态特征 小灌木，高达1m。茎通常稍斜升，老枝黄褐色或赤褐色，小枝被白色短柔毛。羽状三出复叶。小叶长圆形或窄长圆形，长2~5cm，背面被贴伏的短柔毛，叶柄被柔毛。总状花序腋生，花冠白色或黄白色。荚果小，倒卵形或长倒卵形，长3~4mm。花期7~8月，果期9~10月。

生长习性 较喜温暖，性耐干旱，主要分布于森林草原和草原地带的干山坡、丘陵坡地、沙质地。

繁殖方式 播种繁殖。

用途 为优良的饲用植物，幼嫩枝条各种家畜均喜食，亦可作绿肥。也可作为山地、丘陵地及沙地的水土保持植物。

分布 产于东北、华北、西北、安徽、云南、四川。张家口市原生树种，赤城、蔚县、崇礼等地有分布。

阴山胡枝子

胡枝子属
学名 *Lespedeza inschanica*

别名 白指甲花

形态特征 灌木，高达 80cm。茎直立或斜升。枝条被短柔毛。羽状三出复叶，小叶长圆形或倒卵状长圆形，长 1~2（2.5）cm，先端圆钝或微凹，基部宽楔形或圆形，表面近无毛，背面密被伏毛，顶生小叶较大。总状花序腋生，与叶近等长，具 2~6 朵花。花冠白色。荚果倒卵形，长 4mm，宽 2mm，密被伏毛。花期 8~9 月，果期 10 月。

生长习性 多生于路旁或山坡林下排水条件良好的地段，耐旱性较强，有一定的耐高温特性；对水渍条件亦有较强的适应性；耐干旱贫瘠。

繁殖方式 播种繁殖。

用途 嫩枝叶柔软，无特殊气味，可作饲料或绿肥。根系庞大，具根瘤，地上部丛生，是很好的荒山绿化和水土保持植物。

分布 产于东北、华北、陕西。张家口市原生树种，崇礼、赤城、涿鹿、蔚县等地有分布。

多花胡枝子

胡枝子属
学名 *Lespedeza floribunda*

形态特征 小灌木，高达 60cm。根细长。小枝有条棱，被灰白色绒毛。羽状三出复叶，小叶具柄，小叶片倒卵形、宽倒卵形或长圆形，长 1~1.5cm，背面密被白色伏柔毛，侧生小叶较小。总状花序腋生，总花梗细长，显著超出叶。花多数，花冠紫色、紫红色或蓝紫色。荚果宽卵形，长约 7mm，超出宿存萼，有网状脉，密被柔毛。花期 6~9 月，果期 9~10 月。

生长习性 性喜光，耐寒，耐干旱、瘠薄土壤，耐盐碱性较强。

繁殖方式 播种繁殖。

用途 可作饲料、绿肥和水土保持树种。

分布 产于华北及辽宁、陕西、宁夏、甘肃、青海、江苏、浙江、江西等地。张家口市原生树种，赤城、蔚县、崇礼等地有分布。

绒毛胡枝子

胡枝子属
学名 *Lespedeza tomentosa*

别名 山豆花、毛胡枝子

形态特征 灌木，高达1m。全株被密黄褐色绒毛，茎直立，单一或上部分少分枝。羽状三出复叶，小叶质厚，叶片椭圆形或卵状长圆形，长3~6cm，背面密被黄褐色绒毛。总状花序顶生或在茎上部腋生，无瓣花成头状花序，花冠黄色或黄白色。荚果倒卵形，长3~4mm，宽2~3mm，先端具短尖，表面密被毛。花期7~8月，果期9~10月。

生长习性 耐干旱，耐瘠薄。常生于阔叶林缘、丘陵坡地或山坡草地及灌丛间。

繁殖方式 播种繁殖。

用途 根药用，健脾补虚，有增进食欲及滋补之效。茎皮纤维可制绳索和造纸。是水土保持植物，又可作饲料或绿肥。

分布 除新疆和西藏外，全国各地均有分布。张家口市原生树种，崇礼、蔚县、涿鹿等地有分布。

短梗胡枝子

胡枝子属
学名 *Lespedeza cyrtobotrya*

别名 短序胡枝子

形态特征 灌木，高达3m。多分枝，小枝褐色或灰褐色，具棱，被白色柔毛，后脱落。羽状三出复叶，小叶宽卵形，卵状椭圆形或倒卵形，长1.5~4.5cm，背面贴生疏柔毛，叶柄被柔毛。总状花序腋生，萼筒密被长柔毛，花冠紫色。荚果斜卵形，稍扁，长约6~7mm，密被锈色绢毛。花期7~8月，果期9月。

生长习性 生长速度快，抗寒，抗旱，耐贫瘠。萌蘖性强。

繁殖方式 常播种、扦插繁殖。

用途 茎皮纤维可制人造棉及造纸。枝条可供编织，叶可作牧草及绿肥。

分布 产于吉林、辽宁、内蒙古、河北、山西、陕西、甘肃、浙江、江西、河南、广东等地。张家口市原生树种，蔚县小五台山有分布。

中华胡枝子

胡枝子属
学名 *Lespedeza chinensis*

形态特征 小灌木，高达1m。全株被白色伏毛，茎下部毛渐脱落，茎直立或铺散。分枝斜升，被柔毛。羽状三出复叶，小叶倒卵状长圆形、长圆形、卵形或倒卵形，长1.5~4cm，背面密被白色伏毛，叶柄及小叶柄被柔毛。花少，花冠白色。果卵圆形，被毛。花期6~9月，果期9~10月。

分布 分布于我国江苏、安徽、浙江、江西、福建、台湾、湖北、湖南、广东、四川等地。张家口市原生树种，蔚县、怀安等县有分布。

尖叶胡枝子

胡枝子属
学名 *Lespedeza juncea*

别名 尖叶铁扫帚

形态特征 小灌木，高达1m。直立，分枝和上部分枝呈扫帚状，全株被伏毛。小叶倒披针形、条状长圆形或窄长圆形，长1.5~3.5cm，宽3~7mm。总状花序腋生，有长梗，稍超出叶，花白色或淡黄色，旗瓣基部带紫斑。荚果宽卵形，两面被白色伏毛，稍超出宿存萼。花期7~9月，果期9~10月。

生长习性 喜光，耐干旱瘠薄，耐寒，根系发达。

繁殖方式 播种繁殖。

用途 枝叶营养成分高，同时根系发达，是良好的饲用植物和水土保持植物。

分布 产于黑龙江、吉林、辽宁、内蒙古、河北、山西、甘肃及山东等地。张家口市原生树种，蔚县小五台山有分布。

杭子梢属

落叶灌木或半灌木。小枝有棱并有毛，稀无毛。羽状三出复叶，托叶窄三角形至钻形。花序通常总状，单一腋生或有时数个腋生并顶生，常于顶部排成圆锥花序。荚果扁，两面凸，不开裂。种子1粒。

本属约有60种，我国29种。张家口产杭子梢1种。

杭子梢

杭子稍属
学名 *Campylotropis macrocarpa*

形态特征 灌木，高1~2（3）m。小枝贴生或近贴生短或长柔毛，幼枝毛密。羽状三出复叶，小叶椭圆形或宽椭圆形，有时过渡为长圆形，长3~7cm，先端圆形、钝或微凹，叶表无毛，叶背有淡黄色柔毛。总状花序单一（稀2）腋生并顶生，花冠紫红色或近粉红色，长约1cm，。荚果椭圆形、长圆形或近长圆形，长1.2~1.5cm，具明显网脉，边缘有纤毛。花期8~9月，果期9~10月。

生长习性 性强健，喜光亦略耐阴。

繁殖方式 以种子繁殖为主。

用途 枝条可编制筐篓。嫩叶可作牲畜饲料及绿肥。茎皮纤维可作绳索。花序美丽，可供园林观赏及作水土保持植物。

分布 产于我国北部及中部以至西南部，如辽宁、河北、山西、陕西、甘肃、河南、江苏、浙江、安徽等地。张家口市原生树种，蔚县、怀来、赤城等县有分布。

锦鸡儿属

落叶灌木，稀为小乔木。小枝有纵棱，或明显具短枝。叶在长枝上互生，短枝上簇生，为偶数羽状复叶或假掌状复叶，小叶有4~20枚，全缘。叶轴端呈刺状。花单生或簇生，花冠蝶形，花冠黄色，稀有淡紫色、浅红色，有时旗瓣带橘红色或土黄色。荚果，筒状或稍扁，有种子数粒，近球形。

本属有根瘤，能提高土壤肥力。大多数种可绿化荒山，保持水土，有些种可作固沙植物或用于绿化庭院，作绿篱。有些种枝叶可压绿肥，有些种为良好蜜源植物。

本属约100余种，我国产60余种，主要分布在东北、华北、西北、西南各地。张家口原产矮锦鸡儿、甘蒙锦鸡儿、鬼箭锦鸡儿、红花锦鸡儿、树锦鸡儿、狭叶锦鸡儿、小叶锦鸡儿、北京锦鸡儿和南口锦鸡儿9种，引进栽培柠条锦鸡儿1种。

矮锦鸡儿

锦鸡儿属
学名 *Caragana pygmaea*

形态特征 灌木，高达0.5m。树皮金黄色，有光泽。小枝有条棱。假掌状复叶，小叶4枚，狭倒披针形，长7~10mm。托叶顶端针刺状，硬化，宿存，短枝上小叶无柄，簇生。花冠黄色，长15~16mm，旗瓣长圆形。荚果线形，长2~3cm，稍扁，被柔毛。花期5月，果期6月。

生长习性 耐干旱，常生于沙地。

繁殖方式 种子繁殖。

用途 为良好饲用植物，可作水土保持树种。

分布 产于内蒙古、河北。张家口市原生树种，崇礼、赤城、涿鹿、怀安等地有分布。

甘蒙锦鸡儿 | 锦鸡儿属 学名 *Caragana opulens*

形态特征 灌木，高达0.6m。树皮灰褐色，有光泽。小枝细长，稍呈灰白色，有明显条棱。托叶在长枝上硬化成针刺状，长2~5mm，宿存。小叶4枚，簇生，倒卵状披针形，长0.3~1.2cm。花梗单生，长7~25mm，纤细，关节在顶部或中部以上，花冠黄色，有时稍带红色。荚果圆筒状，长2.5~4cm。花期5~6月，果期6~7月。

生长习性 主根长，侧根发达，抗旱、抗高温，适应性强。

繁殖方式 种子繁殖。

用途 是营造水源涵养林的优良灌木树种。

分布 内蒙古、山西、陕西、宁夏、青海、四川、西藏等地均有分布。张家口市原生树种，赤城县有分布。

鬼箭锦鸡儿 | 锦鸡儿属 学名 *Caragana jubata*

别名 鬼见愁、浪麻

形态特征 灌木，直立或伏地，高0.3~2m。基部多分枝。树皮深褐色、灰绿色或灰褐色。偶数羽状复叶，小叶4~6对，托叶先端刚毛状，不硬化成针刺。小叶长圆形，长11~15mm，先端圆或尖，被长柔毛。花梗单生，基部具关节，苞片线形；花玫瑰色、淡紫色、粉红色或近白色，长27~32mm，旗瓣宽卵形，翼瓣近长圆形，瓣柄长为瓣片的2/3~3/4，耳狭线形，长为瓣柄的3/4，龙骨瓣先端斜截平而稍凹，瓣柄与瓣片近等长，耳短，三角形。荚果长约3cm，密被丝状长柔毛。花期6~7月，果期8~9月。

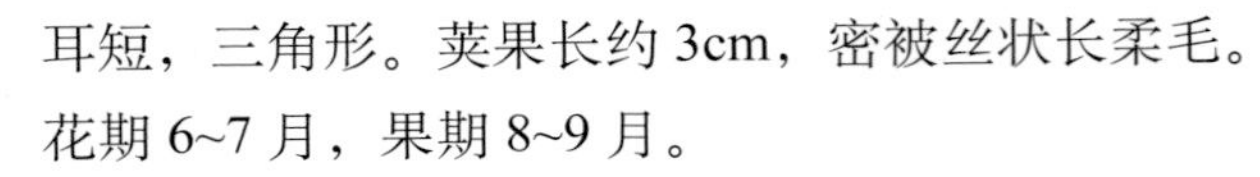

生长习性 适生于高寒、湿润的生态环境，抗干旱，耐瘠薄。

繁殖方式 种子繁殖。

用途 茎纤维可做绳索或编制麻袋，也是中等饲用植物。

分布 产于内蒙古、山西、新疆等地。张家口市原生树种，赤城、涿鹿、蔚县小五台山有分布。

红花锦鸡儿

锦鸡儿属

学名 *Caragana rosea*

别名 金雀儿、黄枝条

形态特征 灌木，高达1m。树皮绿褐色或灰褐色，小枝细长，具条棱。假掌状复叶。托叶在长枝者成细针刺，长3~4mm，短枝上脱落。小叶4枚，楔状倒卵形，长1~2.5cm，先端圆钝或微凹，具刺尖，近革质，下面无毛。花梗单生，花冠黄色，常紫红色或全部淡红色，凋时变为红色，长20~22mm。荚果圆筒形，长3~6cm。花期4~6月，果期6~7月。

生长习性 喜光，喜干燥，耐干旱，抗风沙，耐瘠薄，不耐水湿。萌芽和萌蘖力强，根系发达，具根瘤菌。不择土壤。

繁殖方式 播种、扦插、嫁接繁殖。

用途 根可入药，有健脾强胃、活血催乳、利尿通经之功效。花密集，花期长，鲜艳，常作庭院绿化，特别适合作为高速公路两旁的绿化带。

分布 产于东北、华北、华东及河南、甘肃南部。张家口市原生树种，崇礼、赤城、阳原有分布。

树锦鸡儿

▶ 锦鸡儿属
学名 *Caragana arborescens*

别名 蒙古锦鸡儿

形态特征 小乔木或大灌木，高 2~6m。老枝深灰色，平滑，稍光泽，小枝有棱，幼时被柔毛。偶数羽状复叶，小叶 4~8 对，长圆状倒卵形、窄倒卵形或椭圆形，长 1~2（2.5）cm，先端圆钝，具刺尖，基部宽楔形，幼时被柔毛，托叶刺长 0.5~1cm，宿存。花梗 2~5 簇生，每梗 1 花，花冠黄色，长 2~5cm。荚果圆筒形，长 3.5~6cm，先端渐尖，无毛。花期 5~6 月，果期 8~9 月。

生长习性 性强健，喜光，耐寒。

繁殖方式 种子繁殖。

用途 种子含油率 10%~14%，可作肥皂及油漆用。是我国北方水土保持和固沙造林树种，也是城乡绿化中常用的花灌木，可孤植、丛植，也可作绿篱材料。

分布 黑龙江、内蒙古、山西、陕西、甘肃、新疆等地有分布。张家口市原生树种，蔚县、阳原、怀安等县有分布。

狭叶锦鸡儿

锦鸡儿属
学名 *Caragana stenophylla*

形态特征 灌木，高达0.8m。树皮灰绿色、黄褐色或深褐色。小枝细长，具条棱，嫩时被短柔毛。假掌状复叶。长枝托叶刺长2~3mm，叶轴刺状，长3~7mm，宿存。小叶4，线状披针形或线形，长4~11mm，两面绿色或灰绿色，常由中脉向上折叠。花梗单生，花梗长5~10mm，花冠黄色，长1.4~2cm，关节在中部稍下。荚果圆筒形，长2~2.5cm。花期4~6月，果期7~8月。

生长习性 耐干旱，生于沙地、黄土丘陵、低山阳坡。

繁殖方式 种子繁殖。

用途 茎皮供造纸及纤维板原料。为良好的固沙和水土保持植物。

分布 东北及内蒙古、山西、宁夏、甘肃、新疆等地有分布。张家口市原生树种，分布于坝下山地丘陵。

小叶锦鸡儿

锦鸡儿属
学名 *Caragana microphylla*

形态特征 灌木，高达1~2(3)m。老枝深灰色或黑绿色，枝斜生，幼枝有丝毛。偶数羽状复叶，小叶5~10对，倒卵形或倒卵状长圆形，长3~10mm，宽2~8mm，先端圆或钝，具短刺尖。花梗长约1cm，花1~2朵，花冠黄色，长约2cm。荚果圆筒形，长4~5cm，稍扁。花期5~6月，果期7~8月。

生长习性 性喜光，强健，耐寒，喜生于通气良好的沙地。

繁殖方式 种子繁殖。

用途 枝条可作绿肥；嫩枝叶可作饲草；可作固沙和水土保持植物。

分布 东北、华北及山东、陕西、甘肃有分布。张家口市原生树种，万全、蔚县、涿鹿等地有分布。

北京锦鸡儿

锦鸡儿属
学名 *Caragana pekinensis*

别名 灰叶黄刺条

形态特征 灌木，高达2m。老枝皮褐色或黑褐色，幼枝密被短绒毛。偶数羽状复叶，托叶硬化成针刺状，长达1.2cm。小叶5~8对，小叶椭圆形或倒卵状椭圆形，长5~12mm，先端钝或圆，具刺尖，两面密被灰白色伏贴短柔毛。花梗2个并生或单生，有时3~4簇生，上部具关节。花冠黄色，长约25mm。荚果扁，长4~6cm，后期密被柔毛。花期5月，果期7月。

分布 产于河北沿长城内外及北京房山、百花山。张家口市原生树种，赤城县、蔚县有分布。

南口锦鸡儿

锦鸡儿属
学名 *Caragana zahlbruckneri*

形态特征 灌木，高达1.5m，多分枝。老枝褐黑色或绿褐色，光滑，小枝红褐色，幼枝被短柔毛。偶数羽状复叶，托叶硬化成针刺状，长0.5~1.6cm。小叶5~9对，小叶倒卵状长圆形，倒披针形或窄倒披针形，先端钝或圆形，基部楔形，长6~18mm，近无毛或两面被伏贴柔毛。花梗单生或并生，长8~15mm，被短柔毛，关节在中部或上部。花冠黄色，旗瓣长23~25mm，倒卵形或近圆形，翼瓣的瓣柄比瓣片稍长或近相等，耳短，齿状，龙骨瓣的瓣柄较瓣片稍长，耳不明显。荚果扁，长4~4.5mm。花期5月，果期7月。

分布 产于河北北部、山西西北部。张家口市原生树种，蔚县小五台山自然保护区有分布。

柠条锦鸡儿

锦鸡儿属
学名 *Caragana korshinskii*

别名 牛筋条、老虎刺、白柠条

形态特征 灌木，有时小乔状，高达4m。老枝金黄色，有光泽。嫩枝被白色柔毛。羽状复叶有6~8对小叶，托叶在长枝者硬化成针刺，长3~7mm，宿存。小叶披针形或狭长圆形，长7~8mm，先端锐尖或稍钝，有刺尖，基部宽楔形，灰绿色，两面密被白色伏贴柔毛。花单生，花萼钟状，花冠黄色，蝶形。荚果扁，披针形。花期5月，果期6月。

生长习性 喜光，抗旱、抗寒、耐瘠薄，具根瘤，能改良土壤，生长旺盛。

繁殖方式 播种繁殖。

用途 枝叶可作绿肥和饲料。茎皮可制“毛条麻”，供搓绳、织麻袋等用。开花繁盛，为优良蜜源树种；是西北地区营造防风固沙林及水土保持林的重要树种。

分布 产于内蒙古西部、陕西北部及宁夏。张家口市引进树种，坝上坝下均有栽培。

康保

木蓝属

落叶灌木、亚灌木或草本。植物有贴生的单毛或“丁”字毛，稀无毛。奇数羽状复叶，稀3小叶或单叶，小叶对生，罕互生，有短柄，全缘。托叶小，针状，基部着生在叶柄上。总状花序腋生，花淡红色或紫色，罕白色、黄色或绿色，花萼钟形。荚果常为圆柱形或条形。

本属约800种，我国产120种，张家口产花木蓝和河北木蓝2种。

花木蓝

木蓝属
学名 *Indigofera kirilowii*

别名 吉氏木蓝、山绿豆、山扫帚

形态特征 灌木，高达1m。小枝有棱，有“丁”字毛和柔毛。小叶7~11片，小叶片卵状椭圆形或椭圆形，长1.5~3cm，两面有白色“丁”字毛。总状花序，腋生，与复叶近等长。花冠粉红色，长1.5~1.8cm。荚果，圆柱形，长3.5~7.0cm，棕褐色，无毛。种子多数，矩圆形。花期5~6月，果期7~10月。

生长习性 适应性强，耐贫瘠，耐干旱，抗病性较强，也较耐水湿，对土壤要求不严。常生于山坡灌丛及疏林内或岩缝中。

繁殖方式 播种繁殖。

用途 茎皮纤维供制人造棉、纤维板和造纸用。枝条可编筐。花大而美丽，可作地被观赏。根系发达，可作水土保持和荒山绿化树种。

分布 产于东北、华北、华东。张家口市原生树种，赤城大海陀、蔚县小五台山有分布。

河北木蓝

木蓝属
学名 *Indigofera bungeana*

别名 铁扫帚、本氏木蓝

形态特征 直立灌木，高 0.4~1m。茎褐色，圆柱形，有皮孔，枝银灰色，被灰白色“丁”字毛。小枝有白色“丁”字毛。奇数羽状复叶，长 2.5~5cm。叶柄长达 1cm，叶轴上面有槽，与叶柄均被灰色平贴“丁”字毛。总状花序，腋生，长 4~6cm，总花梗较叶柄短，花冠紫色或紫红色，长约 5mm。荚果褐色，圆柱形，长 2.5~3cm，有“丁”字毛，种子椭圆形。花期 5~7 月，果期 8~9 月。

用途 全株入药，能清热止血、消肿生肌。

分布 产于辽宁、内蒙古、河北、山西、陕西。张家口市原生树种，蔚县小五台山有分布。

紫穗槐属

落叶灌木或亚灌木。无顶芽。奇数羽状复叶，互生，小叶对生或近对生，全缘。圆锥状总状花序顶生，直立，萼钟状，萼齿5，具油腺点。荚果，短，微弯曲，具油腺点，不开裂，常具1粒种子。

本属约有15种，产北美，我国引入栽培1种。

紫穗槐

木蓝属
学名 *Amorpha fruticosa*

别名 棉槐、椒条、棉条、穗花槐、紫翠槐、板条

形态特征 灌木，高达4m。枝条直伸，小枝灰绿色或灰棕色，有棱线，幼时有毛，老枝无毛，褐色。奇数羽状复叶，互生，长10~15cm，小叶9~25片，基部有线形托叶，小叶披针状椭圆形或椭圆形，长1.5~4cm，有透明油腺点，幼叶密被毛，老叶毛稀疏。圆锥状总状花序，顶生，花小，蓝紫色。荚果，扁，长8mm，果皮上密被瘤状油腺点。花期5~6月，果期8~10月。

生长习性 喜光，喜干冷气候，耐寒性强，最低能耐-40℃低温。耐干旱能力很强，能耐一定程度的水淹，耐盐碱土壤。生长迅速，萌芽力强，侧根发达。

繁殖方式 播种、扦插及分株繁殖。

用途 枝叶作绿肥、家畜饲料；枝条用以编筐；果实含芳香油，可作油漆、甘油和润滑油原料。枝叶繁密，又为蜜源植物，常作绿篱栽植。

分布 原产北美，现我国东北中部以南、华北、西北，南至长江流域均有栽培。张家口市引进树种，万全、赤城、怀安、涿鹿、阳原等地均有栽培。

胡颓子科

沙棘属

落叶灌木，稀小乔木，具枝刺，植物体被银白色星状毛或腺鳞。叶互生，狭窄，具短柄。花单性异株，短总状花序，生去年小枝上。雄花有短柄。坚果浆果状，球形至卵球形，橘黄色、橘红或红色。

本属有 4 种，我国有 4 种和 5 亚种，产于北部、西部和西南地区。张家口产沙棘 1 种。

沙棘

沙棘属
学名 *Hippophae rhamnoides*

别名 醋柳、酸刺柳、黑刺、酸刺

形态特征 灌木或小乔木，高达 8m。树皮暗褐色，纵裂。枝灰色，有刺。叶互生或近对生，纸质，条形或条状披针形，长 2~6cm，叶端尖或钝，基部狭楔形，背面银白色或淡白色，被鳞片，无星状毛，叶柄极短。果球形或卵球形，长 6~8mm，浆果状，黄、橘黄至橘红色。种子 1 粒，种皮骨质，阔椭圆形至卵形，具光泽。花期 4~5 月，果期 9~10 月。

生长习性 喜光，耐干旱，极耐贫瘠，耐酷热，耐风沙及干旱气候。对土壤适应性强，萌蘖力极强，生长迅速，耐修剪。

繁殖方式 播种、扦插、压条及分蘖繁殖。

用途 果富含多种维生素，可供生食或加工酿酒、制醋、制果酱。果可入药，有活血、补肺之效，又可提制黄色染料。种子可榨油，供食用。花含蜜源，可提取香精油。

分布 华北、西北、西南均有分布。张家口市原生树种，全市分布广泛。

崇礼

胡颓子属

落叶或常绿，灌木或乔木。常具枝刺，被黄褐色或银白色盾状鳞。单叶互生，具短柄。花两性，稀杂性，单生或簇生于叶腋，成伞形总状花序。通常具花梗。坚果，为膨大肉质化的萼管所包围，呈核果状，矩圆形或椭圆形、稀近球形，红色或黄红色。

本属约50种，我国产40种，各地均产，但长江流域及以南地区更为普遍。张家口引进栽培沙枣1种。

沙枣

胡颓子属
学名 *Elaeagnus angustifolia*

别名 七里香、银柳、桂香柳

形态特征 落叶灌木至小乔木，高5~10m。幼枝被银白色鳞盾，老枝栗褐色，有时具刺。叶薄纸质，披针形至狭披针形，长2~6cm，先端尖或钝，基部宽楔形，全缘，两面均被银白色鳞盾。叶柄长5~8mm。花1~3朵簇生小枝下部叶腋，花被钟状，长5mm，外面银白色，里面黄色，芳香，花柄极短。果长圆状椭圆形，径8~11mm，核果状，密被银白色鳞片。花期5月，果期8~10月。

生长习性 喜光，耐寒性强，耐干旱、耐水湿又耐盐碱、耐瘠薄，能生长在沙漠、半沙漠和草原上。

繁殖方式 播种繁殖。

用途 果可鲜食或酿造。叶为含蛋白质饲料。花为蜜源，还可提取香精。树液可制取阿拉伯树胶代用品。材质坚韧，纹理美，可为家具、建筑用材。花、果、枝、叶、皮均可入药，可治慢性支气管炎、神经衰弱、消化不良等症。具观赏特色，抗性强，宜作盐碱地及荒漠地绿化经济林树种。

分布 东北、华北、西北、中南、华东均有分布。张家口市引进树种，万全镇、宣化区草帽山、阳原南北两山有栽植。

千屈菜科

紫薇属

常绿或落叶灌木或小乔木。冬芽尖，有2枚芽鳞。叶对生或在小枝上部互生，叶柄短；托叶小而早落。花两性，整齐，圆锥花序，花瓣5~8。蒴果木质，成熟时室背开裂为3~6果瓣。种子多数，先端具翅。

本属共55种，我国有16种，多数产长江以南。张家口引进栽培紫薇1种。

紫薇

紫薇属
学名 *Lagerstroemia indica*

别名 痒痒树、紫金花、百日红

形态特征 落叶灌木或小乔木，高达8m。树皮淡褐色，薄片状剥落。树冠不整齐，枝干多扭曲。1年生小枝淡灰黄色，小枝四棱，无毛。叶对生或近对生，椭圆形或倒卵形至长圆形，长2.3~7cm，先端尖或钝，基部宽楔形或近圆形，全缘，无毛或背面沿中脉有微柔毛。圆锥花序，顶生，无毛，径3~4cm，花瓣6，淡红色或紫色、白色。蒴果，近球形，直径约0.75~1.2cm。花期7~9月，果期10~11月。

生长习性 喜光，略耐阴。喜暖湿气候，也耐寒，在张家口良好的小气候条件能露地越冬。喜肥沃、湿润而排水良好的石灰性土壤，耐旱，怕涝。萌蘖力强，生长缓慢，寿命长。

繁殖方式 分蘖、扦插及播种繁殖。

用途 木材坚硬、耐腐，可作农具、家具、建筑等用材。树皮、叶及花为强泻剂。根和树皮煎剂可治咯血、吐血、便血。花色鲜艳美丽，花期长，寿命长，树龄有达200年的，现热带地区已广泛栽培为庭园观赏树，有时亦作盆景。

分布 华东、华中、华南及西南均有分布，各地普遍栽培。张家口市引进树种，市区、涿鹿县、怀安县有引种栽培。

瑞香科

荛花属

灌木。叶对生稀互生。总状或穗状花序，顶生。花两性，无花瓣，花萼管状。核果，有时为花被基部包围，果皮肉质或膜质。

本属约 50 种，我国产 40 种，主要分布在长江以南地区。张家口产河朔荛花 1 种。

河朔荛花

荛花属
学名 *Wikstroemia chamaedaphne*

别名 药鱼梢、老虎麻

形态特征 落叶灌木，高达 1m。小枝纤细，无毛。叶对生或近对生，无毛，近革质，叶片披针形至条状披针形，长 2~6cm，宽 3~8mm，先端渐尖，基部渐窄成柄，表面绿色，干后稍皱缩，背面灰绿色，光滑，侧脉每边 7~8 条，不明显。穗状或圆锥状花序，顶生或腋生，花被筒状，长 8~10mm。花期 5~7 月，果期 9~10 月。

生长习性 喜光，耐干旱。

繁殖方式 播种繁殖。

用途 可作为水土保持灌木。茎皮纤维可造纸或作人造棉。茎叶有毒，有驱虫作用。

分布 产于河北、河南、山西、陕西、甘肃、四川、湖北、江苏等地。张家口市原生树种，赤城大海陀、蔚县小五台山以及阳原县有分布。

山茱萸科

梾木属

落叶稀常绿，乔木或灌木。小枝常被丁字形毛。叶对生，全缘，纸质，卵圆形或椭圆形。伞房状或圆锥状聚伞花序，顶生，无总苞片。花小，花瓣白色，卵圆形或长圆形，镊合状排列。核果卵形，稀椭圆形，果核骨质，有种子2粒。

本属共百余种，我国产28种，分布于东北、华南及西南，而主产于西南。张家口产毛梾、沙梾和红瑞木3种。

毛梾

梾木属
学名 *Cornus walteri*

别名 油树、小六谷、车梁木

形态特征 落叶乔木，高达20m。树皮厚，黑褐色，长方块状开裂。幼枝绿色，微具棱。叶对生，椭圆形或长椭圆形，长4~12cm，先端渐尖。伞房状聚伞花序，顶生，径9.5mm，花白色。核果近球形，直径约6~8mm，熟时黑色，近无毛。花期5月，果期9月。

生长习性 喜阳光，耐寒，耐旱，能耐-23℃低温和43.4℃高温。深根性，根系发达。

繁殖方式 种子繁殖。

用途 木材坚重，可作家具、车辆、农具等用。叶和树皮可提制栲胶；花为蜜源；种子榨油供食用。其枝叶茂密，白花可赏，又可作为四旁绿化和水土保持树种。

分布 产于辽宁、河北、山西南部及华东、华中、华南、西南各地。张家口市原生树种，蔚县小五台山有分布。

沙梾

▶ 梾木属
学名 *Cornus bretschneideri*

形态特征 落叶灌木或小乔木，高达6m。树皮紫红色。幼枝圆柱形，黄褐色略带红色，老枝淡黄色，有淡白色椭圆形皮孔。叶对生，纸质，卵形、椭圆状卵形或长圆形，长5~8.5cm，先端突渐尖或短渐尖，基部阔楔形或圆形，表面绿色，有短柔毛，背面灰白色，密被不明显的乳头状突起及白色贴生的短柔毛。伞房状聚伞花序，顶生，宽4.5~6cm，白色。核果球形，熟时蓝黑色至黑色，直径4~5mm。果核扁球形。花期6~7月，果期8~9月。

分布 产于辽宁、内蒙古、河北、山西、陕西、宁夏、甘肃、青海、河南、湖北以及四川西北部。张家口市原生树种，尚义、赤城有分布。

红瑞木

棶木属
学名 *Cornus alba*

别名 红瑞山茱萸

形态特征 落叶灌木，高达3m。枝血红色，无毛，初时常被灰白色短柔毛及白粉。单叶，对生，椭圆形，稀卵圆形，长5~8.5cm，先端突尖，叶基楔形或宽楔形，具侧脉5~6对。伞房状聚伞花序顶生，花白色或淡黄白色。核果侧扁，两面各有3条脉纹，成熟时果为白色或稍带紫色。花期6~7月，果期8~9月。

生长习性 喜光，强健、耐寒，喜潮湿温暖的生长环境。

繁殖方式 播种、扦插和分株繁殖。

用途 种子含油26.8%，供工业用。茎、枝血红色，果白色，常栽植供观赏。

分布 产于我国东北及内蒙古、河北、陕西、山东等地。张家口市原生树种，赤城有野生分布，已大范围应用于全市园林绿化。

桑寄生科

桑寄生属

寄生性灌木。嫩枝及叶无毛。叶具羽状脉，叶对生或近对生。穗状花序，花序轴在花着生处常稍陷入。花两性或单性异株。浆果球形或卵圆形。种子1粒，有胚乳。

本属约10种，我国产6种，南北各省均产。张家口引进栽培槲寄生1种。

槲寄生

桑寄生属
学名 *Viscum coloratum*

别名 寄生子、冬青、北寄生

形态特征 小灌木，高0.3~0.8m。茎枝圆柱形，黄绿色，二叉状分枝，节稍膨大。单叶，对生，稀3枚轮生，厚革质或革质，长椭圆形至椭圆状披针形，长2.5~7cm，先端圆形或圆钝，基部楔形，基出脉3~5条，叶柄短。雌雄异株。花序生于枝顶或分叉处，雄花序聚伞状，常3花，总花梗几无或长达5mm；雌花序聚伞式穗状，具3~5朵花，总花梗长2~3mm或几无。浆果球形，直径6~8mm，具宿存花柱，成熟时淡黄色或橙红色。花期4~6月，果期6~9月。

生长习性 海拔500~1400（~2000）m阔叶林中，寄生于榆、杨、柳、桦、栎、梨、李、苹果、枫杨、赤杨、椴属植物上。

繁殖方式 种子繁殖。

用途 全株入药，即中药材槲寄生正品，能治风湿痹痛、腰膝酸软、胎动、胎漏及降低血压等。

分布 我国大部分地区均产，仅新疆、西藏、云南、广东不产。张家口市引进树种，市区、宣化区有栽植。

卫矛科

卫矛属

落叶或常绿，乔木或灌木。有时借不定根匍匐或攀缘上升。小枝常四棱形。叶对生，稀轮生或互生。托叶早落或无。聚伞花序腋生，花两性，稀杂性。蒴果平滑、具棱或翅，稀有瘤突或刺，4~5 室，每室 1~2 粒种子，种子全部或部分包于橘红色或红色假种皮内，有胚乳。

本属约有 200 种，我国产 100 种左右，广布全国，以黄河以南最多。张家口产白杜、卫矛、小卫矛和八宝茶 4 种，引进栽培大叶黄杨 1 种。

白杜

卫矛属
学名 *Euonymus bungeana*

别名 丝棉木、明开夜合、华北卫矛

形态特征 落叶乔木，高达 10m。树冠近球形，树皮灰色，幼时光滑，老时浅纵裂。小枝绿色，微具四棱，无毛。叶对生，卵形、宽卵形、卵状椭圆形，长 4~10cm，先端渐尖或长渐尖，基部阔楔形或近圆形，边缘具细锯齿，有时极深而锐利。二歧聚伞花序，花淡绿色，径约 7mm，花部 4 数。蒴果上部 4 浅裂，粉红色，径约 1cm，4 深裂。种子具橘红色假种皮。花期 5~6 月，果期 9~10 月。

生长习性 喜光、耐寒、耐旱、稍耐阴，也耐水湿。为深根性植物，根萌蘖力强，生长较慢，对土壤要求不严。对氯气、氟化氢和二氧化硫有较强的吸收能力，对粉尘也有很强的吸滞能力。

繁殖方式 播种、分株及硬枝扦插繁殖。

用途 木材白色、细致，可供器具及细工雕刻用。叶可代茶。树皮含硬橡胶，种子含油率达 40% 以上，可作工业用油。花果充当“合欢”与根均入药，祛风湿、活血、止血。是园林绿地的优美观赏树种。

分布 产地广阔，北起黑龙江，包括华北、内蒙古各省区，南到长江南岸各地，西至甘肃，除陕西、西南和广东、广西未见野生外，其他各省区均有。张家口市原生树种，坝下低山、丘陵有分布。

卫矛

卫矛属
学名 *Euonymus alatus*

别名 鬼箭羽、鬼箭、六月凌、四面锋、四棱树、见肿消、麻药

形态特征 落叶灌木，高1~3m。树皮光滑，灰白色，具细皱纹。小枝四棱形，常具2~4薄片状木栓翅。髓横切面十字形。叶对生，叶片长圆状倒卵形或椭圆形，长3~10cm，先端渐尖或突尖，基部楔形或近圆形，边缘具细锯齿，两面无毛，叶柄长1~2mm或近无柄。二歧聚伞花序腋生，花淡绿色，径约5~7mm。蒴果带紫色，常1~2枚心皮发育。种子褐色，椭圆形，外包橘红色假种皮。花期4~5月，果期9~10月。

生长习性 喜光，稍耐阴，对气候适应性强，能耐干旱和寒冷，在中性、酸性及石灰性土壤上均能生长。萌芽能力强，耐修剪。

繁殖方式 以播种繁殖为主，扦插、分株也可。

用途 木材白色，致密，供细木工、雕刻、农具柄等用。茎皮、根皮、叶含硬橡胶。带翅嫩枝入药，中药称“鬼箭羽”。种子含油量约48%，供制皂、润滑油用。是优良的观叶赏果树种。

分布 长江中下游、华北及吉林均有分布。张家口市原生树种，赤城、蔚县小五台山有分布。

小卫矛

卫矛属
学名 *Euonymus nanoides*

形态特征 落叶小灌木。小枝具四棱，枝条常具条状木栓翅。叶对生，叶片窄椭圆形或长圆状披针形，长 1~2.5cm，先端急尖或钝，边缘具细锯齿，侧脉少而不明显，背面近脉处常有乳突状疏毛，近无柄。花与叶同时开放，常 1~2 朵，淡黄绿色，直径约 5mm，花部 4 数。蒴果近球状，长约 5mm，熟时紫红色。种子紫褐色，全包于橘红色假种皮内。花期 5~6 月，果期 10 月。

生长习性 喜光，耐寒冷、耐干旱，常生于阳坡。

繁殖方式 播种繁殖。

分布 产于内蒙古、山西、陕西、甘肃、四川、西藏、云南等地。张家口市原生树种，蔚县小五台山有分布。

八宝茶

卫矛属
学名 *Euonymus przewalskii*

别名 甘青卫矛

形态特征 小灌木，高 0.5~2m。枝绿色，常有四条木栓棱。叶对生，长倒卵形或卵状披针形，长 2~5cm，先端渐尖，基部宽楔形或近圆形，边缘有浅细钝齿。聚伞花序腋生，1~2 回分枝。花部 4 数，花瓣卵形，深紫色，径 5~8mm。蒴果倒圆锥状，紫色，直径约 0.7~1cm，基部宽圆，四浅裂。花期 5~6 月，果期 8~9 月。

用途 叶可代茶。

分布 分布于河北、山西、甘肃、新疆、四川、云南、西藏等地。张家口市原生树种，赤城东卯、后城，蔚县小五台山有分布。

大叶黄杨

卫矛属
学名 *Euonymus japonicus*

别名 冬青卫矛、日本卫矛

形态特征 常绿灌木，高可达3m。树皮浅褐色，有浅纵裂条纹。小枝微四棱，绿色，具细微皱突。叶革质，有光泽，倒卵形或椭圆形，长3~6cm，先端钝圆或急尖，基部楔形，边缘具有浅细钝齿，叶柄长约0.6~1cm。二歧聚伞花序，花5~15朵，花序梗长2~5mm，2~3次分枝，花淡绿色，径5~7mm。花瓣近卵圆形，长宽各约2mm。蒴果扁球形，粉红色，直径约8mm。花期5~6月，果期9~10月。

生长习性 喜光，亦耐阴。喜温暖气候和肥沃土壤。耐寒性较差，温度低达-17℃左右即受冻害。耐修剪，生长较慢，寿命长。

繁殖方式 插条、嫁接、压条和种子繁殖。

用途 树皮入药，有调经止痛等功效。常栽培观赏或作绿篱。

分布 本种最先于日本发现，后引入栽培，我国南北各地均有栽培。张家口市引进树种，宣化、涿鹿有引种栽培。

南蛇藤属

落叶或常绿，藤状灌木。小枝圆柱形或有纵棱，疏生淡色皮孔。叶互生，具柄，托叶小，早落。圆锥状聚伞花序或总状花序，花浅绿色或白色。蒴果近球形或椭圆形，顶端常具宿存的花柱。种子有红色或橘红色肉质假种皮，全包种子。

本属共约 50 种，我国约 30 余种，广布全国。张家口产南蛇藤 1 种。

南蛇藤

南蛇藤属
学名 *Celastrus orbiculatus*

别名 蔓性落霜红

形态特征 落叶藤状灌木，长达 12m。小枝圆柱形，灰褐色或灰紫色，髓心充实白色，皮孔大而隆起。叶互生，倒卵形、宽椭圆形或近圆形，长 5~12cm，先端钝尖或突尖，基部宽楔形或近圆形，边缘有疏钝齿。雌雄异株，聚伞花序，或在枝端成圆锥状花序与叶对生。蒴果近球形，近 6~10mm，黄色。种子扁椭圆形，具红色肉质假种皮。花期 5~6 月，果期 7~10 月。

生长习性 适应性强，喜光，也耐半阴，耐寒冷，耐干旱。

繁殖方式 常用播种繁殖，扦插、压条也可。

用途 根、茎、叶、果均可入药，有活血行气、消肿解痛等功效。茎皮纤维优质，为人造棉原料。种子含油 50% 左右，供工业用。亦为庭院观赏树种。

分布 分布于华北、东北、西北、西南、华中、华东等。张家口市原生树种，赤城东卯、后城及蔚县小五台山有分布。

黄杨科

黄杨属

灌木或小乔木。小枝四棱形，大多被柔毛。单叶对生，种子长圆形，黑色，光亮，具胚乳。本属约70种，我国约有21种，主产西部、西南部。张家口引进栽培小叶黄杨、朝鲜黄杨2种。

小叶黄杨

黄杨属
学名 *Buxus microphylla*

别名 黄杨、瓜子黄杨

形态特征 常绿灌木或小乔木，高1~6m。树干灰白光洁。枝条密生，枝叶较疏散，小枝及冬芽外鳞均有短柔毛。叶倒卵形、倒卵状椭圆形至广卵形，长2~3.5cm，先端圆或微凹，基部楔形，叶柄及叶背中脉基部有毛。花簇生叶腋或枝端，黄绿色。花期3~4月，果期8~10月。

生长习性 喜半阴，喜温暖湿润气候及肥沃的中性及微酸性土壤。生长缓慢，耐修剪，对多种有害气体抗性强。

繁殖方式 常播种或扦插繁殖。

用途 根、枝叶可入药；木材坚实，材质致密，供美术雕刻、制木梳与乐器等。枝叶茂密，叶光亮、常青，多年来为华北城市绿化、绿篱设置等的主要灌木树种。

分布 产于华北、华东及华中。张家口市引进树种，桥东区、怀安县、宣化区等有引种栽植。

朝鲜黄杨

黄杨属
学名 *Buxus microphylla* var. *koreana*

形态特征 常绿灌木，高 1~1.5m。枝条紧密，小枝近四棱形。叶椭圆形、卵圆形或长椭圆形，革质，先端微凹，基部楔形，全缘，叶面深绿，背面淡绿色。叶柄、叶背中脉密生毛。花簇生于叶脉，或顶生。蒴果 3 室，每室具 2 粒黑色有光泽的种子。花期 4 月，果期 7~8 月。

生长习性 耐寒力极强，具有抗风沙、耐干旱、喜阴等特性。

繁殖方式 播种繁殖。

用途 园林中常用作绿篱及背景种植材料，亦可丛植草地边缘或列植于园路两旁。

分布 自东北南部至华中均有分布。张家口市引进树种，市区公园有栽植。

大戟科

白饭树属

直立灌木或小乔木，通常无刺。单叶互生，常排成2列；羽状脉；叶柄短；具有托叶。花小，雌雄异株，稀同株，单生、簇生或组成密集聚伞花序；无花瓣。蒴果，圆球形或三棱形，基部有宿存的萼片，果皮革质或肉质；种子通常三棱形，种皮脆壳质，平滑或有疣状凸起。

本属约12种，我国产4种，除西北外，全国各地均有分布。张家口产叶底珠1种。

叶底珠

白饭树属
学名 *Flueggea suffruticosa*

别名 一叶荻、叶下珠

形态特征 灌木，高可达3m。树皮灰色，茎丛生，多分枝，无毛。小枝浅绿色，具棱。叶片椭圆形、矩圆形或卵状矩圆形，长1.5~6cm，先端钝或稍尖，基部宽楔形，全缘或有不整齐波状齿或细齿，下面灰绿色；叶柄长3~5mm。雌雄异株，花小，黄绿色，无花瓣。蒴果三棱状扁球形，直径约5mm，红褐色。种子褐色，稍具光泽，有棱。花期5~7月，果期8~9月。

生长习性 适应性很强，耐寒、耐干旱，喜沙质土壤，多生于山地路旁、灌丛及向阳处。

繁殖方式 播种繁殖。

用途 叶、花可药用，含多种生物碱，对神经系统有兴奋作用，有祛风活血、补肾强筋之功效，主治面神经麻痹、小儿麻痹后遗症、眩晕、耳聋、神经衰弱、阳痿等症；树皮、枝条可提取纤维，制绳及纺织原料；种子含油量7.13%，可制工业用油；根含鞣质，可提取栲胶；枝叶繁茂，花果密集，可供园林绿化用。

分布 产于东北、华中、华东及河南、陕西、四川。张家口市原生树种，赤城大海陀、后城及蔚县小五台山有分布。

雀舌木属

灌木或多年生草本。茎直立，有时茎和枝具棱。单叶互生，全缘，叶柄短，托叶小。花单性，雌雄同株，稀异株，单生或簇生于叶腋；花梗纤细，有花瓣。蒴果，成熟时开裂为 3 个 2 裂的分果瓣；种子无种阜，表面光滑或有斑点，胚乳肉质。

本属约 25 种，我国约产 10 种，除新疆、内蒙古、福建和台湾外，全国各地均有分布。张家口产雀儿舌头 1 种。

雀儿舌头

雀舌木属
学名 *Leptopus chinensis*

别名 黑钩叶、雀舌木

形态特征 灌木，高可达 3m，多分枝。叶片卵形、椭圆状卵形至披针形，长 1~5cm，先端渐尖，基部楔形或圆形，两面无毛，叶柄纤细，长 2~8mm。花单生或 2~4 朵簇生叶腋，雄花白色。蒴果球形或扁球形，光滑，直径约 6mm。花期 5~10 月，果期 8~12 月。

生长习性 喜光，耐干旱，土层瘠薄环境、水分少的石灰岩山地亦能生长。

繁殖方式 播种或扦插繁殖。

用途 本种未开花的幼嫩枝叶有毒性，羊多食可致死，故有“断肠草”之称；叶可杀虫；可作水土保持林和园林绿化树种。

分布 分布广泛，除新疆、内蒙古、黑龙江、福建、广东外，其他各地均有分布。张家口市原生树种，赤城东卯、后城、大海陀及蔚县小五台山有分布。

鼠李科

鼠李属

灌木或小乔木。无刺或小枝先端常具刺。单叶在长枝上互生或近对生，在短枝上簇生；托叶小，早落。花小，黄绿色，两性或单性，雌雄异株，单生或数个簇生，或排列成腋生聚伞花序、聚伞总状或聚伞圆锥花序。浆果状核果，倒卵状球形，具2~4分核，各有1粒种子。

本属约160种，我国有58种和14变种，各地均有分布，以西南和华南种类最多。张家口产长梗鼠李、东北鼠李、冻绿、锐齿鼠李、鼠李、乌苏里鼠李、狭叶鼠李、小叶鼠李、圆叶鼠李、黑桦树和卵叶鼠李11种。

长梗鼠李

鼠李属
学名 *Rhamnus schneideri*

形态特征 落叶灌木，株高达3m。多分枝，小枝无毛，短枝先端具刺。叶互生，椭圆形、倒卵形或卵状椭圆形，长2.5~8cm，叶先端突尖、短渐尖或渐尖，稀锐尖，基部楔形或近圆形，表面被白色平伏糙毛，背面沿脉或脉腋疏被柔毛，具侧脉5~6对。花单性，雌雄异株，黄绿色。核果倒卵状球形或圆球形，直径4~5mm，黑色，果梗长1~1.8cm。花期5~6月，果期7~10月。

分布 产于东北、河北、山西。张家口市原生树种，赤城大海陀、蔚县小五台山有分布。

东北鼠李

鼠李属
学名 *Rhamnus schneideri* var. *manshurica*

形态特征 落叶灌木，高 2~3m。多分枝，幼枝绿色，无毛或基部被疏短毛，小枝黄褐色或暗紫色，有光泽，枝端具针刺；芽卵圆形，鳞片数个，边缘有缘毛。叶纸质或近膜质，在长枝上互生或在短枝上簇生，椭圆形、倒卵形或卵状椭圆形，长 2.5~8cm，宽 2~4cm，顶端突尖、短渐尖或渐尖，稀锐尖，基部楔形或近圆形，边缘有圆齿状锯齿，上面绿色，被白色糙伏毛，下面浅绿色，沿脉或脉腋被疏短毛，侧脉 5~6 条；托叶条形，脱落。花单性，雌雄异株，黄绿色，4 基数，有花瓣，通常数个至 10 余个簇生于短枝上。核果倒卵状球形或圆球形，长 5mm，直径 4~5mm，黑色，具 2 分核，基部有宿存的萼筒；果梗长 10~18mm，无毛。种子深褐色，上部有沟。花期 5~6 月，果期 7~10 月

生长习性 喜光，稍耐阴，耐寒，耐干旱，适应性强。

分布 产于吉林、辽宁、河北、山西、山东。张家口市原生树种，崇礼、赤城、蔚县有分布。

冻绿

鼠李属
学名 *Rhamnus utilis*

别名 红冻、黑狗丹、山李子、绿子、大绿

形态特征 落叶灌木或小乔木，高达4m。幼枝无毛，小枝褐色或紫红色，对生或近对生，枝端刺状，腋芽小，有数个鳞片。叶纸质，对生或近对生，或在短枝上簇生，长圆形、椭圆形或倒卵状椭圆形，长4~15cm，先端突尖或锐尖，基部楔形，边缘具细锯齿或圆齿状锯齿。表面无毛，背面干后常变为黄色，侧脉每边通常3~6条，两面均凸起，具明显的网脉。花单性，雌雄异株，4基数，具花瓣；雄花数朵至30余朵簇生于叶腋，或10~30余朵聚生于小枝下部，雌花2~6朵簇生于叶腋或小枝下部。核果近球形，黑色，具2分核。种子背侧基部有短纵沟。花期4~6月，果期5~10月。

用途 种子油可作润滑油；果实及叶可提制绿色染料。果可入药，能解热，治泻及瘰疬等。

分布 产于河北、山西、陕西、河南、甘肃、安徽、江苏、浙江、江西、福建、广东、广西、湖北、湖南、四川、贵州。张家口市原生树种，涿鹿杨家坪、蔚县小五台山有分布。

锐齿鼠李

鼠李属
学名 *Rhamnus arguta*

别名 牛李子、老乌眼

形态特征 落叶灌木或小乔木，高达3m。小枝紫红色，无毛，枝端稀有短刺，顶芽较大，长卵形。叶对生或近对生，稀互生，短枝上叶簇生；叶片卵形至卵圆形，稀近圆形或椭圆形，长1.5~6cm，基部心形或圆形，边缘有锐锯齿。花单性，雌雄异株，4基数，有花瓣。雄花多数簇生于短枝顶端或长枝叶腋，绿色，具花瓣，花梗长0.8~1.2mm，雌花花梗长达2cm，子房球形。核果近球形，直径6~7mm，熟时紫黑色，有3~4分核，径0.5~0.8cm，果梗长1.3~2.5cm，无毛。花期5~6月，果期6~9月。

生长习性 性喜光，耐干旱，适应力很强，多生于气候干燥、土质瘠薄的山脊。

繁殖方式 种子繁殖。

用途 种子榨油，可作润滑剂。木材坚硬致密，但无大材，供制手杖、工具把柄、小型器具等。也用作固土、护坡、防风、防沙等防护性树种。

分布 产于东北、华北和陕西、甘肃。张家口市原生树种，赐儿山、涿鹿杨家坪、蔚县小五台山均有分布。

鼠李

鼠李属
学名 *Rhamnus dahurica*

别名 牛李子、臭李子、女儿茶、大绿、大脑头、大叶鼠李、黑老鸦刺

形态特征 灌木或小乔木，高达10m。树皮灰褐色。幼枝无毛，小枝较粗壮，枝顶端常有大的芽而不形成刺，或有时仅分叉处具短针刺；褐色或红褐色，无毛。叶纸质，对生或近对生，或在短枝上簇生，宽椭圆形、卵圆形，稀倒披针状椭圆形，长4~13cm，顶端突尖或短渐尖至渐尖，稀钝或圆形，基部楔形或近圆形，有时稀偏斜，边缘具圆齿状细锯齿，侧脉4~5对，两面凸起，网脉明显。花单性，雌雄异株，4基数，有花瓣，花黄绿色，雌花1~3朵生于叶腋或数朵至20余朵簇生于短枝端。核果球形，黑色，直径5~6mm，具2分核。种子卵圆形，黄褐色，背侧有与种子等长的狭纵沟。花期5~6月，果期7~10月。

生长习性 适应性强，耐寒，耐旱，耐瘠薄。

繁殖方式 播种繁殖。

用途 种子榨油作润滑油；木材可作细木工或雕刻之用；嫩叶可代茶。枝叶繁密，入秋有累累黑果，可栽植观赏。

分布 产于东北、华北及内蒙古。张家口市原生树种，崇礼东沟、小五台山有分布。

乌苏里鼠李

鼠李属
学名 *Rhamnus ussuriensis*

别名 老鸹眼

形态特征 灌木或小乔木，高达5m。小枝灰褐色，对生或近对生。全株无毛或近无毛；枝端常具刺。叶纸质，对生或近对生，或在短枝端簇生，狭椭圆形或狭矩圆形，稀披针状椭圆形或椭圆形，长3~10cm，顶端锐尖或短渐尖，基部楔形或圆形，边缘具圆齿状锯齿，齿端有紫红色腺体。花单性，雌雄异株，4基数，有花瓣；雌花数朵至20余朵簇生于长枝下部叶腋或短枝顶端。核果球形或倒卵状球形，直径5~6mm，成熟时黑色，具2分核，果梗长0.6~1cm。花期4~6月，果期6~10月。

用途 木材坚硬，可供雕刻、细木工、农具、车辆等用材。树皮、果含鞣质，可提制栲胶和黄色染料。种子榨油，可制润滑油。

分布 产于东北、华北。张家口市原生树种，赤城大海陀、老栅子，以及崇礼窄面沟、蔚县小五台山均有分布。

狭叶鼠李

鼠李属
学名 *Rhamnus erythroxylon*

别名 柳叶鼠李、黑格铃、红木鼠李

形态特征 灌木，稀乔木，高达2m。幼枝红褐色，无毛，小枝互生，顶端具针刺。叶纸质，互生或在短枝上簇生，条形或条状披针形，长3~8cm，宽3~10mm，先端锐尖或钝，基部楔形，边缘有疏细锯齿，两面无毛，侧脉每边4~6条。花单性，雌雄异株，黄绿色，4基数，有花瓣；雄花数个至20余朵簇生于短枝端；雌花萼片狭披针形，有退化的雄蕊。核果球形，直径5~6mm，成熟时黑色，果梗6~8mm。种子倒卵圆形，长3~4mm，淡褐色，背面有长为种子4/5上宽下窄的纵沟。花期5月，果期6~7月。

分布 产于内蒙古、河北、山西、陕西北部、甘肃和青海。张家口市原生树种，市郊西太平山、蔚县小五台山有分布。

小叶鼠李

鼠李属
学名 *Rhamnus parvifolia*

别名 玻璃枝、黑格铃

形态特征 小灌木，高达2.5m。小枝对生或近对生，紫褐色，幼时被短柔毛，光滑，顶端成针刺。叶对生或近对生，或在短枝上簇生，叶片菱状椭圆形或菱状倒卵形，长1.2~4cm，先端圆或钝尖，基部楔形，边缘具细锯齿，两面无毛，侧脉常2~4对。花常数朵簇生于短枝上，单性，雌雄异株。核果，倒卵形或卵形，直径4~5mm，稀近球形，熟时黑色。花期5~6月，果期8~9月。

生长习性 性喜光，耐旱，常生山坡杂木林中。

繁殖方式 播种、扦插繁殖。

用途 嫩叶可代茶；根可用于根雕。树皮、果实可供药用及染料用；种子榨油，用作工业用油。此外，由于本树种适应性强，耐干旱，可作水土保持及防沙树种。

分布 产于黑龙江、吉林、辽宁、内蒙古、山西、山东、河南、陕西等地。张家口市原生树种，尚义、赤城、崇礼、蔚县等地均有分布。

圆叶鼠李

鼠李属
学名 *Rhamnus globosa*

别名 山绿柴、冻绿、冻绿树、黑旦子、偶栗子

形态特征 灌木，稀小乔木，高达4m。小枝灰褐色，先端具针刺，幼枝被短柔毛。叶纸质或薄纸质，对生或近对生，近圆形、倒卵状圆形或卵圆形，稀圆状椭圆形，长2~6cm，先端突尖或短渐尖，稀圆钝，基部宽楔形或圆形，具圆锯齿，表面绿色，初时密被柔毛；背面灰绿色，全部或沿脉被柔毛。花通常数朵至20朵簇生于短枝先端或长枝下部叶腋，稀2~3朵，花瓣黄绿色。核果球形或倒卵状球形，直径4~5mm，具2~3个分核，熟时黑色。种子黑褐色，有光泽，背面或背侧有长为种子3/5的纵沟。花期4~5月，果期6~10月。

生长习性 耐干旱瘠薄，生于山地灌丛及裸岩荒坡。

繁殖方式 播种繁殖。

用途 茎皮、果实及根可提浸绿色染料；果实入药治肿毒；种子榨油供工业润滑用；木材坚韧，可作农具或烧炭。

分布 产于东北、华北、长江中下游各地及陕西、甘肃。张家口市原生树种，崇礼、蔚县、阳原等地有分布。

黑桦树

鼠李属
学名 *Rhamnus maximovicziana*

别名 黑桦鼠李

形态特征 灌木，高达2.5m。多分枝，小枝对生或近对生，枝端及分叉处常具刺，红褐色，被微毛或无毛。叶近革质，在长枝上对生或近对生，在短枝上端簇生，叶片近革质，椭圆形、卵状椭圆形或宽卵形，表面绿色，背面浅绿色，两面无毛。花单性，雌雄异株；4基数，花梗长约4~5mm。核果倒卵状球形或近球形，长4mm，直径4~6mm，成熟时变黑。种子背面具长为种子1/2~3/5倒心形的宽沟。花期5~6月，果期6~9月。

分布 产于内蒙古、河北北部、山西、陕西、甘肃、宁夏和四川。张家口市原生树种，蔚县小五台山有分布。

卵叶鼠李

鼠李属
学名 *Rhamnus bungeana*

别名 小叶鼠李、麻李

形态特征 灌木，高达2m。小枝对生或近对生，灰褐色，稀兼互生，被微柔毛，枝端具紫红色针刺。叶对生或近对生，稀兼互生，叶片纸质，卵形、卵状披针形或卵状椭圆形，长1~4cm，宽0.4~2cm。边缘具细圆齿，表面无毛，背面干时常变黄色，仅沿脉或脉腋被白色短柔毛；托叶钻形，短，宿存。花小，黄绿色，通常数个在短枝上簇生或单生于叶腋。雌雄异株；4基数。核果倒卵状球形或近圆球形，直径5~6mm，成熟时紫色或黑紫色。种子卵圆形，背面有长为种子4/5的纵沟。花期4~5月，果期6~9月。

用途 叶及树皮含绿色染料，可染布。

分布 产于吉林、河北、山西、山东、河南及湖北西部。张家口市原生树种，蔚县小五台山有分布。

雀梅藤属

灌木，稀小乔木。无刺或具枝刺，小枝互生或近对生。单叶互生或近对生，边缘具锯齿，羽状脉；幼叶通常被毛，具柄；托叶小，脱落。花序顶生或兼腋生，穗状或穗状圆锥花序，稀总状花序。花两性，5基数，无梗或近无梗；萼片三角形。浆果状核果，倒卵状球形或圆球形，有2~3个不开裂的分核，基部为宿存的萼筒包围。种子扁平，稍不对称，两端凹陷。

本属约35种，我国有16种，3变种，主要分布于华北、华南、中南和西南。张家口产雀梅藤和少脉雀梅藤2种。

雀梅藤

雀梅藤属
学名 *Sageretia teezans*

别名 对节疤、刺杨梅

形态特征 藤状或直立灌木。小枝具刺，互生或近对生，褐色，被短柔毛。叶纸质，近对生或互生，通常椭圆形、矩圆形或卵状椭圆形，稀卵形或近圆形，长1~4.5cm，宽0.7~2.5cm；顶端锐尖，钝或圆形；基部近圆形至心形，缘有细锯齿，表面绿色，无毛，背面浅绿色。花无梗，黄色，有芳香，通常2~数个簇生排成顶生或腋生疏散穗状圆锥花序，花序轴密生短柔毛。花瓣匙形，顶端2浅裂，常内卷，短于萼片。核果近圆球形，直径约5mm，成熟时黑色或紫黑色，具1~3分核，味酸。种子扁平，二端微凹。花期7~11月，果期翌年3~5月。

生长习性 喜光，稍耐阴；喜温暖湿润气候，耐寒性不强。萌芽、萌蘖力强，耐整形、修剪。

繁殖方式 播种繁殖。

用途 本种的叶可代茶，也可供药用，治疮疡肿毒；根可治咳嗽，降气化痰；果酸味，可食；由于此植物枝密集具刺，在南方常栽培作绿篱。

分布 产于长江流域及其以南地区。张家口市原生树种，赤城县、蔚县小五台山有分布。

少脉雀梅藤

雀梅藤属
学名 *Sageretia paucicostata*

别名 对节木、对节刺

形态特征 直立灌木，高达1~3m。幼枝被黄色茸毛，后脱落；小枝顶端刺状，对生或近对生。叶互生或近对生，叶片纸质，椭圆形或倒卵状椭圆形，长2.5~4.5cm，边缘具钩状细锯齿，两面无毛，叶柄被微毛。花小，无梗，黄绿色，排列成顶生的穗状花序或穗状圆锥花序。花序轴无毛；花瓣5，匙形，短于萼片。核果球形或倒卵形，长5~8mm，成熟时紫黑色，具3分核。种子扁平，两端凹。花期5~6月，果期7~10月。

用途 木质坚硬，可以编制农具，作农具柄。

分布 产河北、河南、山西、陕西、甘肃、四川、云南、西藏东部。张家口市原生树种，涿鹿杨家坪、蔚县小五台山有分布。

枣 属

灌木或乔木。单叶互生，具短柄，叶基三或五出脉；常具托叶刺。聚伞花序腋生；花小，萼片三角形，花瓣倒卵形或匙形，较萼片小，花盘厚，肉质，5或10裂；子房上位，球形；核果圆球形或长圆形，中果皮肉质和软木质，内果皮骨质，具1核。

本属共约40种，我国约产10余种。张家口产枣和酸枣2种。

枣

枣属
学名 *Ziziphus jujuba*

别名 枣树、枣子、大枣、贯枣

形态特征 落叶小乔木，高达10余米。树皮褐色或灰褐色，条裂。枝有长枝、短枝和脱落性小枝3种：长枝呈“之”字形曲折，红褐色，光滑，有2托叶刺，1直1弯；短枝俗称“枣股”，在2年生以上的长枝上互生；脱落性小枝为纤细的无芽枝，颇似羽状复叶之叶轴，簇生于短枝上，冬季与叶俱落，俗称“枣吊”。叶卵形、卵状椭圆形，或卵状矩圆形，长3~7cm，顶端钝或圆形，边缘有细钝齿，基部三出脉，两面光滑无毛。聚伞花序腋生，花小，黄绿色，两性，5基数；花萼比花瓣大。核果矩圆形或长卵圆形，长2~5cm，熟后红紫色，形状、大小因品种而不同；中果皮肉质肥厚，果核坚硬，两端尖。花期5~7月，果期8~9月。

生长习性 喜光、喜温，耐寒，对气候、土壤适应性较强。喜干冷气候及中性或微碱性沙壤土，耐干旱、瘠薄，对酸性、盐碱土及低湿地都有一定的忍耐性。根系发达，深而广，根萌蘖力强；能抗风沙。

繁殖方式 主要用分蘖或根插法繁殖，嫁接也可。

用途 枣树是我国栽培最早的果树，已有3000多年的栽培历史，品种很多，是园林结合生产的良好树种，可栽作庭园树及园路树。果实富含维生素C、维生素P，除供鲜食外，还可干制加工成多种食品。枣又供药用，有养胃、健脾、益血、滋补、强身之效。枣树花期较长，芳香多蜜，为良好的蜜源植物。木材坚重，纹理细致、耐磨，是雕刻、家具及细木工的优良用材。

分布 枣树在我国分布很广，自东北南部至华南、西南，西北到新疆均有，而以黄河中下游、华北平原栽培最普遍。张家口市原生树种，万全、怀安、涿鹿等地均有栽培。目前张家口市栽培的主要品种有‘金丝小枣’、‘脆枣’、‘悠悠枣’等。

(1) ‘悠悠枣’

树势中庸，干性较强，树姿开张，发枝力中等。当年生枣头随生长随开花结果，易坐果。一年两熟，一次果约占70%，二次果占30%。果实中等大，长椭圆形，两头略尖，一次果平均纵径5.10cm，平均横径2.38cm，平均单果重12.32g，最大单果重20.0g；二次果平均纵径3.94cm，平均横径1.92cm，平均单果重8.76g。果面光亮，皮薄、棕红色；果肉绿白色，酸甜多汁，脆嫩爽口，具清香味。可溶性固形物35%~41%，核极小，可食率96.2%。一次果9月上中旬成熟，二次果9月下旬至10月初成熟。抗逆性强，抗旱、抗寒、耐瘠薄。

（2）‘金丝小枣’

又名‘西河红枣’，果实长圆形，果皮棕红色，果肉青黄，掰开能拉出缕缕晶莹的糖丝，由此得名‘金丝小枣’。小枣皮薄、肉厚、核小、质细、味甜，含糖量高达67%，核肉比1∶5.6，同时，还含有蛋白质、脂肪、淀粉、钙、磷、铁以及多种维生素。维生素C的含量比苹果高70多倍，具有舒筋活血、散淤生新、开脾润肺、增强机体免疫力、降低胆固醇等功能，是老弱病者的滋补佳品。

鲜枣生吃，甜脆爽口；晒干生吃，嫩肉温醇，香甜如蜜，风味殊佳；用白酒浸泡后做成醉枣，也颇有风味，可消痰祛火。经过各种加工，还可以制成美味可口的传统甜、黏食品，枣粽子、枣黏糕、枣切糕、枣花糕、龙卷糕、枣锅糕、油炸糕，以及日常吃的腊八糕、腊八粥等，都是人们喜餐之食。

酸枣

枣属
学名 *Ziziphus acidojujuba*

别名 野枣、山枣

形态特征 落叶灌木或小乔木。枝呈“之”字形弯曲；托叶刺发达有2种，一种直伸，长达3cm；另一种常弯曲。叶片互生，近革质，椭圆形至卵状披针形，长2~5cm，宽0.6~3cm，边缘有细锯齿，基部三出脉。花小，两性，5基数；具肉质花盘；花黄绿色，2~3朵簇生于叶腋。核果小，熟时红至紫红色，中果皮肉质，较薄，味多偏酸，近球形或长圆形，长0.7~1.5cm，核两端钝，多具2粒种子。花期4~5月，果期8~9月。

生长习性 喜光，耐寒，耐干旱、瘠薄。

用途 常作为嫁接枣木之砧木，也可栽作刺篱。种仁即中药“酸枣仁”，有镇静安神之功效。

分布 我国自东北南部至长江流域习见。我国主产区位于太行山一带，以河北南部的邢台为主，素有“邢台酸枣甲天下”之美誉。张家口市原生树种，分布广泛。

枳椇属

落叶乔木，稀灌木。单叶互生，基部三出脉。花小，两性，聚伞花序。核果，有3粒种子；果序分枝，肥厚，肉质并扭曲。

本属约6种，我国均产。张家口产拐枣1种。

拐枣

枳椇属
学名 *Hovenia dulcis*

别名 枳椇、鸡爪梨、枳椇子、甜半夜

形态特征 高大乔木，高达10~25m。树皮灰黑色，深纵裂。小枝红褐色，被棕褐色短柔毛或无毛，有明显白色的皮孔。叶纸质或厚膜质，卵圆形、宽矩圆形或椭圆状卵形，长7~17cm，顶端短渐尖，基部截形，少有心形或近圆形，缘有粗钝锯齿，基部三出脉，背面无毛或仅脉上有毛。花黄绿色，径6~8mm，排成不对称的顶生、稀兼腋生的聚伞圆锥花序；花序轴和花梗均无毛。浆果状核果近球形，直径6.5~7.5mm，无毛，成熟时黑色；果梗肥大肉质，经霜后味甜可食。种子暗褐色或黑紫色，直径3.2~4.5mm。花期6月，果期8~10月。

生长习性 喜光，有一定的耐寒能力；对土壤要求不严，在土层深厚、湿润而排水良好处生长快。深根性，萌芽力强。

繁殖方式 主要用播种繁殖，也可扦插、分蘖繁殖。

用途 树态优美，树大荫浓，常作庭荫树、行道树及农村四旁绿化树种。肥大的果序轴含丰富的糖，可生食、酿酒、制醋和熬糖。木材细致坚硬，可供建筑和制精细用具。

分布 华北南部至长江流域及其以南地区普遍分布，西至陕西、四川、云南。张家口市原生树种，蔚县小五台山有分布。

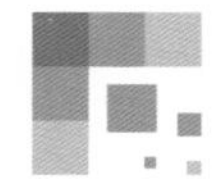

葡萄科

葡萄属

落叶木质藤本。茎皮红褐色，长条状剥落；髓心海绵质，褐色；卷须与叶对生。单叶，稀掌状复叶。花单性或杂性，圆锥状花序与叶对生；花小，绿色，花部5数；花瓣5，顶部黏合，花后呈帽状脱落。花序梗有时有卷须。浆果，近球形或球形，有种子2~4粒。

本属约60余种，我国约26种。张家口产葡萄、山葡萄和桑叶葡萄3种。

葡萄

葡萄属

学名 *Vitis vinifera*

别名 提子、蒲桃、草龙珠

形态特征 木质藤本，长达30m。树皮灰褐色，条状剥落。小枝粗壮，红褐色，圆柱形，有纵棱纹，无毛或被稀疏柔毛。卷须2叉分枝，每隔2节间断与叶对生。叶卵圆形至近圆形，显著3~5浅裂或中裂，长7~18cm，宽6~16cm，基部深心形，叶缘为粗锯齿，下面有短柔毛。花杂性异株，圆锥花序与叶对生，长10cm以上；花淡花绿色，花瓣5，顶端黏合成帽状。果实球形或椭圆形，其大小、色泽因品种而异。种子倒卵椭圆形，顶短近圆形。花期4~5月，果期8~9月。

生长习性 喜温暖、阳光充足和较干燥的气候。

用途 著名果品，可生食或制葡萄干、酿酒，酿酒后的酒脚可提酒食酸；根和藤药用能止呕、安胎。

分布 原产欧洲、亚洲西部，我国普遍栽培。张家口市涿鹿、怀来、宣化栽培较多。

张家口市现栽培品种达到近百种，其中有‘白牛奶’、‘红地球’、‘巨峰’、‘龙眼’、‘玫瑰香’、‘里扎马特’、‘红牛奶’、‘赤霞珠’、‘红鸡心’、‘奥古斯特’、‘京亚’、‘早紫’、‘美人指’、‘乍娜’、‘蛇龙珠’、‘霞多丽’、‘梅鹿辄’等近百种。

(1)‘白牛奶’

又名宣化白牛奶、白葡萄、马奶子。该品种为晚熟优良鲜食品种。果穗大，平均重350g以上，最大穗可达1400g，果穗长30cm，宽15cm，长圆锥形，果粒着生中等紧密。果粒大，长圆形，果粒平均重6g，果皮黄绿色，果皮薄；果肉脆而多汁，味甜、清爽，含糖量15%左右，含酸量0.5%，每果有种子1~3粒。该品种耐寒性差，抗病力弱，易受黑痘病、白腐病及霜霉病和穗梗肿大症危害。果实成熟期土壤水分过多时，有裂果现象。适于西北、华北干旱、半干旱地区栽培。现仍为河北宣化、怀来的主栽品种。

（2）'巨峰'

原产日本，1959年引入我国，属中熟类。其果穗自然、完整、紧凑，无病斑、无病果，果粒大小均匀，外观着色度基本一致，果实新鲜清洁、无异味、口感好。平均穗重400~600g，平均果粒重12g左右，7月下旬成熟，果粒呈卵圆形，果皮厚，成熟时紫黑色，味甜、果粉多，有草莓香味，皮、肉和种子易分离。适应性强，抗病、抗寒性能好，耐贮运，喜肥水。

（3）‘红地球’

原产美国，是美国、智利、澳大利亚、南非等新型葡萄出口国最主要的出口品种之一。果穗长圆锥形，平均穗重500g，最大穗重可达1000~1200g，最大粒重15g。果皮中厚，暗紫红色。果肉硬、脆、甜。果梗粗壮，不易落粒。在鲜食葡萄行业中，红地球葡萄被认为是耐贮运的品种，贮运中不易出现裂果和较重的挤压伤，目前已成为我国葡萄栽培业中取代巨峰的主要品种。

(4)‘龙眼’

是我国古老的栽培品种，广泛分布于华北、西北及东北南部。河北怀涿盆地栽培面积最大，在怀来、涿鹿两县的葡萄产区该品种为主栽品种，占栽培品种的90%以上。怀涿盆地也因盛产‘龙眼’而被国家有关部门认定为葡萄酒原产地区域保护。

‘龙眼’，其颗粒似龙眼，因此而得名。又名紫葡萄、红葡萄、秋紫、老虎眼、狮子眼等。龙眼果实红紫色，近圆形，果粒大，一穗就有0.5~1.5kg，平均重500~800g，平均粒重6.09g。果皮中等厚，果粉厚，果肉多汁，透明，汁多味甜，含糖量一般都在15%~18%。品质中等，较丰产，抗旱、耐贮藏，能远运。属晚熟品种。

‘龙眼’是鲜食和酿酒兼用品种。其果粒、果汁糖分高，浓度大，刀切而其汁不溢，吃起来味极甘美。素有“北国明珠”之美誉。用‘龙眼’酿造的干白葡萄酒，果香浓郁、酒体醇厚、清新爽口、回味柔长，被我国和其他国家的品酒专家誉为“东方美酒”，曾多次荣获国际金奖。

（5）‘赤霞珠’

又称‘苏维翁’。原产法国波尔多 (Bordeaux) 地区，是一种用于酿造葡萄酒的红葡萄品种。本种易生长，适应多种不同气候，已于各地普遍种植。其果穗小，平均穗重 165.2g，圆锥形。果粒着生中等密度，平均粒重 1.9g，圆形，紫黑色，有青草味。‘赤霞珠’颜色深，有黑醋栗、黑樱桃（略带柿子椒、薄荷、雪松）味道，果味丰富，高丹宁，高酸度，陈年长有烟薰、香草、咖啡的香气，具有藏酿之质。‘赤霞珠’是高贵的酿造红葡萄酒品种之王，由‘赤霞珠’葡萄酿制的高档干红葡萄酒呈淡宝石红色，澄清透明，具青梗香，滋味醇厚。

(6)‘蛇龙珠’

又名‘品丽珠’，中晚熟品种，是酿制红葡萄酒的世界名种。原产法国，1892年引入我国，主要分布在山东烟台，张家口市也有少量栽培。其果穗中等大，长15~16cm，宽11cm左右，平均穗重232g，圆锥形，果穗紧密。果粒平均粒重2.01g，圆形，紫黑色；果皮厚，上着较厚的果粉。出汁率76%，可溶性固形物含量20%，含酸量0.61%，具有青草味。适应性较强，抗旱，抗炭疽病和黑痘病，对白腐病、霜霉病的抗性中等，不裂果，无日烧。

（7）‘梅鹿辄’

又名‘美乐’、‘梅洛’、‘梅露汁’。原产法国波尔多，20 世纪 80 年代引入我国，在河北、山东、新疆等地有少量栽培，是近年来很受欢迎的酿造红葡萄酒的优良品种。果穗中等大小，圆锥形，平均穗重 240g。果粒着生紧，中等大小，卵圆形，紫黑色，百粒重 180~250g。果皮中厚，每果有种子 2~3 粒，汁多味甜，有浓郁青草味，并带有欧洲草莓独特香味。可溶性固形物含量 16%~19%，含酸量 0.6%~0.7%。结实能力中等，产量中等。抗寒、耐旱、耐瘠薄能力较强，适宜在沙地或山坡丘陵地种植。适宜酿制干红葡萄酒和佐餐葡萄酒，酒质柔和、独特，常与‘赤霞珠’酒勾兑，以改善酒的酸度和风格。

（8）‘霞多丽’

又名‘雪当利’、‘莎当尼’、‘莎当妮’，属欧亚种，原产自法国勃艮第（Bourgogne）。1951 年由匈牙利引入我国，是目前全世界最受欢迎的酿酒葡萄，属早熟型品种。

其果穗小，平均重 225g，圆柱圆锥形，有副穗。果粒着生较紧密，平均粒重 2.1~2.5g，圆形，绿黄色，汁多，可溶性固形物含量 14.8%~19%(新疆鄯善高达 24%)。由它酿成的酒，淡黄色，澄清透明，具悦人的果香，醇和润口，酸恰当，回味好，有独特的风味，酒质上等。适应性强，较抗寒，抗病力中等，不裂果，无日烧。

山葡萄

葡萄属
学名 *Vitis amurensis*

别名 阿穆尔葡萄

形态特征 木质藤本，长达15m。树皮褐色，条状剥落。小枝被柔毛，后脱落；卷须2~3分枝，长达20cm，二叉状分枝。单叶互生，纸质，心形或心状五角形，长4~17cm，先端尖，基部心形，叶缘具粗锯齿，表面暗绿色，背面淡绿色，下面脉上有短毛。圆锥花序与叶对生，长8~13cm，花序轴被白色丝状毛；花小而多。浆果圆球形，黑紫色带兰白色果霜。种子倒卵形。花期5~6月，果期8~9月。

生长习性 耐旱，耐寒，根系可抵抗-16℃低温，地上部可耐-35℃严寒；对土壤条件要求不严，但以排水良好、土层深厚的土壤最佳，不耐积水。

繁殖方式 常扦插繁殖。

用途 果可生食或酿酒，酒糟制醋和染料。种子可榨油。叶及酿酒后的酒脚可提制酒石酸。为培育抗寒品种的原始材料。

分布 产于山东、山西、河北、辽宁、吉林、黑龙江。张家口市原生树种，赤城、蔚县、宣化、涿鹿等县区有分布。

桑叶葡萄

葡萄属
学名 *Vitis ficifolia*

别名 毛葡萄

形态特征 藤本，长达10m。幼枝、叶柄和花序轴密被白色蛛丝状柔毛，后脱落；卷须长达20cm，叉状分枝。叶卵形或宽卵形，长10~20cm，常3浅裂，稀3深裂或不裂，先端尖，基部宽心形，叶缘具不整齐粗锯齿或小牙齿，表面绿色，近无毛，下面密被白色或灰白色短绒毛。圆锥花序长10~15cm，分枝平展，花序轴密被白色蛛丝状柔毛；花小，无毛。浆果球形，直径约7mm，熟时紫黑色。花期5~6月，果期7~8月。

分布 产于江苏、安徽、湖北、陕西南部、河南、山东、山西、河北。张家口市原生树种，蔚县小五台山有分布。

蛇葡萄属

落叶木质藤本。枝条有密集皮孔，髓心白色，皮不剥落；卷须分叉，与叶对生。叶互生，单叶或复叶，全缘、掌状或羽状深裂。聚伞花序与叶对生或顶生，二歧分枝。果为一小浆果，球形。有种子1~4粒。

本属约25种，我国有15种，南北均产之。张家口产葎叶蛇葡萄、乌头叶蛇葡萄和掌裂草葡萄3种。

葎叶蛇葡萄

蛇葡萄属
学名 *Ampelopsis humulifolia*

别名 葎叶白蔹、小接骨丹

形态特征 木质藤本，长达10m。茎皮粗糙。枝红褐色，具棱，光滑。小枝无毛或被疏柔毛；卷须与叶对生，长达10cm，二叉状分枝。单叶，叶片硬纸质，肾状五角形或心状卵形，长6~15cm，3~5浅裂或裂至近中部，中裂片宽菱形或三角形，侧裂片斜三角形，叶缘具粗齿，上面无毛或有极稀短毛，表面鲜绿色有光泽，背面灰绿色沿脉有短毛或无毛。聚伞花序长4~8cm，无毛；花小，淡黄色。浆果近球形，直径6~8mm，淡黄色或蓝色。花期5~7月，果期8~9月。

分布 产于内蒙古、辽宁、青海、河北、山西、陕西、河南、山东。张家口市原生树种，赤城、蔚县小五台山有分布。

乌头叶蛇葡萄

蛇葡萄属
学名 *Ampelopsis aconitifolia*

别名 马葡萄、草白蔹、乌头叶白蔹、附子蛇葡萄

形态特征 木质藤本，长达6~7m。茎皮灰褐色，具细棱。小枝细长，无毛或近无毛；卷须叉状分枝与叶对生。掌状复叶，五角状，小叶3或5片，长4~11cm，基部心形，中央小叶菱状卵形，先端渐尖，羽状分裂至中脉或近中脉，裂片2对，狭长；叶表面绿色，叶背浅绿色，无毛或幼时背面脉生梳毛。叶柄长1~5.8cm，无毛。二歧聚伞花序与叶对生，长3~8cm；花小，黄绿色。浆果近球形，直径0.6~0.8cm，熟时橙黄色或黄色。花期5~6月，果期8~9月。

分布 产于陕西、河南、山西、山东、河北、内蒙古。张家口市原生树种，蔚县小五台山有分布。

掌裂草葡萄

蛇葡萄属
学名 *Ampelopsis aconitifolia* var. *palmiloba*

别名 光叶草葡萄

形态特征 乌头叶蛇葡萄变种，与原种比，叶掌状3~5裂，裂片宽卵形，边缘具不规则粗锯齿，叶两面无毛。果球形至扁球形，橙黄色。

分布 分布于东北、华北及内蒙古、江苏、甘肃、陕西、四川等地。张家口市原生树种，蔚县小五台山有分布。

爬山虎属

落叶木质藤本植物。茎蔓粗壮，其上具有皮孔，分枝力强；卷须顶端膨大为具有黏性的吸盘，与叶对生。冬芽圆形。老枝灰褐色，幼枝紫红色，髓白色。叶互生，掌状复叶或单叶而常有裂，具长柄。花多为两性，稀杂性，萼杯状。聚伞花序与叶对生。浆果小，蓝黑色至深蓝色；有种子 1~4 粒，球形。

本属约 15 种，我国有 10 种，产于西南部至东部。张家口引进栽培五叶地锦 1 种。

五叶地锦

爬山虎属
学名 *Parthenocissus quinquefolia*

别名 五叶爬墙虎

形态特征 落叶木质藤本，长 10~20m。小枝圆柱形，茎皮红褐色。卷须与叶对生，总状 5~12 分枝，相隔 2 节间断，卷须顶端吸盘大，下部卷须长。叶为掌状复叶，小叶 5 片，小叶倒卵圆形或外侧小叶椭圆形，长 5~15cm，宽 3~9cm，最宽处在上部或外侧小叶最宽处在近中部，顶端短尾尖，基部楔形或阔楔形，边缘有粗锯齿，表面绿色，背面浅绿色；侧脉 5~7 对；叶柄长 5~10cm，无毛。花序假顶生形成主轴明显的圆锥状多歧聚伞花序，长 8~20cm；花序梗长 3~5cm，无毛；花梗长 1.5~2.5mm；花瓣 5，长椭圆形，高 1.7~2.7mm。果实球形，直径 0.6~1.0cm，熟时蓝黑色。有种子 1~3 粒。花期 7~8 月，果期 9~10 月。

生长习性 性喜光，既耐寒，又耐热，稍耐阴，耐干旱，适应性强，喜肥沃的沙壤土。

繁殖方式 常扦插繁殖，播种、压条也可。

用途 本种夏季枝叶繁茂，其蔓茎能沿壁石迅速生长，垂直覆盖整面墙壁，是垂直绿化主要树种之一，适于栽植于庭院墙壁、入口以及桥头等处。藤茎、根可入药，有活血散瘀、通经解毒的作用。

分布 原产北美。东北、华北各地广泛栽培。张家口市引进树种，坝下栽培较多。

无患子科

栾树属

落叶乔木。冬芽小，芽鳞2枚。叶互生，1或2回奇数羽状复叶，小叶有粗齿或缺裂，稀全缘。花杂性，两侧对称。花瓣5或4，鲜黄色，披针形；成大型圆锥花序，通常顶生。蒴果囊状，具膜质果皮，成熟时3瓣开裂。种子球形，黑色。

本属约4种，我国产3种，张家口产栾树1种。

栾树

栾树属
学名 *Koelreuteria paniculata*

别名 木栾、栾华

形态特征 落叶乔木，高达15m。树冠近圆球形。树皮厚，灰褐色至灰黑色，细纵裂；小枝稍有棱，具疣点。奇数羽状复叶，有时部分小叶深裂而为不完全的二回羽状复叶，长达50cm；小叶7~15片，近无柄，纸质，卵形或卵状椭圆形，边缘有不规则的钝锯齿，近基部的齿疏离呈缺刻状，背面沿脉有毛。花小，杂性；萼片5裂，卵形；花瓣4，开花时向外反折，花冠偏于一侧，金黄色；顶生圆锥花序长20~40cm，密被柔毛，宽而疏散。蒴果圆锥形，具3棱，长4~6cm，顶端渐尖，果瓣卵形，外面有网纹，成熟时红褐色或橘红色。

种子圆形，黑色。花期 6~8 月，果期 9~10 月。

生长习性 喜光，耐寒、耐干旱，稍耐半阴；耐瘠薄，喜生于石灰质土壤；也能耐盐渍及短期水涝。深根性，萌蘖力强，生长速度中等，幼树生长较慢，以后渐快，有较强抗烟尘能力。

繁殖方式 以播种繁殖为主，分蘖、根插也可。

用途 本种树形端正，春叶红色，入秋变为黄色，夏季开花满树金黄，十分美丽，是很好的绿化、观赏树种；木材坚硬，黄白色，易加工，可作板料、器具等。叶可提制栲胶；花可作黄色染料；种子可榨油，供制造肥皂及润滑油用。

分布 产于我国北部及中部大部分地区，而以华北较为常见。张家口市原生树种，赤城、涿鹿、怀安、蔚县小五台山等均有分布。

文冠果属

落叶灌木或小乔木。冬芽卵形，具芽鳞。叶互生，奇数羽状复叶；小叶有锯齿，无柄，狭椭圆形至披针形。顶生总状花序，花杂性同株，辐射对称；萼片5；花瓣5，长约为萼的3倍；花盘有直立、圆柱形的角5；雄蕊8，花丝长而分离；子房3室，每室有胚珠7~8颗。果为一有硬壳的蒴果，球形，果皮厚木栓质，熟时室背3裂。种子圆球形，黑色。

本属仅1种，我国特产，北方许多地区如内蒙古、山西、陕西、河北等地曾大面积栽培。

文冠果

文冠果属
学名 *Xanthoceras sorbifolia*

别名 文冠木

形态特征 落叶灌木或小乔木，高2~8m。树皮黑褐色，条状纵裂。小枝粗壮，褐红色，无毛。叶连柄长15~30cm；小叶4~9对，膜质或纸质，披针形或近卵形，顶端渐尖，基部楔形，边缘有锐细锯齿，表面无毛，背面疏生星状毛；顶生小叶通常3深裂。花序先叶抽出或与叶同时抽出，两性花的花序顶生，侧生总状花序多为不孕花。花瓣白色，基部紫红色或黄色。蒴果大型，直径3~6cm。种子近球形，黑色而有光泽。花期4~5月，果期7~8月。

生长习性 适应性很强，喜光，喜背风向阳。耐干旱瘠薄，耐盐碱，抗寒能力强。

繁殖方式 主要用播种繁殖，分株、压条和根插也可。

用途 花美、叶奇、果香，具有极高的观赏价值，是园林绿化的珍贵资源，也是行道树的首选。花为蜜源。种子可食，风味似板栗，营养价值很高；种仁含油量达50%~70%，是我国北方很有发展前途的木本油料植物。

分布 产于我国北部和东北部，西至宁夏、甘肃，东北至辽宁，北至内蒙古，南至河南均有分布。张家口市原生树种，坝上坝下均有分布。

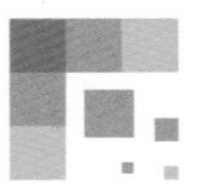

槭树科

槭属

乔木或灌木，落叶或常绿。茎枝皮薄而光滑，叶对生，单叶或复叶；单叶不裂或掌状分裂。花杂性同株或异株，有些种类为花单性异株。花小，整齐；萼片与花瓣均5或4；花盘环状或微裂。双翅果，果实系2枚相连的小坚果，凸起或扁平，侧面有长翅。

本属约199种，我国产140余种，张家口产茶条槭、地锦槭、元宝槭和青榨槭4种，引进栽培复叶槭1种。

茶条槭

槭属
学名 *Acer ginnala*

别名 茶条

形态特征 落叶大灌木或小乔木，高达6m。树皮灰褐色，纵裂。小枝淡黄至黄褐色。单叶，叶卵状椭圆形，长6~10cm，通常3裂或不明显5裂，中裂片特大，基部圆形或近心形，缘有不整齐重锯齿，表面通常无毛。伞房花序长6cm，杂性同株；萼片5，花瓣5，白色。果连同翅长2.5~3cm，果核两面突起，果翅张开成锐角或近于平行，紫红色。花期5~6月，果期9月。

生长习性 弱阳性树种，耐半阴，在烈日下树皮易受灼伤；耐寒，也喜温暖；喜深厚而排水良好的沙质壤土。萌蘖力强，深根性，抗风雪；耐烟尘，较能适应城市环境。

繁殖方式 播种繁殖。

用途 本种树干直、花有清香，是良好的庭园观赏树种，也可栽作绿篱及小型行道树、庭荫树等。嫩叶可代茶，并有名目之功效；种子榨油可制作肥皂；木材可作细木工板。

分布 产于东北、华北、内蒙古及长江中下游各地。张家口市原生树种，山区遍布。

地锦槭

槭属
学名 *Acer mono*

别名 五角枫、色木

形态特征 落叶乔木，高可达 20m。树皮薄，灰褐色或深褐色，树皮深纵裂；小枝无毛，当年生枝绿色，多年生枝灰褐色。单叶对生，叶纸质，长 5~10cm，宽 8~12cm，常 5 裂，基部常心形，裂片卵状三角形，全缘，有时中央裂片的上段再 3 裂。花黄绿色，杂性，雄花与两性花同株；伞房花序顶生。小坚果扁平，翅长圆形，常与果等长，果翅张开成钝角。花期 4~5 月，果期 9~10 月。

生长习性 稍耐阴，深根性，喜湿润、肥沃土壤，在酸性、中性、石炭岩上均可生长。萌蘖性强。

繁殖方式 主要用种子繁殖。

用途 树皮纤维良好，可作人造棉及造纸的原料；叶含鞣质；种子榨油，可供工业方面的用途，也可作食用；木材细密，可供建筑、车辆、乐器和胶合板等制造之用。树姿优美，叶色多变，是城乡优良的绿化树种。

分布 产于东北、华北和长江流域各地。张家口市原生树种，崇礼、赤城、蔚县、阳原等均有分布。

元宝槭

槭属
学名 *Acer truncatum*

别名 华北五角枫

形态特征 落叶乔木，高达8~10m。胸径80~180cm，树冠伞形或倒广卵形。树皮灰黄色，浅纵裂；小枝浅土黄色，光滑无毛。叶掌状5裂，长5~10cm，有时中裂片又3裂，裂片先端渐尖，叶基通常截形。花黄绿色，雄花与两性花同株，顶生伞房花序。叶前或稍前于叶开放。果翅扁平，两翅展开约成直角，翅较宽，其长度等于或略长于果核。花期4月，果期10月。

生长习性 喜温凉气候及肥沃、湿润而排水良好之土壤。弱阳性树种，较喜光，耐半阴，喜生于阴坡或山谷；有一定耐旱力，但不耐涝，土壤太湿容易烂根。萌蘖力强，深根性，抗风雪能力强。能耐烟尘及有害气体，对城市环境适应性强。

繁殖方式 播种繁殖。

用途 树冠很大，具备良好蔽荫条件，是一种很好的庭园树和行道树。种子含油丰富，可作工业原料；木材细密，可制造各种特殊用具，并可作建筑材料。

分布 主要分布在东北南部、华北、西北一带，内蒙古、陕西、山东、江苏、安徽亦有分布。张家口市原生树种，赤城、阳原、蔚县小五台山有分布。

青榨槭

▶ 槭属
学名 *Acer davidii*

别名 大卫槭、蛇皮槭

形态特征 落叶乔木，高约10~15m，稀达20m。树皮黑褐色或灰褐色，常纵裂成蛇皮状。小枝绿色，常有暗褐色横向宽条纹，疏生皮孔。单叶对生，不裂，叶纸质，长圆卵形或近于长圆形，长6~14cm，先端锐尖或渐尖，常有尖尾，基部近心脏形或圆形，边缘具不整齐的钝圆齿。杂性同株，花黄绿色，成下垂的总状花序，开花与嫩叶生长约同时。翅果嫩时淡绿色，成熟后黄褐色，两翅展开成钝角或几成水平。花期4月，果期9月。

生长习性 耐寒，能抵抗-35~-30℃的低温。不耐旱与瘠薄，对土壤要求不严，适宜中性土。主、侧根发达，萌芽性强。

繁殖方式 播种繁殖。

用途 本种生长迅速，树冠整齐，可用为绿化和造林树种。树皮纤维较长，又含丹宁，可作工业原料。

分布 产于华北、华东、中南、西南各地。张家口市原生树种，蔚县小五台山、崇礼西湾子有分布。

复叶槭 | 槭属

学名 *Acer negundo*

别名 糖槭

形态特征 落叶乔木，最高达20m。树皮暗灰色，纵裂，小枝灰绿色，圆柱形，带白粉，无毛，秋后转紫色。奇数羽状复叶对生，小叶3~5，稀7~9，卵形或长椭圆状披针形，缘有不规则缺刻；顶生小叶常3浅裂，其叶柄长于侧生小叶叶柄。花单性异株，无花瓣与花盘，花小，先叶开放，雄花为聚伞花序，雌花为总状花序。果连同翅长3~4cm，展开成锐角。花期4~5月，果期8~9月。

生长习性 喜光，喜冷凉气候，耐干冷，喜深厚、肥沃、湿润土壤，稍耐水湿。生长较快，寿命较短。抗烟尘能力强。

繁殖方式 主要用种子繁殖，扦插、分蘖亦可。

用途 早春开花，花蜜丰富，是很好的蜜源植物。生长迅速，树冠广阔，可作行道树或庭园树。木材白色，纹理细，有光泽，在气候干燥地区可作家具及细木工用材；树液中含有糖分，可制糖；树皮可供药用。

分布 原产北美洲，后引种到东北、华北、内蒙古、新疆及华东一带。张家口市引进树种，栽植范围较广，坝上坝下均有。

漆树科

漆　属

落叶乔木或灌木。植物体具白色乳汁，干后变黑。叶互生，奇数羽状复叶或掌状 3 小叶；小叶对生，叶轴通常无翅。聚伞圆锥花序或聚伞总状花序，果期通常下垂或花序轴粗壮而直立；花小，单性异株；苞片披针形，早落，花瓣 5，覆瓦状排列。核果近球形或侧向压扁，外果皮薄，脆，常具光泽，果核坚硬，骨质。

本属约 20 余种，我国有 15 种，主要分布于长江以南各地。张家口产野漆树 1 种。

野漆树

漆属
学名 *Toxicodendron succedaneum*

别名　山漆、野槭

形态特征　落叶乔木或小乔木，高达 10m。小枝粗壮，无毛，顶芽大，紫褐色，外面近无毛。奇数羽状复叶互生，常集生小枝顶端，长 15~25cm，叶柄长 6~9mm，径约 0.8mm，无毛。腋生圆锥花序，长 5~11cm，密生棕黄色柔毛；花小，杂性，黄绿色；萼片、花瓣、雄蕊均 5。核果扁球形，果核坚硬。花期 5~6 月，果期 9~10 月。

生长习性　性喜光，喜温暖，不耐寒；耐干旱、贫瘠的砾质土，忌水湿。

繁殖方式　播种繁殖。

用途　树干乳汁可代生漆用；种子可榨油；果皮可取蜡；木材可作家具及装饰品用材。本种秋叶深红，是很好的园林绿化树种。

分布　产于长江中下游各地，多分布在东经 97°~126°，北纬 19°~42° 之间。张家口市原生树种，山区遍布。

黄栌属

落叶灌木或小乔木。木材黄色，芽鳞暗褐色。单叶互生，无托叶；叶柄纤细。聚伞圆锥花序顶生；花瓣长圆形，略开展。核果小，暗红色至褐色，肾形，极压扁，外果皮薄，具脉纹，无毛或被毛，内果皮厚角质。种子肾形，种皮薄。

本属约 5 种，我国有 3 种，除东北外其余省区均有。张家口产黄栌 1 种。

黄栌

黄栌属
学名 *Cotinus coggygria* var. *cinerea*

别名 红叶、灰毛黄栌

形态特征 落叶小乔木或灌木，高 3~5m。树冠圆形。单叶互生，叶倒卵形或卵圆形，长 3~8cm，宽 2.5~6cm，先端圆形或微凹，基部圆形或阔楔形，全缘，两面或尤其叶背显著被灰色柔毛，侧脉 6~11 对，先端常叉开；叶柄短。花盘 5 裂，紫褐色。核果小，干燥，绿色，外果皮薄，具脉纹，不开裂。种子肾形，无胚乳。花期 5~6 月，果期 7~8 月。

生长习性 性喜光，也耐半阴；耐寒，耐干旱瘠薄和碱性土壤，生长快，对二氧化硫有较强抗性。

繁殖方式 以播种繁殖为主，压条、根插、分株也可。

用途 叶子秋季变红，适宜作为园林绿化的景观树种；其木材黄色，可提取黄色的工业染料；树皮和叶片还可提栲胶；枝叶入药，能消炎、清湿热。

分布 原产于我国西南、华北和浙江等地。张家口市原生树种，山区遍布。

盐肤木属

落叶灌木或乔木。植物体具乳汁。叶互生，奇数羽状复叶、3小叶或单叶。顶生聚伞圆锥花序或复穗状花序，花小，杂性或单性异株，多花；花盘环状。核果球形，略压扁，成熟时红色，外果皮与中果皮连合，中果皮非蜡质。

本属约250种，我国有6种，除东北、内蒙古、青海和新疆外均有分布。张家口引进栽培火炬树1种。

火炬树

盐肤木属
学名 *Rhus typhina*

别名 鹿角漆

形态特征 落叶小乔木。高达12m。树皮灰褐色，粗糙。小枝密生灰色茸毛。奇数羽状复叶，小叶11~23(31)枚，叶片长椭圆状至披针形，长5~13cm，缘有锯齿，基部圆形或宽楔形，表面深绿色，无毛，背面灰绿色，脉被茸毛。圆锥花序长10~20cm；花单性异株，花小，密集，淡绿色。核果扁球形，被红色短刺毛。果穗密集成火炬形。种子扁球形，黑褐色，种皮坚硬。花期6~7月，果期8~9月。

生长习性 喜光，耐寒，对土壤适应性强，耐干旱瘠薄，耐水湿，耐盐碱。

繁殖方式 播种、根插繁殖皆可。

用途 枝、叶含水率分别为30%、62%，其含水量与木荷相差无几，是很好的防火树种；经长期驯化对土壤适应强，是良好的护坡、固堤、固沙的水土保持和薪炭林树种。种子含油蜡，可制肥皂和蜡烛；木材黄色，纹理致密美观，可雕刻、旋制工艺品。

分布 分布在我国的东北南部，华北、西北北部的暖温带落叶阔叶林区。张家口市引进树种，全市栽植较普遍。

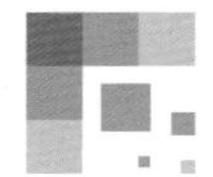

苦木科

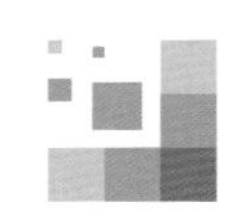

臭椿属

落叶乔木。树皮有苦味。小枝无顶芽，冬芽球形。奇数羽状复叶，互生，小叶13~41枚，小叶基部有1~4个腺齿或全缘，叶揉之有臭味。花小，杂性或单性异株，排成顶生的圆锥花序；花萼和花瓣5枚；果为1~5个长椭圆形的翅果。种子1粒，生于翅的中央。

本属约10种，我国有5种，西南部、南部、东南部、中部和北部各地常见栽培。张家口原产臭椿1种，引进栽培千头椿1种。

臭椿

臭椿属
学名 *Ailanthus altissima*

别名 臭椿皮、大果臭椿

形态特征 落叶乔木，高逾20m。树皮灰褐色，平滑而有直纹。小枝红褐色或黄褐色，粗壮，髓发达，缺顶芽。叶为奇数羽状复叶，长40~60cm，小叶对生13~27枚，卵状披针形，先端长渐尖，基部偏斜，截形或稍圆，两侧各具1或2个粗锯齿，齿背有腺体1个，叶面深绿色，揉碎后具臭味。圆锥花序长10~30cm；花淡绿色，花梗长1~2.5mm；萼片5，花瓣5。翅果长椭圆形，熟时淡褐黄色或淡红褐色。花期4~5月，果期8~10月。

生长习性 喜光，不耐阴。适应性强。耐寒，耐旱，不耐水湿。生长快，根系深，萌芽力强。

繁殖方式 用种子或根蘖苗分株繁殖。

用途 木材轻韧有弹性，是建筑和家具制作的优良用材，也是造纸的优质原料；椿叶可以饲养樗蚕，丝可织椿绸。树皮、根皮、果实均可入药，具有清热燥湿、收涩止带、止泻、止血之功效。种子可榨油。有较强的抗烟能力，是工矿区绿化的良好树种；其适应性强，萌蘖力强，是山地造林的先锋树种，也是水土保持、盐碱地绿化的好树种。

分布 分布于我国北部、东部及西南部，东南至台湾省，向北直到辽宁南部，共跨22个省（区、市），以黄河流域为分布中心。张家口市原生树种，坝下分布较多，常作四旁树栽植。

千头椿

臭椿属
学名 *Ailanthus altissima* 'Qiantou'

别名 多头椿、千层椿

形态特征 臭椿的一个雄株变种。落叶乔木，高约30m。树冠阔卵形。树皮灰褐色，浅纵裂。分枝较多，小枝密被短茸毛。奇数羽状复叶互生，小叶13~25枚，椭圆形至卵形，叶缘有锯齿。花单性，圆锥花序无花瓣，花萼4~5齿裂。

千头椿与臭椿的区别有三点：一是枝干直立生长，分枝角度一般较小，枝干细而密集，无明显主干。二是树冠紧凑，树势挺拔，幼龄期冠形球状，成龄期扁圆状，同龄期苗的冠形整齐，一致性强。而臭椿主干明显、分枝开张、枝条粗而稀疏、树冠松散而无规则。三是千头椿的叶形略小，腺齿不明显，而且多为雄株，往往只见开花不见翅果。

生长习性 喜光、耐寒、耐旱、耐瘠薄，也耐轻度盐碱，pH值9以下均能生长，适应性极强。

繁殖方式 嫁接、扦插繁殖。

用途 是优良的蜜源植物；木材耐水湿，有弹性，材质优良，供建筑或制农具和家具用；花可入药，而且还可制作颜料；种子可榨油制皂。千头椿是吉祥、幸福、美好的象征，是城乡人民喜欢栽植的庭荫树、行道树、景观树树种。

分布 分布于我国黄河下游地区。20世纪80年代从河南引入北京，发展很快，河南、山东、华北各地都有种植。张家口市引进树种，怀来、宣化、市区有栽植。

楝 科

香椿属

落叶乔木。小枝顶芽发达，芽有鳞片；叶互生，偶数稀奇数羽状复叶；小叶全缘，很少具疏锯齿。花小，两性，白色或黄绿色，复聚伞花序；萼片、花瓣均为5。蒴果木质或革质，开裂为5果瓣。种子多数，扁平，一端或两端有翅。

本属约15种，我国产4种，东北自辽宁南部，西至甘肃，北起内蒙古南部，南到广东、广西，西南至云南均有栽培。其中尤以山东、河南、河北栽植最多。张家口产香椿1种。

香椿

香椿属
学名 *Toona sinensis*

别名 香椿子

形态特征 落叶乔木，高达25m。树皮赭褐色，条片状剥落。小枝粗壮；叶痕大，扁圆形。偶数羽状复叶，互生，有香气，长25~50cm，小叶10~20枚，长椭圆形至披针形，长8~15cm，先端渐长尖，基部不对称。全缘或有疏浅锯齿。圆锥花序顶生，下倾，长达30cm，花瓣5，白色，有香气。蒴果木质，椭圆形，长1.5~3cm，直径1~1.5cm。成熟时5瓣裂。翅状种子。花期5~6月，果期9~10月。

生长习性 喜光，喜肥沃土壤，不耐庇阴；能耐轻盐渍，较耐水湿，有一定的耐寒力。深根性，萌芽、萌蘖力强；生长速度中等偏快。对有毒气体抗性较强。

繁殖方式 主要用播种繁殖，分蘖、扦插、埋根也可。

用途 枝叶茂密，树冠庞大，嫩叶红艳，是良好的庭荫树和行道树。木材富弹性，有光泽、纹理直，是家具、建筑、造船等优质用材。嫩芽、嫩叶可食；种子榨油可食用或制肥皂、油漆；根皮及果可入药，能收敛止血。

分布 原产我国中部和南部。东北自辽宁南部，西至甘肃，北起内蒙古南部，南到广东广西，西南至云南均有栽培，其中尤以山东、河南、河北栽植最多。张家口市原生树种，赤城、宣化、怀安等地有分布。

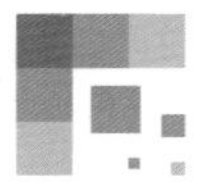

芸香科

黄檗属

落叶乔木。老树树皮较厚，纵裂，且有发达的木栓层，内皮鲜黄色，味苦，木材淡黄色。小枝无顶芽，叶对生，奇数羽状复叶，叶缘常有锯齿，齿缝处有明显的油点。花小单性，雌雄异株，圆锥状聚伞花序，顶生；萼片、花瓣、雄蕊及心皮均为5数；萼片基部合生，背面常被柔毛；花瓣覆瓦状排列，腹面脉上常被长柔毛。浆果状核果，蓝黑色，近圆球形，有黏胶质及特殊香气与苦味。有小核4~10个。种子卵状椭圆形，外种皮为半透明软骨质，种皮黑色。

本属约4种，我国产2种，由东北至西南均有分布，张家口产黄檗1种。

黄檗

黄檗属
学名 *Phellodendron amurense*

别名 黄菠萝、黄柏

形态特征 落叶乔木，树高10~20m，胸径1m。枝扩展，树皮有厚木栓层，浅灰或灰褐色，深沟状或不规则网状开裂，内皮薄，鲜黄色，味苦，黏质，小枝通常灰褐色或淡棕色，有小皮孔，无毛。奇数羽状复叶对生，小叶柄短；小叶5~15枚，披针形至卵状长圆形，长6~11cm，宽1.5~4cm，叶缘有细钝齿和缘毛，秋季落叶前叶色由绿转黄而明亮，毛被大多脱落。圆锥状聚伞花序，顶生；花瓣紫绿色。浆果状核果呈球形，直径8~10mm，熟后蓝黑色，内有种子2~5粒。花期5~6月，果期9~10月。

生长习性 适应性强，喜阳光，耐严寒，多生于山地杂木林中或山区河谷沿岸。

繁殖方式 主要用种子繁殖，也可用分根繁殖。

用途 木栓层是制造软木塞的材料。木材坚硬，边材淡黄色，心材黄褐色，是枪托、家具、装饰的优良材，亦为胶合板材。果实可作驱虫剂及染料。种子含油7.76%，可制肥皂和润滑油。树皮内层经炮制后入药，味苦，性寒，清热解毒，泻火燥湿。

分布 产于我国黑龙江、吉林、辽宁、河北。张家口市原生树种，见于赤城东万口、老栅子。

吴茱萸属

常绿或落叶，灌木或乔木。枝具顶芽，侧芽单生，均为裸芽。叶对生，3小叶或羽状复叶；小叶全缘，有油腺斑点。伞房状或聚伞状圆锥花序，腋生或顶生；花小，单性异株；萼片和花瓣4。聚合或分果状蓇葖果。种子近圆球形，一端钝尖，腹面略平坦，褐黑色，有光泽。

本属约有45种，我国有25种，产于西南部至东北。张家口产臭檀吴茱萸1种。

臭檀吴茱萸

吴茱萸属
学名 *Evodia daniellii*

别名 臭檀

形态特征 落叶乔木，高达20m，胸径约1m。叶有小叶5~11枚，小叶纸质，阔卵形或卵状椭圆形，顶部长渐尖或短尖，基部圆或阔楔形，叶缘有细钝裂齿，有时且有缘毛，叶面中脉被疏短毛，叶背中脉两侧被长柔毛或仅脉腋有丛毛。散生少数油点或油点不显，长6~15cm，宽3~7cm。伞房状聚伞花序，花序轴及分枝被灰白色或棕黄色柔毛，花蕾近圆球形，萼片及花瓣均5片。分果瓣紫红色，干后变淡黄或淡棕色，内果皮干后软骨质，蜡黄色；种子卵形，一端稍尖，褐黑色，有光泽，种脐线状纵贯种子腹面。花期6~8月，果期9~11月。

生长习性 喜光，喜温暖气候；深根性，耐盐碱，抗海风，喜生于山坡或山崖上。

繁殖方式 播种繁殖。

用途 木材坚硬，纹理美丽，有光泽，是制作家具、农具的良材。果实入药，具有温中散寒、行气止痛等功效。

分布 主要分布于我国湖北、长江以南沿岸各地。张家口市原生树种，分布于蔚县山地。

花椒属

落叶或常绿，有刺灌木或小乔木。小枝无顶芽，茎枝具皮刺。奇数羽状复叶或很少3小叶，互生，有透明油腺点，叶边缘有锯齿，稀全缘。花小，单性异株或杂性，圆锥花序或圆锥状聚伞花序；花瓣3~5，稀无花瓣。聚合蓇葖果1~5个，外果皮被油腺点，种子1粒，黑色而有光泽。

本属约250种，我国有50余种，南北均产。张家口产野花椒和花椒2种。

野花椒

▶ 花椒属
学名 *Zanthoxylum simulans*

别名 黄椒、刺椒、大花椒、香椒

形态特征 灌木或小乔木，高达3m。枝干散生基部宽而扁的锐刺。小枝及下面沿中脉有时被细毛，嫩枝及小叶背面沿中脉或仅中脉基部两侧或有时及侧脉均被短柔毛，或各部均无毛。小叶5~11枚，叶轴有狭窄的叶质边缘，卵形或卵状椭圆形，稀卵状披针形，小叶对生，长2.5~7cm，先端渐尖或钝尖，基部楔形，具浅钝齿，密被油点，上面被平伏刚毛状小刺，或无刺。聚伞状圆锥花序顶生，长1~5cm；花被片5~8片，淡黄绿色。蓇葖果成熟时红色或红褐色，径约5mm，被微隆起油点。花期3~5月，果期6~9月。

生长习性 耐寒，耐旱，喜阳光，不耐涝，抗病能力强，隐芽寿命长，故耐强修剪。

繁殖方式 可采用播种、嫁接、扦插、分株等方法繁殖，生产中以播种繁殖为主。

用途 果可作花椒代用品。枝叶及根皮入药，可镇痛。可孤植，又可作防护刺篱。

分布 产于黄河流域至长江流域。张家口市原生树种，见于赤城后城和小五台山自然保护区。

花椒

花椒属
学名 *Zanthoxylum bungeanum*

别名 大红袍、大椒、秦椒、蜀椒

形态特征 落叶灌木，高达7m，有香气。茎干通常有增大皮刺；枝具宽扁而尖锐皮刺。奇数羽状复叶，叶轴边缘有狭翅，背面散生小皮刺；小叶5~9（~11）枚，卵形至卵状椭圆形，长1.5~5cm，先端尖，基部近圆形或广楔形，锯齿细钝，齿缝处有大透明油腺点，表面无刺毛，背面中脉基部两侧常簇生褐色长柔毛。聚伞状圆锥花序顶生，长2~6cm，花单性，单被，花被片4~8个。蓇葖果球形，熟时红色或紫红色，密生疣状凸起的油点。花期3~5月，果期7~9月。

生长习性 喜光，不耐严寒。喜较温暖气候及肥沃湿润而排水良好的土壤。生长较慢，萌蘖力强，树干也能萌发新枝。寿命颇长。隐芽寿命长故耐强修剪。最不耐涝，短期积水即死亡。

繁殖方式 播种、扦插和分株繁殖。

用途 北方著名香料及油料树种。果皮、种子为调味香料，并可入药；种子榨油供食用及制肥皂、油漆等；木材坚实，可作手杖、檑木、器具等。是荒山、荒滩造林、四旁绿化及庭园栽植结合经济生产的良好树种；耐修剪，也是刺篱的好材料。

分布 原产我国北部及中部，今北起辽南，南达两广，西至云南、贵州、四川、甘肃均有栽培，尤以黄河中下游为主产区。张家口市原生树种，见于涿鹿赵家蓬、天桥山，以及赤城后城。

蒺藜科

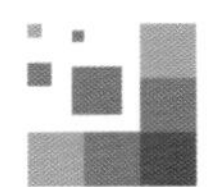

白刺属

落叶小灌木。小枝常有刺。单叶，条形至倒卵形，不分裂，全缘，肉质；托叶小。花小，白色，排成顶生、疏散的蝎尾状聚伞花序，萼片5，花瓣5。浆果状核果，外果皮薄，中果皮肉质多浆，内果皮骨质。

本属约11种，我国有6种和1变种，主要分布于西北各省。张家口产白刺1种。

白刺

白刺属
学名 *Nitraria sibirica*

别名 酸胖、小果白刺

形态特征 灌木，高0.5~1.5m。弯，多分枝，枝铺散，少直立。小枝灰白色，先端刺状。叶互生，近无柄，在嫩枝上4~6片簇生，倒披针形，长6~15mm，宽2~5mm，先端锐尖或钝，基部渐窄成楔形。聚伞花序长1~3cm，被疏柔毛；萼片5，绿色，花瓣黄绿色或近白色，矩圆形，长2~3mm。果椭圆形或近球形，两端钝圆，长6~8mm，熟时暗红色，果汁暗蓝色，带紫色，味甜而微咸；果核卵形，先端尖，长4~5mm。花期5~6月，果期7~8月。

生长习性 旱生型阳性植物，不耐庇阴、不耐水湿积涝。耐盐性能极强。

繁殖方式 扦插、播种等法繁殖。

用途 湖盆和绿洲边缘沙地良好地固沙树种。果入药，健脾胃、助消化。枝、叶、果可作饲料。

分布 分布于我国各沙漠地区；华北及东北沿海沙区也有分布。张家口市原生树种，尚义坝上盐碱地、阳原桑干河两岸有分布。

五加科

五加属

灌木或小乔木。茎枝常有刺。掌状复叶，小叶 3~5，无托叶或托叶不明显。花两性或杂性，排成顶生伞形花序，单生或多序聚生，或排成大圆锥花序；花瓣 5。浆果，具 2~5 棱，果侧向扁压状或近球形。

本属约 30 种，我国有 20 余种，分布几乎遍及全国，以长江流域最盛。张家口产红毛五加、短梗五加和刺五加 3 种。

红毛五加

五加属
学名 *Acanthopanax giraldii*

形态特征 灌木，高达 3m。小枝黄棕色，无毛或稍有毛，密生棕红色刚刺毛；刺下向，细长针状。掌状复叶，叶柄长 3~7cm，小叶 5，稀 3 枚，倒卵状长圆形，稀卵形，长 2.5~8cm，先端尖或短渐尖，基部楔形，具不整齐复锯齿，下面被柔毛，侧脉约 5 对，几无小叶柄。伞形花序单枝顶生，径 1.5~2cm，总花梗粗短，长 5~7cm，有花多数，花瓣 5，白色，长约 2mm。果实球形，有 5 棱，黑色，径约 8mm。花期 6~7 月，果期 9~10 月。

生长习性 喜光，耐寒，对土壤要求不严；根系较发达。

繁殖方式 播种繁殖。

用途 根皮入药，有强筋壮骨、祛风去湿之功效。

分布 分布于青海、甘肃、宁夏、四川、陕西、湖北和河南等地。张家口市原生树种，蔚县小五台山有分布。

短梗五加

五加属
学名 *Acanthopanax sessiliflorus*

别名 乌鸦子、无梗五加

形态特征 灌木或小乔木，高达5m。树皮暗灰色或灰黑色，有纵裂纹和粒状裂纹，无刺或散生粗壮平直的刺，枝灰色。掌状复叶，小叶3~5枚，纸质，倒卵形、长圆状倒卵形或长圆状披针形，长8~18cm，宽3~7cm，先端渐尖，基部楔形，锯齿不整齐，侧脉5~7对，明显。顶生圆锥花序为数个球形头状花序组成，头状花序紧密，径2~3.5cm，有花多数，花无梗，紫色，总花梗长0.5~3cm，密被短毛。果实倒卵状椭圆球形，黑色，稍有棱。花期8~9月，果期9~10月。

生长习性 较耐阴，耐寒、较耐干旱；萌芽能力较强。

繁殖方式 播种繁殖。

用途 根皮入药，可祛风湿、强筋骨、散淤活血；种子可榨工业用油。

分布 分布于黑龙江、吉林、辽宁、河北和山西等地。张家口市原生树种，赤城大海陀、蔚县小五台山有分布。

刺五加

五加属
学名 *Acanthopanax senticosus*

别名 刺拐棒、坎拐棒子、一百针、老虎潦、五加皮、俄国参

形态特征 灌木，高达6m。小枝密被细直向下的针刺。掌状复叶，小叶5，稀3，纸质，椭圆状倒卵形或长圆形，长5~13cm，先端渐尖，基部阔楔形，上面脉上被粗毛，下面脉上被柔毛，侧脉6~7对。伞形花序单个顶生，或2~6个簇生，径2~4cm；总花梗长5~7cm，无毛；花紫黄色，花瓣5。果实球形或卵球形，有5棱，黑色，直径7~8mm。花期6~7月，果期8~10月。

生长习性 喜温暖湿润气候，耐寒、较耐阴；宜选向阳、腐殖质层深厚、土壤微酸性的沙质壤土。

繁殖方式 播种、扦插及分株繁殖。

用途 根部和根状茎可入药，根皮祛风湿、强筋骨、泡酒制五加皮酒（或制成五加皮散）；叶可作茶；种子可榨油，制肥皂用。

分布 分布于华中、华东、华南和西南等地。张家口市原生树种，崇礼、赤城、蔚县有分布。

楤木属

落叶小乔木、灌木或多年生草本。常具刺。大型羽状复叶互生；托叶连柄或无托叶。伞形花序，稀为头状花序，再组成圆锥花序；苞片和小苞片宿存或早落；花梗有关节；花瓣弓，在花芽中覆瓦状排列。果实球形，有5棱，稀2~4棱。种子白色，侧扁。

本属约有40种，我国有28种，其中木本18种，我国大部分地区有分布。张家口产白背叶楤木1种。

白背叶楤木

楤木属
学名 *Aralia chinensis* var. *nuda*

别名 刺包头、大叶槐木

形态特征 灌木或小乔木，高达5m。树皮灰褐色，疏生皮刺。叶为二回或三回羽状复叶，长60~110cm；叶柄粗壮，长可达50cm；小叶5~11枚，稀13枚；小叶片卵形、阔卵形或长卵形，长5~12cm，先端渐尖或短渐尖，基部圆形，下面灰白色，边缘有锯齿，侧脉7~10对，被短柔毛。圆锥花序大，长30~60cm，主轴和分枝疏生短柔毛或几无毛，有花多数；苞片长圆形，长6~7mm；花白色，芳香。果实球形，黑色，直径约3mm，有5棱。花期7~9月，果期9~12月。

分布 分布广，北自甘肃中部、陕西东部、山西南部、河北中部起，南至云南西南部、广西西北部和东北部、广东中部、福建西南部和东部，西起云南西北部，东至海滨的广大区域，均有分布。张家口市原生树种，蔚县小五台山有分布。

萝藦科

杠柳属

藤本状灌木。具白色乳汁。茎、枝光滑。单叶对生，具柄；羽状脉。聚伞花序疏松，顶生或腋生，花萼5深裂，花冠5裂，副花冠环状。聚合蓇葖果双生，种子长圆形，先端具绢毛。

本属约10种，我国产5种，分布于东北、华北、西北、西南等地。张家口产杠柳1种。

杠柳

杠柳属
学名 *Periploca sepium*

别称 羊奶条、羊角桃、钻墙柳

形态特征 落叶缠绕性木质藤本，长达2m。全株光滑无毛，具白色乳汁。小枝棕褐色，通常对生，有细条纹，有光泽，有圆形突起的皮孔。单叶对生，叶片披针形或卵状披针形，长5~17cm，侧脉纤细，20~25对，叶面深绿色，叶背淡绿色。聚伞花序腋生，着花数朵，花冠紫红色，径1.5cm，花冠筒短，约长3mm，裂片长圆状披针形，长8mm，宽4mm；副花冠环状，10裂，其中5裂延伸丝状，被短柔毛，顶端向内弯。聚合蓇葖果双生，圆柱形，长7~12cm，径约5mm，无毛，具有纵条纹；种子长圆形，长约7mm，宽约1mm，黑褐色，顶端具白色绢质种毛，种毛长3cm。花期5~6月，果期7~9月。

生长习性 深根性，耐旱，在干旱山坡、沙地、红土、碱性土和海滨均能生长；喜光，根蔓延力极强。

繁殖方式 播种或分根繁殖。

用途 茎皮和根皮含苷类化合物，供药用，能去风湿，壮筋骨，强腰膝，治疗风湿性关节炎、筋骨痛等。

分布 产于东北、华北、西北、华东、华中、西南等。张家口市原生树种，赤城后城和蔚县草沟堡、小五台山有分布。

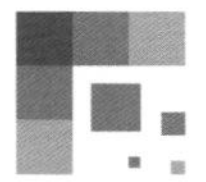

唇形科

香薷属

草本，半灌木或灌木。叶对生，卵形、长圆状披针形或线状披针形，边缘具锯齿状圆齿或钝齿。轮伞花序组成穗状或球状花序，密接或有时在下部间断，穗状花序有时疏散纤细，圆柱形或偏向一侧；花梗通常较短；花萼钟形、管形或圆柱形；花冠小，白、淡黄、黄、淡紫、玫瑰红至玫瑰红紫色，外面常被毛及腺点，内面具毛环或无毛。小坚果卵珠形或长圆形，褐色，无毛或略被不明显细毛，具瘤状突起或光滑。

本属约40种，我国有33种，15变种，5变型。张家口产木香薷1种。

木香薷

香薷属

学名 *Elsholtzia stauntoni*

别名 柴荆芥、野荆芥、华北香薷、鸡爪花

形态特征 直立半灌木或灌木，高达1.7m。茎上部多分枝，小枝被柔毛，下部近圆柱形，上部钝四棱形，具槽及细条纹。叶对生，叶片披针形至椭圆状披针形，长10~15cm，宽3~4cm，先端渐尖，基部渐狭至叶柄，边缘具锯齿状圆齿，下面密布细小腺点；叶柄被微柔毛。穗状花序伸长，长3~12cm，生于茎枝及侧生小花枝顶上，由具5~10朵花、近偏向于一侧的轮伞花序所组成；花冠2唇形，上唇直立，玫瑰红紫色，外面被白色

柔毛及稀疏腺点，内有斜向间断髯毛毛环。小坚果椭圆形，光滑。花、果期 7~10 月。

生长习性 喜光，喜湿润土壤，耐干旱瘠薄。

繁殖方式 播种繁殖或分根移栽。

用途 种子可榨油，用于制作干性油、油漆等；花、茎、叶可提取香料；花期长，具芳香，是庭院观赏植物。

分布 产于河北、山西、河南、陕西、甘肃。张家口市原生树种，赤城县、蔚县小五台山有分布。

马鞭草科

牡荆属

落叶小乔木或灌木。小枝通常四棱形，无毛或微柔毛。叶对生，掌状复叶，小叶3~8枚，稀单叶。聚伞花序或为聚伞花序组成的圆锥花序，顶生或腋生；花冠小，白色，浅蓝色，2唇形，5齿裂，外面被柔毛或微柔毛或具腺点。小核果圆形、卵形至倒卵形，外面包有宿存的花萼。

本属约有250种，我国有14种，7变种，3变型，主产长江以南，少数种类分布在西南和华北等地。张家口产荆条1种。

荆条

牡荆属
学名 *Vitex negundo* var. *heterophylla*

别名 黄荆柴、黄金子

形态特征 落叶灌木或小乔木，高可达5m。小枝四棱形，密生灰白色绒毛。叶对生，具长柄，5~7出掌状复叶，小叶椭圆状卵形，长2~10cm，缘具切裂状锯齿或羽状裂，背面灰白色，被柔毛。圆锥状聚伞花序顶生，长10~27cm，花冠蓝紫色，顶端5裂，2唇形，外面有绒毛。核果，球形或倒卵形，黑色，外被宿存的花萼所包。花期4~6月，果期7~11月。

生长习性 喜光，耐干旱、瘠薄土壤，适应性强，为旱生灌丛的优势树种。

繁殖方式 播种或分株繁殖。

用途 叶秀丽，花清雅，是装点风景区的极好材料，也是树桩盆景的优良材料。茎、果实和根均可入药，茎叶治疗久痢，种子为清凉性镇静、镇痛药，根可以驱蛲虫。花含蜜汁，是极好的蜜源植物；枝编筐。

分布 东北、华北、西北、华东及西南各地均有分布。张家口市原生树种，赤城县、蔚县小五台山有分布。

莸 属

落叶灌木。单叶对生，叶边缘具齿或全缘，常有发亮的黄色腺点。聚伞花序、伞房花序或圆锥花序，顶生或腋生，稀为单花腋生；花萼钟形5深裂；花冠通常5裂。蒴果，小，球形，分裂为4个自基部脱落的果瓣。

本属约15种，我国13种，2变种，1变型。张家口产蒙古莸1种。

蒙古莸

莸属
学名 *Caryopteris mongholica*

别名 山狼毒

形态特征 半灌木，高15~40cm。基部多分枝。茎直立，灰褐色，有纵裂纹；幼枝常为紫褐色，有毛，老时渐脱落。单叶对生，披针形或狭披针形，长1.5~6cm，全缘，两面被绒毛，上面浅绿色，下面灰色。聚伞花序顶生或腋生，花萼钟状，先端5裂，外被柔毛，宿存；花冠蓝紫色，筒状，先端5裂，两侧对称，长6~8mm，裂片5，其中1片较大。蒴果球形，成熟时裂成4个具窄翅的果瓣。花期7~8月，果期9~10月。

生长习性 喜光，耐干旱、瘠薄，生于海拔1000~1300m低山干旱的石质坡地、石缝、沙丘或碱质土上。

繁殖方式 可用播种繁殖，分根移栽能成活。

用途 全株入药，消食理气、祛风湿、活血止痛。花和叶可提取芳香油。植株花色鲜艳，可供庭院栽培观赏。

分布 产于河北、山西、陕西、内蒙古、甘肃。张家口市原生树种，康保、阳原等地有分布。

茄 科

枸杞属

灌木，通常有棘刺。单叶互生或簇生，全缘，具柄或近无柄。花有梗，单生于叶腋或簇生于短枝上，花萼钟形，宿存；花冠漏斗形，檐部5裂。浆果具肉质果皮，长圆形。

本属约100种，我国产7种，3变种，主要分布在西北和北部。张家口原产枸杞1种，引进栽培宁夏枸杞1种。

枸杞 | 枸杞属 学名 *Lycium chinensis*

别名 中华枸杞

形态特征 多分枝灌木，高1m，栽培时可逾2m。枝条细弱，常弯曲下垂，有纵条纹，具针状棘刺，长0.5~2cm。单叶互生或2~4枚簇生，卵形、卵状菱形、长椭圆形、卵状披针形，顶端急尖，基部楔形，长1.5~5cm，宽0.5~2.5cm，栽培者较大，可长达10cm以上，宽达4cm。花单生或2~4朵簇生于叶腋，在短枝上则同叶簇生；花梗长1~2cm，向顶端渐增粗；花冠漏斗状，长9~12mm，淡紫色，花冠筒稍短于或近等于檐部，裂片5深裂，卵形，顶端圆钝。浆果红色，卵状，栽培者可成长矩圆状或长椭圆状，长7~15mm，栽培可达22mm。种子扁肾脏形，黄色。花果期6~11月。

生长习性 性强健，稍耐阴；喜温暖，较耐寒；对土壤要求不严，耐干旱、耐盐碱性都很强，忌黏质土及低温条件。

繁殖方式 播种、扦插、埋条、分根均能成活。

用途 果可加工成各种食品、饮料、保健酒、保健品等；种子油可制润滑油或食用油；嫩叶可作蔬菜食用；根皮（中药称地骨皮）可入药，有解热止咳之效用；可作为水土保持的灌木，而且由于其耐盐碱，成为盐碱地造林先锋树种；也是很好的盆景观赏植物。

分布 广布全国各地。张家口市原生树种，全市广泛分布。

宁夏枸杞

枸杞属
学名 *Lycium barbarum*

别名 枸杞菜、红珠仔刺、牛右力、狗牙子

形态特征 灌木，或栽培因人工整枝而成大灌木，高 1~2.5m。分枝细密，野生时多开展而略斜升或弓曲，栽培时小枝弓曲而树冠多呈圆形，有纵棱纹，具棘刺。叶互生或簇生，披针形或长椭圆状披针形，长 2~3cm，栽培时长达 12cm，略带肉质，叶脉不明显。花在长枝上 1~2 朵生于叶腋，花在短枝上 2~6 朵同叶簇生；花梗长 1~2cm，花萼钟状，长 4~5mm，通常 2 中裂，花冠漏斗状，紫堇色，筒部长 8~10mm，自下部向上渐扩大，明显长于檐部裂片。浆果红色，果皮肉质，形状及大小由于经长期人工培育而多变，广椭圆状、矩圆状、卵状或近球状，多汁液。种子常 20 余粒，略成肾脏形，扁压，棕黄色，长约 2mm。花期较长，一般 5~10 月边开花边结果。

生长习性 喜光，喜水肥，耐干旱、瘠薄、盐碱、沙荒。

繁殖方式 播种、扦插、分株繁殖。

用途 同枸杞。

分布 产于我国西北部、北部，现在中部、南部不少地区已有引种栽培，尤其是宁夏及天津地区栽培多、产量高。张家口市引进树种，尚义县、张北县有引种栽培。

木犀科

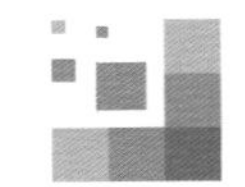

梣 属

落叶乔木，稀灌木，高10~12m。冬芽为鳞芽，顶芽发达褐色或黑色。奇数羽状复叶，对生；小叶3至多枚，叶缘具整齐锯齿。雌雄同株或异株，花小组成圆锥花序。翅果，翅在果实顶端。种子单生，扁平，长圆形。

本属约70种，我国产20余种，各地均有分布。张家口产白蜡、大叶白蜡和小叶白蜡3种，引进栽培美国白蜡和水曲柳2种。

白蜡

梣属
学名 *Fraxinus chinensis*

别名 中国白蜡

形态特征 落叶乔木，高达12m。树冠卵圆形，树皮黄褐色。小枝光滑无毛，灰褐色，无毛或具黄色髯毛，有皮孔。冬芽卵圆形。奇数羽状复叶，小叶5~9枚，通常7枚，卵圆形或卵状椭圆形，长3~10cm，先端渐尖，基部狭，不对称，边缘有齿及波状齿。圆锥花序侧生或顶生于当年生枝上，大而疏散，夏季开花，花萼钟状，无花瓣。翅果倒披针形，长3~4cm。花期4月，果期9~10月。

生长习性 性喜光，稍耐阴；喜温暖湿润气候，颇耐寒，喜湿耐涝，也耐干旱。对土壤要求不严，碱性、中性、酸性土壤上均能生长；对二氧化硫、氯气、氟化氢有较强抗性。萌芽、萌蘖力强，耐修剪；生长较快。

繁殖方式 主要以播种或扦插繁殖。

用途 该树种形体端正，树干通直，枝叶繁茂而鲜绿，秋叶橙黄，是优良的行道树和遮荫树；材质优良，枝可编筐，枝叶放养白蜡虫，制取白蜡，是我国重要的经济林树种之一。

分布 北自我国东北中南部，经黄河流域、长江流域，南达广东、广西，东南至福建，西至甘肃均有分布。张家口市原生树种，坝下地区广布。

大叶白蜡

梣属
学名 *Fraxinus rhynchophylla*

别名 花曲柳、大叶梣

形态特征 白蜡的变种，与白蜡的区别是其小叶通常为5枚，宽卵形或椭圆状倒卵形，顶生小芽特宽大，锯齿钝粗或近全缘。

生长习性与繁殖方式 与白蜡相似。

用途 木材硬而致密，为制家具的好材料；种子榨油供制肥皂用。也可作庭荫树、行道树等。

分布 产自黄河流域各地和东北。张家口市原生树种，赤城大海陀、蔚县小五台山、涿鹿赵家蓬等地有分布。

小叶白蜡

梣属
学名 *Fraxinus bungeana*

形态特征 落叶小乔木或灌木，高2~5m。树皮黑灰色，浅裂。冬芽黑色，圆锥形。羽状复叶长5~15cm；叶柄长2.5~4.5cm，基部增厚；小叶5~7枚，硬纸质，阔卵形、菱形至卵状披针形，长2~5cm，先端突尖或尾尖，基部阔楔形或圆形，叶缘具深锯齿至缺裂状，两面均光滑无毛。圆锥花序顶生或腋生枝梢，长5~9cm；花冠白色至淡黄色，花瓣条形。翅果匙状长圆形，长2~3cm，翅下延至坚果中下部，坚果长约1cm，略扁。花期5月，果期8~9月。

用途 树皮用作中药“秦皮”，有消炎解热、收敛止泻的功能；木材坚硬供制小农具。

分布 产于辽宁、河北、山西、山东、安徽、河南等地。张家口市原生树种，赤城大海陀、蔚县小五台山、涿鹿赵家蓬等地有分布。

美国白蜡

梣属
学名 *Fraxinus americana*

形态特征 乔木，高达25m，冠幅达12m。树皮暗灰褐色，浅裂。小枝暗绿褐色，圆形，粗壮。奇数羽状复叶，长15~23cm，叶柄无毛，小叶7枚，叶片卵形或卵状披针形，表面暗绿色，有光泽，叶背浅绿色，有乳头状突起，沿中脉具白色短柔毛。雌雄异株，圆锥花序，生于去年生枝叶腋；总花梗无毛；花药卵形或长圆状卵形，较花丝短。翅果窄披针形，长3~5cm，先端渐尖。种子圆柱形，萼宿存。花期4月，果期8~9月。

生长习性 喜光，能耐侧方庇阴，喜温暖，也耐寒。喜肥沃、湿润也能耐干旱、瘠薄，耐一般盐碱，稍耐水湿。

繁殖方式 主要以播种繁殖为主。

用途 该树种形体端正，树干通直，枝叶繁茂而鲜绿，是优良的行道树和遮荫树；也可用于湖岸绿化和工矿区绿化。

分布 原产北美，我国的适用范围自东北南部、华北、华东、中南至西南地区均能生长。张家口市引进树种，赤城、宣化、阳原有栽培。

水曲柳

▶ 梣属
学名 *Fraxinus mandshurica*

别名 东北梣

形态特征 落叶大乔木，高达30m以上，胸径达2m。树干通直，树皮厚，灰褐色，浅纵裂。小枝红褐色，略成四棱形。羽状复叶长25~35cm，小叶7~13枚，无柄，椭圆状披针形或卵状披针形，基部连叶轴处密生黄褐色绒毛。圆锥花序侧生于去年生小枝上，花序轴有窄翅，花单性异株，无花被。翅果矩圆状披针形，长2~4cm，扁平扭曲。花期4~5月，果期9~10月。

生长习性 喜光，幼时稍能耐阴；耐寒，能耐-40℃低温；喜潮湿但不耐水涝；喜肥，稍耐盐碱。主根浅，侧根发达，萌蘖性强，生长较快，寿命较长。

繁殖方式 播种、扦插、萌蘖繁殖。

用途 园林绿化用途同白蜡；其材质好，是东北、华北地区的珍贵用材树种，可制各种家具、乐器、体育器具、车船、机械及特种建筑材料。

分布 产于东北、华北，以大兴安岭东部和小兴安岭、吉林的长白山等地分布最多。张家口市引进树种，赤城县有栽培。

丁香属

落叶灌木或小乔木，小枝近圆形或四棱形，常无顶芽，枝为假二叉分枝。叶对生，单叶稀复叶，全缘，稀分裂；具叶柄。圆锥花序，顶生或腋生。花两性；花萼小，花冠漏斗形4裂，雄蕊2枚。蒴果长圆形，子房两室。种子扁平，有翅。

本属约30种，我国产20余种，是丁香属植物的现代分布中心，自西南至东北各地都有分布，而西南、西北、华北和东北地区是丁香的主要分布区。张家口产北京丁香、暴马丁香、红丁香、毛丁香、毛叶丁香、小叶丁香、紫丁香、白丁香和关东巧玲花9种。

北京丁香

丁香属
学名 *Syringa pekinensis*

别名 山丁香、臭多罗

形态特征 大灌木或小乔木，高2~5m，可达10m。树皮褐色或灰棕色，纵裂。小枝赤褐色，皮孔白色。无顶芽，侧芽细小。叶片纸质，宽卵形、近圆形或卵状披针形，长4~10cm，上面深绿色，下面灰绿色。圆锥花序生于去年生枝，长5~20cm；花两性，花冠白色，呈辐状，长3~4mm，花冠管与花萼近等长或略长，裂片卵形或长椭圆形，花丝略短于或稍长于裂片，花药黄色。蒴果长椭圆形至披针形，长1.5~2.5cm。花期5~7月，果期9~10月。

生长习性 性喜阳，但也稍耐阴，耐寒、耐旱；也耐高温。

繁殖方式 多用播种或扦插繁殖。

用途 对城市环境适应性较强，枝叶茂盛，可作庭园绿化树种。

分布 产于我国内蒙古、河北、山西、河南、陕西、宁夏、甘肃、四川北部。张家口市原生树种，涿鹿、蔚县小五台山有分布。

宣化

暴马丁香 | 丁香属

学名 *Syringa amurensis*

别名 暴马子、阿穆尔丁香

形态特征 落叶小乔木或大乔木，高可达 8m。树皮紫灰褐色，具细裂纹。枝上皮孔显著，小枝较细，当年生枝绿色或略带紫晕。叶卵形至卵圆形，厚纸质，长 5~10cm，先端短尾尖至尾状渐尖或锐尖，基部通常圆形或截形，背面侧脉隆起，上面侧脉和细脉明显凹入使叶面呈皱缩。圆锥花序由 1 到多对着生于同一枝条上的侧芽抽生，花序大而疏散，长 10~15cm；花冠白色，呈辐状，长 4~5mm，花冠管长约 1.5mm，裂片卵形，长 2~3mm，先端锐尖，花冠筒短；花丝细长，花丝与花冠裂片近等长或长于裂片。蒴果长椭圆形或矩圆形，先端钝。花期 5 月底至 6 月初，果期 8~10 月。

生长习性 喜光，喜潮湿土壤。

繁殖方式 以播种繁殖为主。

用途 树皮、树干及茎枝入药，具消炎、镇咳、利水作用；花的浸膏质地优良，可广泛调制各种香精。其树姿优美，花香浓郁；是著名的观赏花木之一。

分布 分布于东北、华北、西北东部。张家口市原生树种，全市遍布。

红丁香

丁香属
学名 *Syringa villosa*

形态特征 灌木，高达4m。枝条粗壮，直立，灰褐色，具皮孔，小枝无毛或被微柔毛。叶片卵形至长圆形，长4~15cm，先端锐尖或短渐尖，基部楔形，背面有白粉，沿中脉有柔毛。叶柄长0.8~2.5cm，无毛或略被柔毛。圆锥花序顶生，密集，长8~20cm；花紫红色至近白色，芳香，花冠管细弱，近圆柱形，长0.7~1.5cm，裂片成熟时呈直角向外展开，卵形或长圆状椭圆形，长3~5mm。花药黄色，长约3mm，位于花冠管喉部或稍凸出。蒴果长圆形，先端稍尖或钝，长1~1.5cm。花期5~6月，果期9月。

生长习性 喜光，稍耐阴，喜温暖、湿润。稍耐寒；耐干旱瘠薄；喜肥沃而排水良好的土壤，忌低湿。

繁殖方式 播种、扦插、嫁接、分株、压条繁殖。

用途 枝干茂密，花美丽芳香，是北方地区绿化美化树种之一。

分布 产于我国北部。张家口市原生树种，赤城、小五台山有分布。

毛丁香

丁香属
学名 *Syringa tomentella*

别名 小丁香

形态特征 灌木，高1.5~7m。枝直立或弓曲，棕褐色，具皮孔。叶片卵状披针形、卵状椭圆形至椭圆状披针形，长2.5~11cm，先端锐尖至渐尖，基部楔形至近圆形，叶缘具睫毛。圆锥花序直立，花冠淡紫红色、粉红色或白色，稍呈漏斗状，长1~1.7cm。果长圆状椭圆形。花期6~7月，果期9月。

分布 产于四川西部、河北等地。张家口市原生树种，崇礼、赤城有分布。

毛叶丁香

丁香属
学名 *Syringa pubescens*

别名 巧玲花、雀舌头

形态特征 小灌木，高2~4m。树皮暗灰褐色。小枝深褐色，微四棱，无毛，无顶芽。叶卵圆形至卵形，长3~8cm，表面深绿色，背面浅绿色，沿脉具柔毛。圆锥花序侧生，较紧密，长5~12cm；花冠紫色或淡紫色，直径8mm；花冠筒细，长1~1.5cm。蒴果条状长椭圆形，长8~14mm，有瘤状突起。花期5~6月，果期8~9月。

繁殖方式和用途 同紫丁香。

分布 产于我国北部。张家口市原生树种，蔚县小五台山有分布。

小叶丁香

丁香属
学名 *Syringa pubescens* subsp. *microphylla*

别名 小叶巧玲花、四季丁香

形态特征 小灌木。小枝、花序轴近圆柱形，灰褐色或黄褐色，幼时有毛。叶片纸质，卵形、椭圆形，长1~4cm，宽0.8~2.5cm。叶表面暗绿色，背面浅绿色，沿脉疏生柔毛。圆锥花序侧生于枝顶。花冠紫红色，盛开时外面呈淡紫红色，内带白色，长0.8~1.7cm，花冠筒细，长约1cm。花期5~6月，栽培的每年开花两次，第一次春季，第二次8~9月；果期7~9月。

生长习性 喜光，也耐半阴。适应性较强，耐寒、耐旱、耐瘠薄，病虫害较少。以排水良好、疏松的中性土壤为宜，忌酸性土，忌积涝和湿热。

繁殖方式 播种、嫁接、压条繁殖。

用途 同紫丁香。

分布 产于河北西南部、山西、陕西、宁夏南部、甘肃、青海东部、河南西部、湖北西部、四川东北部。张家口市原生树种，赤城、康保有分布。

紫丁香

丁香属
学名 *Syringa oblata*

别名 野丁白

形态特征 落叶灌木，高可达5m。树皮灰褐色或灰色。小枝较粗，疏生皮孔；黄褐色，初被短柔毛，后渐脱落。叶片革质或厚纸质，卵圆形至肾形，宽常大于长，长2~14cm，宽2~15cm，先端锐尖，基部心形或截形，全缘，两面无毛，萌枝上叶片常呈长卵形，先端渐尖，基部截形至宽楔形。圆锥花序直立，花冠紫色，长1.1~2cm；花冠管圆柱形，长0.8~1.7cm；裂片呈直角开展，卵圆形、椭圆形至倒卵圆形，长3~6mm；花药黄色，位于距花冠管喉部0~4mm处。蒴果长圆形，先端长渐尖，平滑。花期4~5月，果期6~10月。

生长习性 喜光，稍耐阴；耐寒性较强；耐干旱，忌低湿；喜土壤湿润而排水良好。

繁殖方式 播种、扦插、嫁接、压条和分株繁殖。

用途 枝叶茂密，花美而香，是我国北方各省区应用最普遍的绿化树种之一。叶和树皮入药，有清热燥湿之效；花提制芳香油，嫩叶代茶。

分布 产于东北、华北、西北（除新疆）以至西南，达四川西北部。张家口市原生树种，坝上坝下广布。

白丁香

丁香属
学名 *Syringa oblata* var. *alba*

形态特征 紫丁香的变种，与紫丁香主要区别是叶较小，叶面有疏生绒毛，花为白色。

生长习性 喜光，稍耐阴，耐寒，耐旱，喜排水良好的深厚肥沃土壤。

繁殖方式 通常扦插繁殖或嫁接繁殖，种子繁殖容易产生变异。

用途 花密而洁白，素雅而清香，常植于庭园观赏；还可以用作鲜切花。

分布 原产我国华北地区，长江以北地区均有栽培，尤以华北、东北为多。张家口市原生树种，蔚县小五台山有分布。

关东巧玲花

丁香属
学名 *Syringa pubescens* subsp. *patula*

别名 关东丁香

形态特征 毛叶丁香的亚种，与毛叶丁香区别仅在于本亚种的叶片先端呈尾状渐尖，常歪斜，或近凸尖；花冠管略呈漏斗状。

分布 产于我国辽宁、吉林长白山区、河北等地。张家口市原生树种，蔚县小五台山有分布。

流苏树属

落叶灌木或乔木。单叶对生，全缘。花两性或单性而雌雄异株，组成顶生的聚伞状圆锥花序；花萼4裂；花冠白色，4深裂几达基部，裂片线状匙形，有雄蕊2枚，藏于花冠管内或稍伸出，花柱短，柱头凹缺或近2裂。核果卵形或椭圆形，果核肉质，卵形或椭圆形，有种子1粒。

本属共有2种，我国有1种，主要产于山东、安徽、河南、江苏等地。

流苏树

流苏树属
学名 *Chionanthus retusus*

别名 乌金子

形态特征 落叶灌木或乔木，高可达20m。树干灰褐色，大枝皮常纸状剥裂。枝条开展，小枝灰绿色。叶对生，卵形至倒卵状椭圆形，全缘，或有小锯齿，长3~10cm，叶柄基部带紫色。顶生聚伞状圆锥花序；花冠白色，4深裂，四裂片狭长几达基部，长1~2cm，花冠筒极短。核果卵形或椭圆形，蓝黑色，长1~1.5cm，有种子1粒。花期3~6月，果期6~11月。

生长习性 喜光，耐寒，耐旱，花期怕干旱风。耐瘠薄，不耐水涝。生长较慢。

繁殖方式 播种、扦插、嫁接繁殖。

用途 花形奇特，芳香四溢，秀丽可爱，花期可达20天，观赏效果甚佳，是庭园栽种的著名花木。

分布 甘肃、陕西、山西、河北、河南以南至云南、四川、广东、福建、台湾各地有栽培。张家口市原生树种，蔚县小五台山有分布。

女贞属

落叶或常绿、半常绿的灌木、小乔木或乔木。单叶对生，全缘；具叶柄。圆锥花序，顶生或腋生；花小，两性，花冠白色，花萼钟状4裂。果为浆果状核果，黑色或蓝黑色。

本属约50种，我国产30余种，多分布在长江以南及西南。张家口引进栽培金叶女贞和水蜡2种。

金叶女贞

女贞属
学名 *Ligustrum vicaryi*

别名 黄叶女贞

形态特征 常绿或半常绿灌木，高1~2m，冠幅1.5~2m。枝灰褐色，单叶对生，革质，长椭圆形，长3.5~ 6.0cm，宽2.0~2.5cm，先端渐尖，有短芒尖，基部圆形或阔楔形，4~11月叶片呈金黄色，冬季呈黄褐色至红褐色。总状花序，小花白色。核果阔椭圆形，紫黑色。金叶女贞叶色金黄，尤其在春秋两季色泽更加璀璨亮丽。花期6月，果期10月。

生长习性 性喜光，稍耐阴，耐寒能力较强，不耐高温高湿。抗病力强，很少有病虫危害。

繁殖方式 以扦插繁殖为主，高接培育也可。

用途 生长季节叶色呈鲜丽的金黄色，在园林绿化中常被种植成色块，具极佳的观赏效果。

分布 分布于华北南部至华东北部暖温带落叶阔叶林区。张家口市引进树种，市区、赤城、宣化、怀安等地有栽培。

水蜡

女贞属
学名 *Ligustrum obtusifolium*

别名 辽东水蜡树

形态特征 落叶或半常绿灌木，高达3m。树冠圆球形。树皮暗黑色。幼枝具柔毛。纸质单叶对生，叶椭圆形至长圆状倒卵形，长2~7cm，全缘，先端尖或钝，背面具柔毛，下面沿中脉有明显柔毛。圆锥花序顶生，下垂，生于侧面小枝上，长2~3.5cm；花白色，芳香，花冠长4~10mm。核果黑色，椭圆形，稍被蜡状白粉。花期6月，果期8~9月。

生长习性 适应性较强，喜光照，稍耐阴，耐寒，对土壤要求不严。

繁殖方式 以播种繁殖为主，扦插繁殖也可。

用途 叶可代茶用；由于此种耐修剪，常作为绿篱栽植；抗多种有毒气体，是优良的抗污染树种。

分布 原产于我国中南地区，现北方各地广泛栽培。张家口市引进树种，怀安、康保、市区有栽培。

连翘属

落叶灌木，枝髓部中空或呈薄片状。有顶芽，有时败育，侧芽单生或叠生。叶对生，单叶或3裂、三出复叶，有锯齿或全缘；先叶开花，花具梗，2~5朵生于叶腋；萼4深裂；花冠黄色，深4裂，裂片狭长圆形或椭圆形。果卵球形或长圆形，室背开裂为2片木质或革质的果瓣。种子有狭翅。

本属共7种，我国产4种，产于西北至东北和东部。张家口引进栽培东北连翘和连翘2种。

东北连翘

连翘属
学名 *Forsythia mandshurica*

形态特征 落叶灌木，高约1.5m。树皮灰褐色。小枝开展，无毛，略呈四棱形，疏生白色皮孔，2年生枝直立，无毛，疏生褐色皮孔，具片状髓。叶片纸质，宽卵形、椭圆形或近圆形，长5~12cm，缘具锯齿、牙齿状锯齿或牙齿，下面疏被柔毛，叶脉在上面凹入，下面凸起。花单生于叶腋；花冠黄色，长约2cm。果长卵形，长0.7~1cm，皮孔不明显。花期5月，果期9月。

生长习性 喜光，耐半阴，耐寒，喜湿润、肥沃土壤，也耐干旱、瘠薄土壤，病虫害少，适应性强。浅根性，根系发达，耐移植，易成活。

繁殖方式 种子繁殖，也可扦插、压条、分株繁殖。

用途 常栽植供园林绿化。

分布 产于辽宁省凤凰山一带，东北三省均有栽培。张家口市引进树种，赤城、宣化、怀安等地有栽植。

连翘

▶ 连翘属
学名 *Forsythia suspensa*

别名 黄寿丹、黄花杆

形态特征 落叶灌木，高可达3m。干丛生；枝直立开展或拱形下垂，棕色、棕褐色或淡黄褐色，小枝土黄色或灰褐色，略呈四棱形，具突出的皮孔，髓中空。单叶或3深裂，有时为3小叶，对生，卵形、宽卵形或椭圆状卵形至椭圆形，长2~10cm，先端锐尖，基部圆形、宽楔形至楔形，缘有粗锯齿。花先于叶开放，通常单生或数朵着生于叶腋，花冠筒长5~7mm，裂片4，椭圆形，长2.5~3cm，着生于花冠筒基部，黄色。蒴果卵球形，表面疏生黄褐色皮孔。花期3~4月，果期9月。

生长习性 喜光，有一定程度的耐阴性；喜温暖、湿润气候，也很耐寒；耐干旱瘠薄，怕涝；对土壤要求不严，在中性、微酸或碱性土壤均能正常生长。

繁殖方式 播种、扦插、分株、压条繁殖。

用途 连翘籽含油率达25%~33%，籽实油含胶质，挥发性能好，是绝缘油漆工业和化妆品的良好原料，具有很好的开发潜力。连翘是很好的蜜源植物。其枝条拱形开展，早春花先叶开放，满枝金黄，是北方优良的早春观花灌木。果壳入药，具清热解毒、消结排脓之效。

分布 产于我国北部、中部及东北各地，现各地均有栽培。张家口市引进树种，引种栽植非常广泛。

素馨属

常绿或落叶，直立或攀缘灌木，稀小乔木。单叶、3 小叶或羽状复叶，对生或互生，稀轮生，全缘；叶柄常有关节，无托叶。聚伞花序组成圆锥状、总状、伞房状、伞状或头状，稀单花腋生，有时花序基部有小叶状苞片。花两性，芳香，花冠常呈白色或黄色，稀红色或紫色，高脚碟状或漏斗状，裂片 4~12。浆果双生或其中一个不育而成单生，果成熟时呈黑色或蓝黑色，果球形。

本属 200 余种，我国产 47 种，1 亚种，4 变种，4 变型。张家口引进栽培迎春花 1 种。

迎春花

素馨属
学名 *Jasminum nudiflorum*

别名 迎春、黄素馨、金腰带

形态特征 落叶灌木，直立或匍匐，高 0.3~5m。枝条细长下垂，枝稍拱形弯曲，光滑无毛，小枝四棱形，棱上多少具狭翼。叶对生，三出复叶，小枝基部常具单叶；叶片卵形或矩圆状卵形，小叶片幼时两面稍被毛，老时仅叶缘具睫毛。花单生于去年生小枝的叶腋，稀生于小枝顶端；花冠黄色，径 2~2.5cm；花冠筒管状，长 1~1.5cm，常 6 裂，有时 5 裂，裂片倒卵形，长约花冠筒的一半。花期 2~4 月。

生长习性 性喜光，稍耐阴，较耐寒；喜湿润，也耐干旱，怕涝；对土壤要求不严，耐碱，除洼地外均可栽植。根部萌蘖力强，枝条着地部分极易生根。

繁殖方式 以扦插为主，也可用压条、分株繁殖。

用途 花、叶均可入药，叶能活血解毒，消肿止痛，可用于治疗肿毒恶疮、跌打损伤、创伤出血；花有发汗、解热利尿之功效，用于治疗发热头痛、小便涩痛。开花早，花色金黄，故称“迎春花”，广泛用于园林绿化。

分布 产于我国北部、西北、西南各地。张家口市引进树种，桥东区有引种栽培。

紫葳科

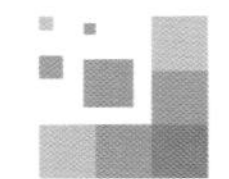

梓 属

落叶乔木。无顶芽，单叶对生或3枚轮生，全缘或有缺裂，基出脉3~5。花两性，组成顶生总状或圆锥花序，花萼不整齐2裂或不规则开裂，花冠2唇形，上唇2裂，下唇3裂。蒴果细长，圆柱形，成熟时2裂。种子多数，两端有丝状长毛。

本属约13种，我国产4种，从北美引入3种，主要分布于长江、黄河流域。张家口原产梓1种，引进栽培楸树1种。

梓

梓属
学名 *Catalpa ovata*

别名 花楸、臭梧桐

形态特征 落叶乔木，高6~20m，胸径达50cm。树冠开展，树皮灰褐色、浅纵裂。幼枝和叶柄被毛并有黏质。叶广卵形或近圆形，长10~30cm，通常3~5浅裂，叶表面脉上有疏生毛，叶背面脉上密生毛，掌状五出脉，背面基部脉腋有紫斑。圆锥花序顶生，长20~30cm；花萼绿色或紫色；花冠淡黄色，长约2cm，内面有黄色条纹及紫色斑纹。蒴果圆柱形，细长如筷，长20~36cm，直径4~6mm；深褐色，经冬不落。种子扁平，矩圆形，

连毛长约 3cm，具毛。花期 6~7 月，果期 9~10 月。

生长习性 喜光，稍耐阴；适合生于温带地区，颇耐寒，在暖热气候下生长不良；喜深厚、肥沃、湿润土壤，不耐干旱瘠薄，能耐轻盐碱土。

繁殖方式 主要为播种繁殖。

用途 树冠宽大，可作行道树、庭荫树。古人在房前屋后种植桑树、梓树，"桑梓"即意故乡。材质轻软，可供家具、乐器、棺木等用。

分布 东北、华北，南至华南北部均有分布，以黄河流域中下游为分布中心。张家口市原生树种，怀安县、市区有分布。

楸树

▶ 梓属
学名 *Catalpa bungei*

别名 金丝楸

形态特征 落叶乔木，高达30m；胸径2m。主枝开扩伸展，多弯曲，呈倒卵形树冠；树皮灰褐色，长条剥裂。小枝灰绿色，无毛。叶片三角状卵形或卵状长圆形，长6~16cm，先端长渐尖，基部截形或心形，全缘，两面无毛，背面脉腋有紫腺斑。叶柄长2~8cm。总状花序伞房状排列，有花3~12朵，顶生；花冠白色或浅粉色，内有紫红色斑点。蒴果线形，长20~55cm，直径4mm。种子扁平，长椭圆形，紫褐色，具白色长毛。花期5~6月，果期6~10月。

生长习性 喜光，幼苗耐庇阴，以后需较多光照；喜温暖湿润气候，不耐严寒，不耐干旱和水湿；生长迅速，喜深厚、湿润、肥沃的中性土、微酸性及钙质土，对二氧化硫及氯气有抗性，吸滞灰尘、粉尘能力较强。根蘖力和萌芽力很强。

繁殖方式 播种、分蘖、埋根、嫁接繁殖均可。

用途 有较强的消声、滞尘、吸毒能力，是绿化城市改善环境的优良树种。花可炒食，叶可喂猪。茎皮、叶、种子入药。木材坚韧致密，纹理美观，供家具、雕刻用材。

分布 原产我国，主产黄河流域和长江流域，北京、河北、内蒙古、安徽、浙江等地也有分布。张家口市引进树种，察北、赤城、怀安、宣化等地均有栽植。

茜草科

野丁香属

灌木。通常多分枝；茎圆柱状，小枝纤细。叶对生；托叶小，锐尖或刺状尖，宿存。花3至多朵，簇生枝顶或叶腋，近无梗；花冠白色或紫色，通常漏斗形，里面有毛，喉部无毛。蒴果圆柱形或卵形。种子直立，种皮薄，假种皮网状。

本属约40种，我国有35种，9变种，1变型，主要分布在四川、云南、西藏等地区。张家口产薄皮木1种。

薄皮木

野丁香属
学名 *Leptodermis oblonga*

别名 小丁香

形态特征 灌木，高达1m。小枝被柔毛，树皮薄，常片状剥落。叶片矩圆形或矩圆状披针形，长1~3cm，上面粗糙，下面被短柔毛或无毛，侧脉约3对。花3~7朵簇生枝顶，稀腋生小枝上部；花冠淡紫红色，漏斗状，长1.2~1.5cm，外被粉末状柔毛。蒴果椭圆形，小苞片宿存。花期5~6月，果期8~9月。

生长习性 喜光，稍耐阴，耐干旱瘠薄。

繁殖方式 播种、扦插繁殖。

用途 可栽培供观赏及作盆景树种。

分布 产于华北，西至陕西，南至河南北部，西南至云南西北部。张家口市原生树种，赤城县、蔚县小五台山有分布。

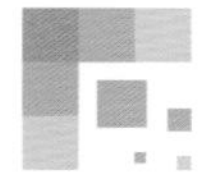

忍冬科

忍冬属

落叶灌木，很少半常绿或常绿灌木，直立或右旋攀缘，很少为乔木状。皮部老时呈纵裂剥落。单叶对生，全缘，稀有裂，有短柄或无柄；通常无托叶。花对生腋生，稀3朵顶生，具总梗或缺。浆果肉质，内有种子3~8粒。

本属约200种，我国有98种，广布于全国各省区，而以西南部种类最多。张家口产金花忍冬、刚毛忍冬、华北忍冬、蓝靛果忍冬、毛药忍冬、五台忍冬、小叶忍冬、北京忍冬8种，引进栽培金银木和金银花2种。

金花忍冬

忍冬属
学名 *Lonicera chrysantha*

别名 黄花忍冬、黄金银花

形态特征 落叶灌木，高达4m。小枝髓心黑褐色，后变中空；幼枝、叶柄及总花梗被开展直糙毛。叶纸质，菱状卵形、菱状披针形，长4~12cm，顶端渐尖或急尾尖，基部楔形至圆形，下面密被糙毛。总花梗长1.5~4cm；花冠先白色后变黄色，长0.8~2cm，外面疏生短糙毛，唇形。果实红色，圆形。花期5~6月，果期8~9月。

生长习性 耐寒，耐旱，喜光，稍耐阴，喜肥沃土壤。

繁殖方式 播种或扦插繁殖。

用途 树形美观，花期、果期长，观赏价值高，是很好的绿化树种；树皮可造纸或作人造棉，种子可榨油。

分布 分布于东北、华北、西北和西南。张家口市原生树种，崇礼东沟、蔚县小五台山有分布。

刚毛忍冬

忍冬属
学名 *Lonicera hispida*

形态特征 落叶灌木，高达 2m。幼枝常紫红色，连同叶柄及总花梗均被刚毛、柔毛及腺毛。老枝灰色或灰褐色。叶片厚纸质，卵状椭圆形或长圆形，长 3~6.5cm，先端尖或稍钝，基部圆形或有时微心形，近无毛或下面脉上有少数刚伏毛，或两面均有疏或密的刚伏毛和短糙毛，边缘有刚睫毛。花冠黄白色或淡黄色，漏斗状，近整齐，长 2.5~3cm。果实先黄色后变红色，卵圆形至长圆筒形。花期 5~6 月，果期 9~10 月。

用途 花蕾代金银花药用，可清热解毒，新疆民间用以治感冒、肺炎。庭院栽培可供观赏。

分布 产于河北西部、山西、陕西、宁夏、甘肃中部至南部、青海东部、新疆、四川、云南及西藏。张家口市原生树种，阳原、蔚县等地有分布。

华北忍冬

忍冬属
学名 *Lonicera tatarinowii*

别名 华北金银花、藏花忍冬

形态特征 落叶灌木，高达2m。小枝黄褐色，无毛，老枝皮灰褐色，条状剥落。叶片矩圆状披针形或卵状长圆形，长3~7cm，宽0.3~3cm，先端尖至渐尖，基部阔楔形至圆形，背面除中脉外有灰白色细绒毛，后脱落；叶柄长2~5mm。总花梗纤细，长1~2.5cm；花冠暗紫色，唇形，长约1cm；花冠裂片为花冠筒的2倍；雄蕊和花柱短于花冠。浆果红色，两果合生，近圆形。花期5~6月，果期8~9月。

生长习性 喜光，稍耐阴，耐寒冷。

繁殖方式 播种繁殖。

用途 庭院栽植可供观赏。

分布 产于辽宁东部和西南部、河北西北部和山东东部。张家口市原生树种，赤城、蔚县有分布。

蓝靛果忍冬

忍冬属
学名 *Lonicera caerulea* var. *edulis*

别名 蓝靛果、羊奶子、黑瞎子果、山茄子果、蓝果

形态特征 灌木，高达3m。小枝紫褐色，髓心白色；壮枝节部常有大型盘状托叶。叶片矩圆形、卵状矩圆形或披针形，长2~10cm，先端圆钝或钝尖，基部圆形或宽楔形，全缘，具睫毛；叶柄短，被毛。总花梗长0.2~1cm，花冠黄白色，筒状漏斗形。果实为浆果，暗蓝色，有白粉，椭圆或长圆形，果汁为鲜艳的深玫瑰色。花期5~6月，果期7~9月。

用途 果酸甜可食，可制果酱、果露、果酒。为优良蜜源植物；可栽植供观赏。

分布 产于东北、华北、西北、四川北部及云南西北部。张家口市原生树种，崇礼窄面沟、蔚县小五台山有分布。

毛药忍冬

忍冬属
学名 *Lonicera serreana*

别名 山咪咪

形态特征 落叶灌木，高达3m。除萼筒外几全体被短柔毛。叶纸质，倒卵形至倒披针形、矩圆形或椭圆形，顶端钝或稍尖，基部楔形，长1~3.5cm，两面被灰白色弯曲短柔毛，下面毛常较密，具短柔毛状缘毛。花黄白色、淡粉红色或紫色，筒状或筒状漏斗形，长10~13mm。果实红色，圆形，直径5~6mm。种子淡褐色，近卵圆形，有4条纵棱。花期6月中旬至8月上旬，果期8~9月。

用途 花期长，果色红艳，可栽培观赏。

分布 产于甘肃、宁夏南部、陕西、河南、山西、河北及四川北部。张家口市原生树种，阳原、蔚县等地有分布。

五台忍冬

忍冬属
学名 *Lonicera kungeana*

别名 四川忍冬、五台金银花

形态特征 落叶灌木，高达3m。叶纸质，倒卵形至倒披针形或宽椭圆形至矩圆形，顶端钝圆或有小凸尖，基部楔形，长0.5~2.8cm，无毛，下面绿白色。总花梗生于幼枝基部叶腋；花白色、淡黄绿色或黄色，有时带紫红色，筒状或筒状漏斗形，长8~13mm，基部一侧具囊或稍肿大。果实红色，圆形，直径5~6mm。种子淡褐色，矩圆形。花期4~6月，果期6~8月。

分布 产于河北、山西、陕西、宁夏、甘肃、青海、湖北、四川、云南及西藏。张家口市原生树种，赤城大海陀、涿鹿赵家蓬、蔚县小五台山有分布。

小叶忍冬

忍冬属
学名 *Lonicera microphylla*

形态特征 落叶灌木，高达2m。小枝树皮剥落。叶倒卵形、倒卵状椭圆形至椭圆形或矩圆形，有时倒披针形，长0.5~2.2cm，顶端钝，基部楔形，下面密被微柔毛，常带灰白色，近基部脉腋常有鳞腺；叶柄很短。总花梗成对生于幼枝下部叶腋；花冠黄色或白色，长7~14mm，外面疏生短糙毛或无毛，唇形。果实红色或橙黄色，圆形，直径5~6mm。种子淡黄褐色，光滑。花期5~6月，果期8~9月。

生长习性 喜光，耐阴，耐寒冷，适应性强。生于海拔1600~2600m沟谷疏林下、林缘或散生于石崖上。

繁殖方式 播种繁殖。

用途 庭院栽培可供观赏。

分布 产于内蒙古、河北、山西、宁夏、甘肃、青海、新疆及西藏。张家口市原生树种，小五台山有分布。

北京忍冬

忍冬属
学名 *Lonicera pekinensis*

形态特征 落叶灌木，高逾3m。小枝开展，髓心白色，2年生枝褐色，粗糙而有小结节。叶片卵状椭圆形至卵状披针形或椭圆状矩圆形，纸质，长3~6.5cm，宽1~4.5cm，先端尖或渐尖，两面被短硬伏毛，下面被较密的绢丝状长糙伏毛和短糙毛。花与叶同时开放，总花梗出自2年生小枝顶端苞腋；苞片宽卵形或披针形，背面被小刚毛；花冠白色或带粉红色，长漏斗状，长1.3~2cm，筒细长。果实红色，椭圆形，长10mm；种子淡黄褐色，稍扁。花期4~5月，果期6~7月。

生长习性 喜光，耐寒，多生于沟谷林下或林缘，海拔500~1500m。

繁殖方式 种子繁殖。

用途 庭院栽植可供观赏；果熟可食用。

分布 产于河北、山西南部、陕西南部、甘肃东南部、安徽西南部和浙江西北部、河南北部和西部、湖北西部及四川东部。张家口市原生树种，蔚县小五台山有分布。

金银木

忍冬属
学名 *Lonicera maackii*

别名 金银忍冬

形态特征 落叶灌木，高达 6m。小枝中空，幼时具微毛。冬芽小，卵形，芽鳞 1 对；叶片纸质，形状变化较大，通常卵状椭圆形至卵状披针形，长 5~8cm，宽 2.5~4cm，顶端渐尖或长渐尖，基部宽楔形至圆形，全缘，两面疏生柔毛。花成对腋生，总花梗短于叶柄，苞片线形，长 3~6mm；花冠二唇形，长 2cm。花先白后黄，唇瓣为花冠筒的 2~3 倍，味芳香。浆果圆球形，暗红色。花期 5 月，果期 9 月。

生长习性 性强健，耐寒、耐旱，喜光，稍耐阴；生于山地林缘，喜湿润肥沃及深厚的土壤。

繁殖方式 播种、扦插繁殖。

用途 树势旺盛，枝叶丰满，初夏开花芳香，是良好观赏灌木。茎皮可制人造棉。花可提取芳香油。种子榨成的油可制肥皂。根可入药，祛风解毒。

分布 产我国黑龙江、吉林、辽宁三省的东部，华北、华东、华中及西北东部、西南北部。张家口市引进树种，赤城、宣化、怀安和市区具有栽培。

金银花

忍冬属
学名 *Lonicera japonica*

别名 金银藤、银藤、二色花藤、二宝藤、右转藤、子风藤

形态特征 多年生半常绿缠绕藤木，长可达9m。小枝褐色至赤褐色，细长中空，条状剥落，幼时密被短柔毛。叶片纸质，卵形或椭圆状卵形，长3~8cm，宽3~5cm，全缘，幼时密生柔毛，老后光滑。夏季开花，苞片大，叶状，卵形到椭圆形，长2cm；花冠二唇形，上唇有4裂而直立，下唇常反转，长3~4cm；花有淡香，花冠筒与裂片近等长，外面有柔毛和腺毛，雄蕊和花柱均伸出花冠；花成对生于叶腋，花色初为白色，渐变为黄色，黄白相映。浆果球形，熟时蓝黑色，具光泽。花期4~6月，果期10~11月。

生长习性 喜光也耐阴；耐寒，耐干旱及水湿；适应性很强，对土壤要求不严，酸碱土壤均能生长。性强健，根系发达，萌蘖力强，茎着地即能生根。

繁殖方式 播种、扦插、压条、分株繁殖均可。

用途 花期长，花芳香，是庭院布置夏景的极好材料；同时由于植株体轻，是美化屋顶花园的好树种。花蕾、茎枝入药，能清热、消炎；也是优良的蜜源植物。

分布 北起辽宁，西至陕西，南达湖南，西南至云南、贵州均有分布。张家口市引进树种，赤城、怀安、蔚县等地有栽培。

荚蒾属

落叶或常绿灌木，稀为小乔木。有顶芽，裸芽或鳞芽。单叶对生，稀轮生。花小，聚伞花序，集生为伞房状或圆锥状花序；有时具白色大型不育花；花辐射对称，花冠钟状、漏斗状或高脚碟状，5裂。核果，冠以宿存萼片和花柱；核多扁平，稀近球形，骨质，具1粒种子。

本属约有200种，我国产80余种。河北产5种，1亚种。张家口产鸡树条荚蒾、蒙古荚蒾和香荚蒾3种。

鸡树条荚蒾

荚蒾属
学名 *Viburnum opulus* var. *calvescens*

别名 天目琼花

形态特征 落叶灌木，高达4m。树皮暗灰褐色，浅纵裂，略带木栓质。幼枝有纵棱，无毛，散生白色皮孔。叶片近革质，卵形至阔卵圆形，长6~12cmm，宽6~12cm，通常浅3裂，裂片先端渐尖，边缘具不规则的齿，生于分枝上部的叶常为椭圆形至披针形，不裂，具掌状三出脉；叶柄长1.5~3cm，近端处有腺体。伞形聚伞花序顶生，紧密多花，直径8~12cm，有白色大型不孕边花；花冠乳白色。核果球形，鲜红色，有臭味，经久不落。花期5~6月，果期8~9月。

生长习性 喜侧方庇阴，耐寒、耐干旱；对土壤要求不严，微酸性及中性土都能生长。根系发达，移植容易成活。

繁殖方式 多用播种繁殖。

用途 姿态优美，叶绿、花白、果红，是春季观花、秋季观果的优良树种。果可食，也可酿酒；种子可榨工业油；茎皮纤维可制绳索；幼枝及果入药，可消肿止痛。

分布 东北南部、华北至长江流域均有分布。张家口市原生树种，崇礼、赤城、蔚县等地有分布。

蒙古荚蒾

▶ 荚蒾属
学名 *Viburnum mongolicum*

别名 蒙古绣球花、土连树

形态特征 落叶灌木，高达2m。树皮灰白色，2年生枝黄白色，无毛；幼枝有星状毛，冬芽不具鳞片。叶宽卵形至椭圆形，长2~5cm，顶端尖或钝，基部圆形或楔圆形，上面被疏毛，下面疏生星状毛，边有浅锯齿，齿端有小突尖。聚伞花序，辐射枝5条，花小，花不多，通常生于第一级辐枝上；花冠淡黄色或黄白色，钟状，长6~7mm。核果椭圆形，长约1cm，先红后黑；核扁，背有2浅槽，腹有3浅槽。花期5~6月，果期8~9月。

生长习性 较耐阴，耐寒，对土壤要求不严。

繁殖方式 播种繁殖。

用途 茎皮纤维可造纸、制绳。落叶迟，且抗寒、抗旱，叶片对灰尘的吸附能力较强，在城市园林美化和抗污染等方面具有广泛的应用前景。

分布 产于西北、华北。张家口市原生树种，崇礼、赤城、蔚县等地有分布。

香荚蒾

荚蒾属
学名 *Viburnum fragrans*

别名 香探春、探春

形态特征 落叶灌木，高达 5m。小枝近无毛；叶片椭圆形或菱状倒卵形，长 4~8cm，先端锐尖，基部楔形至宽楔形，边缘除基部外具三角形锯齿，羽状脉明显，5~7 对；背面侧脉间有簇毛。圆锥状聚伞花序，花序生于能生幼叶的短枝之顶，长 3~5cm，具多数花；花蕾时带粉红色，开后变白色，高脚碟状，径约 1cm。果实紫红色，矩圆形，长 8~10mm。花期 4~5 月，果期 8~9 月。

生长习性 稍耐阴，耐寒；对土壤要求不严，喜肥沃、湿润、松软土壤，不耐瘠土和积水。

繁殖方式 种子不易采收，故多用压条及扦插繁殖。

用途 花早而芳香，是北方园林绿化的优良树种；花可提取芳香油，也是良好的蜜源树种。

分布 产于我国北部，河北、河南、甘肃等地均有分布。张家口市原生树种，赤城、蔚县有分布。

接骨木属

落叶乔木或灌木，很少多年生高大草本。枝较粗壮，常有皮孔，具发达的髓。奇数羽状复叶，对生，揉之有臭味；托叶叶状或退化成腺体。花序由聚伞合成顶生的复伞式或圆锥式；花小，白色或黄白色，整齐；花冠辐状，5裂。浆果状核果，红黄色或紫黑色；具核3~5，各具1粒种子；种子三棱形或椭圆形。

本属约20种，我国有5种。张家口产接骨木和毛接骨木2种。

接骨木

接骨木属
学名 *Sambucus williamsii*

别名 续骨木、马尿梢

形态特征 落叶灌木或小乔木，高达6m。树皮淡红褐色，具明显的长椭圆形皮孔，光滑无毛。奇数羽状复叶，有小叶5~7枚，或多达11枚，侧生小叶片卵圆形、狭椭圆形至倒矩圆状披针形，长5~15cm，宽2~4cm，顶端尖、渐尖至尾尖，基部楔形或圆形，稍不对称，边缘具不整齐锯齿，表面深绿色，两面光滑无毛，揉碎后有臭味。圆锥形聚伞花序顶生，长5~11cm，花小；花冠白色至黄白色，萼筒长约1mm，裂片5。浆果状核果近球形，红色或暗红色，极少蓝紫黑色，直径3~5mm，核2~3枚。花期一般4~6月，果期8~9月。

生长习性 性强健，喜光，耐寒，耐旱。根系发达，萌蘖性强。

繁殖方式 通常扦插、分株、播种繁殖。

用途 嫩枝入药，能活血、止痛；种子可榨油，含油率22.4%；叶茂果繁，可作观赏树种。

分布 我国南北各地广泛分布，北起东北，南至南岭以北，西达甘肃南部和四川、云南东南部。张家口市原生树种，崇礼、赤城、蔚县、涿鹿等地有分布。

毛接骨木

接骨木属
学名 *Sambucus williamsii* var. *miquelii*

形态特征 花序轴、花序分枝及花梗被短柔毛及长硬毛；幼枝、叶柄、叶轴及叶脉显被长硬毛；果序较密实，通常下垂或下弯；树木木栓层较厚。

分布 黑龙江、吉林、辽宁、内蒙古等地均有分布。张家口市原生树种，宣化、蔚县小五台山、南台有分布。

锦带花属

落叶灌木。枝具坚实的髓心；冬芽有数枚锐尖的鳞片。单叶对生，具柄，很少近无柄，边缘有锯齿，无托叶。花稍大，白色、淡红色至紫色，1至数朵排成腋生或顶生聚伞花序，生于前年生的枝上，花冠管状钟形或漏斗状，两侧对称。蒴果常为矩圆形，端有喙状物，开裂为2果瓣。种子多数，有棱角，微小，常有翅。

本属约12种，我国有2种。张家口产锦带花1种。

锦带花

锦带花属
学名 *Weigela florida*

别名 锦带、五色海棠、山脂麻、海仙花

形态特征 落叶灌木，高达3m。幼枝稍四棱形，有2列短柔毛，小枝多为紫红色，老枝灰色。叶矩圆形、椭圆形至倒卵状椭圆形，长5~10cm，宽1~5cm，先端渐尖，基部阔楔形至圆形，边缘有锯齿，表面绿色，疏生短柔毛，背面尤密。花1~4朵成聚伞花序，花冠紫红色或玫瑰红色，漏斗状。蒴果圆柱形，长1~2cm，稍弯曲，先端具短喙。种子微小，无翅。花期4~6月。

生长习性 喜光，耐阴，耐寒；对土壤要求不严，能耐瘠薄土壤，但以深厚、湿润而腐殖质丰富的土壤生长最好，怕水涝。萌芽力强，生长迅速。

繁殖方式 常用扦插、分株、压条繁殖。

用途 花大而美丽，庭院栽培观赏。

分布 原产华北、东北及华东北部。张家口市原生树种，赤城县、蔚县有分布。

六道木属

落叶、稀常绿灌木。茎枝常具数条纵沟。小枝无顶芽，冬芽小，卵圆形，具1~3对鳞片。单叶对生，全缘或有齿。花1或数朵组成腋生或顶生聚伞花序，有时可成圆锥状或簇生。瘦果，具宿存花萼。种子1粒，近圆柱形。

本属有25种以上，我国有9种，大部分地区有分布。张家口产六道木1种。

六道木

六道木属
学名 *Abelia biflora*

别名 六条木、降龙木

形态特征 落叶灌木，高达3m。老枝有明显的6条沟棱，幼枝被倒生刚毛。叶矩圆形至矩圆状披针形，长2~6cm，顶端尖至渐尖，基部钝圆或楔形，全缘或有缺刻状疏齿，两面被柔毛，边有睫毛；叶柄长2~4mm，被硬毛，基部膨大，具刺刚毛。花单生小枝叶腋，无总花梗；萼筒圆筒形，疏生毛，萼齿4；花冠白色、淡黄色或带浅红色，狭漏斗形或高脚碟形，花冠筒长7~10mm，外面被短柔毛。瘦果状核果，常弯曲，端宿存4枚增大的萼裂片。花期4~5月，果期8~9月。

生长习性 性耐阴，耐寒，喜湿润凉爽气候；根系发达，生长缓慢。

繁殖方式 播种繁殖。

用途 叶秀花美，可供栽培观赏；树干可制筷子及工艺手杖。

分布 产于河北、山西、辽宁、内蒙古各山区。张家口市原生树种，蔚县、赤城、涿鹿等县有分布。

菊　科

蚂蚱腿子属

落叶灌木，有黏质，芳香。茎细弱，多分枝。叶互生或簇生，全缘。花单性异株或两性；花托小，无苞片；花冠管状，二唇形，外唇舌状。头状花序，具4~9朵花，单生叶腋，无总花梗。单性花的瘦果近圆柱状，被毛；两性花的瘦果短，无种子。

我国3种，分布于西北部至东北部。张家口产蚂蚱腿子1种。

蚂蚱腿子

蚂蚱腿子属
学名 *Myripnois dioica*

别名　万花木

形态特征　落叶灌木，高达50~80cm。茎被短细毛。叶互生，叶片宽披针形至卵形，长2~4cm，宽0.5~2cm，先端渐尖，基部楔形至圆形，全缘，两面疏生柔毛或近无毛，具主脉3条；叶柄短，长2~4mm。头状花序，生于叶腋，先叶开花；总苞钟状，雌花具舌状花，淡紫色，两性花花冠白色。瘦果圆柱形，被毛。花期4月，果期5月。

生长习性　喜光，耐干旱，对土壤要求不严格，在干旱沙质的阳坡能生长，尤其是在阴湿背风的岩石缝中生长良好。

繁殖方式　播种和分根繁殖。

用途　是阳坡、半阴坡的水土保持植物；也可作园林绿化树种，供观赏。嫩枝叶羊喜食，是中下等饲用植物。

分布　产于河北、辽宁、陕西等地。张家口市原生树种，赤城、蔚县小五台山有分布。

亚菊属

多年生小半灌木。叶互生，羽状或掌式羽状分裂。头状花序小，异形，多数或少数在枝端或茎顶排列成复伞房花序、伞房花序，少有头状花序单生；边缘雌花少数，2~15 朵，细管状或管状，顶端 2~3 齿，少有 4~5 齿裂的。全部小花黄色，花冠外面有腺点；总苞钟状或狭圆柱状；花托突起或圆锥状突起，无托毛。瘦果无冠毛，有 4~6 条脉肋。

本属约 30 种。主要分布在我国西南及长江流域以北的广大地区。张家口产束伞亚菊 1 种。

束伞亚菊

亚菊属
学名 *Ajania parviflora*

别名 小花亚菊

形态特征 半灌木状，高达 25cm。老枝水平伸出，由不定芽发出与老枝垂直而彼此又相互平行的花茎和不育茎，或老枝短缩，发出的花茎和不育茎密集成簇。花茎不分枝，仅在枝顶有束伞状短分枝，被稀疏短微毛。中部茎叶全部卵形，长约 2.5cm，二回羽状分裂，在矮小的植株中，有时掌状或二回三出全裂；上部和中下部叶 3~5 羽状全裂；全部叶两面异色，上面淡绿色，被稀疏短柔毛，下面淡灰白色，被稠密的短柔毛。头状花序少数，5~10 朵在茎顶排成规则束状伞房花序，直径 1.5~2.5cm。瘦果长 1.5mm。花果期 8~9 月。

分布 产于河北西北部、山西西部和西北部。张家口市原生树种，蔚县小五台山有分布。

参考文献

贺士元，邢其华，1984. 等 . 北京植物志 . 北京 ：北京出版社 .
孙立元，任宪威 . 1997. 河北树木志 . 北京 ：中国林业出版社 .
《河北植物志》编辑委员会 . 1986. 河北植物志 . 石家庄 ：河北科学技术出版社 .
《华北树木志》编写组 . 1984. 华北树木志 . 北京 ：中国林业出版社 .
《中国树木志》编辑委员会 . 2004. 中国树木志 . 北京 ：中国林业出版社 .

中文名称索引

拉丁学名索引

N

O

P

Q

R

S

T

U

V

W

X

Z